激光雷达目标成像理论建模与仿真

王明军　宫彦军　彭　月　吴振森　苏必达　著

科学出版社

北　京

内 容 简 介

本书介绍激光雷达目标成像理论建模与仿真方法，首先全面介绍激光雷达目标成像理论建模与仿真相关研究的发展现状，然后利用粗糙目标表面激光散射基础理论，研究粗糙目标激光雷达截面与激光一维距离像、二维散射强度像、二维距离像和距离多普勒成像特征，并详细分析影响目标成像的因素。

本书可供高等院校电子信息工程、光学工程、电子科学与技术等专业高年级本科生、研究生，以及相关领域的科研人员和工程技术人员阅读和参考。

图书在版编目（CIP）数据

激光雷达目标成像理论建模与仿真 / 王明军等著. -- 北京 : 科学出版社, 2025. 3. -- ISBN 978-7-03-080671-0

Ⅰ. TN958.98

中国国家版本馆 CIP 数据核字第 2024EQ9381 号

责任编辑：宋无汗　郑小羽 / 责任校对：高辰雷
责任印制：徐晓晨 / 封面设计：陈　敬

科学出版社 出版
北京东黄城根北街 16 号
邮政编码：100717
http://www.sciencep.com

北京华宇信诺印刷有限公司印刷
科学出版社发行　各地新华书店经销

*

2025 年 3 月第 一 版　开本：720×1000　1/16
2025 年 3 月第一次印刷　印张：12 3/4
字数：256 000

定价：150.00 元
（如有印装质量问题，我社负责调换）

前　　言

激光雷达是发射激光束探测目标的位置、速度等特征量的雷达系统。其工作原理是从激光器向目标发射激光信号，然后将接收到的目标散射回波信号进行处理，从而获得目标信息，如目标距离、方位、高度、速度、姿态、形状等参数。随着激光技术和光电信号检测技术的快速发展，各种各样的激光探测系统在国防、航天和民用领域中起着至关重要的作用。基于粗糙面散射理论，开展激光雷达目标成像理论建模和仿真，对光电系统的研制，目标特征的提取、识别、预估，背景杂波中目标回波的数据采集和特征提取有明显的指导意义。

本书介绍激光雷达目标成像理论建模与仿真方法，首先综述激光雷达目标成像理论建模与仿真相关研究的发展现状；其次在粗糙目标的激光雷达散射截面和激光雷达方程的理论基础上，给出粗糙目标的激光一维距离像、二维散射强度像、激光多普勒谱、激光距离多普勒成像等的建模和仿真；最后根据坐标变换关系讨论具有轨道飞行目标的激光距离多普勒成像仿真，并详细讨论目标成像建模与仿真过程中的影响因素。本书的部分彩图可扫描封底二维码查看。

本书相关研究得到国家自然科学基金重大项目(92052106)，国家自然科学基金面上项目(61771385、61271110、60801047)，中国博士后科学基金项目(20090461308、2014M552468)，陕西省重点产业链创新团队(2024RS-CXTD-12)，陕西省高层次人才特殊支持计划项目，陕西省杰出青年科学基金项目(2020JC-42)，西安市重点产业链关键核心技术攻关项目(103-433023062)，湖南省自然科学基金项目(08JJ3123)，湖南省教育厅科学研究计划项目(12A054)，陕西省教育厅科学研究计划项目(2010JK897、08JK480)，咸阳市重点研发计划项目(L2023-ZDYF-QYCX-025)等的资助，在此一并表示感谢。

本书是作者在激光雷达目标成像理论建模与数值仿真方面研究工作的初步总结，由于作者水平有限，书中难免存在不妥之处，欢迎读者不吝指正，作者将在后续工作中改进完善。

目　　录

第1章 绪 论

1.1 研究背景及意义

目标激光散射特性描述了目标与激光相互作用而产生的物理现象，揭示了目标与激光相互作用的固有本性。粗糙面及粗糙物体对光波或者电磁波散射特性在国防、航天及民用领域都具有显著的学术价值和广泛的应用背景。随着激光技术的日趋成熟和应用领域的不断扩展，各种各样的激光系统在国防、航天及民用领域中起着至关重要的作用。国防预研和民用技术中亟待解决的关键问题是针对不同背景、不同条件获取目标的激光散射特性，从而不断地提高和扩大激光目标识别的精度和探测范围。

随着激光探测技术的快速发展，鉴于激光具有准直性好、结构简单、抗干扰能力强等特点，各种各样的激光探测技术的工程应用相继出现，如激光制导、激光跟踪、激光雷达、激光引信、激光测速测距、激光瞄准警告、激光陀螺等。它们都以不同作用分别应用在空间、空中和地面的目标探测、识别和监视系统中。

激光探测技术作为一项高新光电探测技术，备受国内外关注。随着各种应用平台的增加，激光探测技术由于其体积小、通信保密性好等特点分别应用于空间天基、机载、地基等目标成像、识别和特征提取中。其中，空间天基激光目标探测系统可以在太空中近距离地对空间目标进行监视、跟踪和识别，机载激光目标探测系统可以对地面目标进行侦查监视或识别打击，地基激光目标探测系统利用激光雷达对周围环境进行感知或目标跟踪识别等。

目标识别是民用工业、航天星载探测和国防领域光电对抗均需要用到的关键技术。由于激光探测是光电子应用领域中的核心技术，各个国家都在不断地改进和发展激光目标探测识别技术水平。例如，国防光电对抗领域中，通常来袭目标会采用多目标、诱饵、隐身和低空飞行等先进突防技术，或者在空间目标飞行过程中包括目标和伪装目标，由于其质量不同，外形有所差异，将出现各不相同的运动状态，这些运动状态包括目标表面或局部的振动、摆动和圆周运动等无规则运动，可以利用激光距离多普勒散射特征对多目标的微运动进行检测和识别。

由于激光雷达目标探测识别系统有稳定精确的输出功率，因此其能够满足未来各种应用场景的信息化、远程化、精确化的趋势要求。激光雷达距离高分辨多普勒成像技术具有时空域分辨率高，敏感于被识别目标的距离、姿态、运动速度等信息的特点，可实现目标微运动检测。因此，该项技术已成为国外军用航天领域研究的热点,最具代表性的就是林肯(Lincoln)实验室,1975年开始建立 Firepond I 地基相干激光多普勒成像雷达系统,1990年对该系统进一步完善建成 Firepond II。Firepond II 主要由激光器、中间补充和放大光路、接收光电子耦合器件(CCD)构成,其中宽带激光雷达波长为 11.17μm,峰值功率为 1.56MW,脉冲宽度为 32μs,距离多普勒图像处理波形带宽为 170MHz/640ns。1990～1992 年成功接收到海洋卫星(Seasat)等多颗低轨卫星的距离多普勒成像,在瓦勒普斯(Wallops)岛发射火箭,对发射出来的真假弹头进行识别,探测距离为 700～1500km。1991 年美国 Lincoln 实验室和福特航空航天通信(Ford Aerospace and Communication)公司利用检测中心获取目标的激光多普勒成像,从理论上给出了简单目标信号检测的检测门限,1999 年该成像系统能够检测空间飞行平台的运行姿态。显然,激光雷达探测技术已成为地基、机载、星载目标探测、特征提取和识别的重要组成部分。激光技术作为获取和传输信息的重要手段,正面临着前所未有的挑战和机遇。尤其是在空间没有大气散射的影响条件下,激光的探测距离更远,是进行空间电子对抗非常有效的手段之一。激光目标识别技术有非常广泛的应用前景,作为其理论支撑的粗糙目标激光散射研究就显得十分必要。

在民用技术方面,随着近年来车联网技术的发展,采用激光雷达可测量道路运输车辆的速度和车辆之间的距离,识别车辆和道路上的人、物等障碍物。此外,气象部门可以利用大气中水蒸气、粒子的激光散射,测量大气的污染度、风速、风向。水文检测部门利用激光与流体散射特征,测量水流速度等。生物化学和医学领域中利用生物粒子的激光散射特征,可以实现生物光学检测、成像和疾病医学诊疗等。这些问题都涉及目标或者复杂群聚粒子、随机分布层内群聚簇粒子随机分布的光/电磁散射特性分析。因此,开展激光散射理论分析与建模研究是研究生物蛋白质溶液、化学凝胶光散射特性的理论基础,尤其在环保和生物医学诊疗中更是表现出其日益重要的作用。

由此可见,研究激光平面波、脉冲平面波以及脉冲波束入射下目标与背景激光散射特性,对光电系统的研制,目标特征的提取、控制和识别,数据库的建立,背景杂波中目标回波的数据采集和特征提取有明显的指导意义。本书研究成果将为激光和红外波段精确制导、引信、识别、仿真以及隐身与反隐身技术的深入研究提供必要的理论依据和实用模型,尤其是为空间激光雷达目标成像以及目标微运动检测提供技术上的支撑,同时为继续开展各种应用场景下激光雷达目标成像理论仿真奠定坚实的基础。

1.2　研究概况

鉴于激光目标探测和识别技术在民用、国防和航天等各个不同领域的快速发展，从激光散射特性出发，开展目标激光成像仿真有很重要的意义。本节全面总结和回顾关于粗糙面和粗糙体平面波、波束散射以及脉冲波散射理论建模和试验研究的发展现状，然后详细阐述目标激光一维距离像、激光距离多普勒成像研究的发展现状。

1.2.1　目标的激光散射特性

目标激光散射特性是目标与环境特性的一个子课题，是目标探测和识别的基础，引起国内外众多专家和学者的重视。1951 年 Kerr[1]引入目标雷达散射截面(radar cross section，RCS)的概念，可以把 RCS 的概念用到激光波段，称为激光雷达散射截面(laser radar cross section，LRCS)[2]。当物体表面任意点的曲率半径远大于激光波长和粗糙面高度起伏相关长度时，可以用基尔霍夫近似方法推导出粗糙物体电磁散射的几何光学解[3,4]，在此基础上吴振森[5]给出了任意形状粗糙物体的激光后向散射特性。Wu 等[6]给出任意形状目标在可见光和红外波段的相干和非相干散射特性。可以用非共面的四边形面元建模和应用磁场积分方程(magnetic field integral equation，MFIE)解决电磁散射问题[7]，任意形状目标的电磁散射特性可以用三角形面元建模和计算[8]。

1992 年，Wohlers[9]利用包含海面表面粗糙度和菲涅耳反射系数的平均双向反射分布函数(bidirectional reflectance distribution function，BRDF)，模拟计算了海面的红外辐射亮度变化。同年，表面光学公司(Surface Optics Corporation)启动了一个项目[10]，该项目设计一台单站 BRDF 测量仪，并且利用测量数据获得目标的激光雷达特征。1998 年，Jafolla 等[11]将 Sandford-Robertson 和 OPTASM 两种 BRDF 模型，应用于目标特性分析中，并比较了两种模型的优缺点。2001 年，Steinvall 等[12]建立了一个计算机模型来模拟三维激光雷达，该模型中使用 BRDF来描述目标表面的光学特性，模型中还考虑了激光光源、目标和探测器间大气的影响。

2001 年杨春平等[13]利用随机面元模型详细分析了刚性随机粗糙柱形表面的激光散射特点，并且建立了实用化的随机粗糙柱形表面激光散射理论模型，给出了正入射时几种情况下的激光散射图像。2006 年刘科祥等[14]在外场用已知半球反射率的靶板作为标准靶板，反演测定目标靶板的激光雷达散射截面和半球反射率，此实验表明利用双光路方法对目标靶板与标准靶板进行测量，较好地消除了各个时刻的大气衰减和激光器照射能量对测量结果的影响。2007 年张恒伟等[15]对工程中常用的比较测量法进行了分析，指出了该方法在测量大目标激光散射特性时存在的问题，并且提出了大目标激光散射特性测量的两种理论方法和思路，获得的结论对工程实践中大目标激光散射特性的测量具有借鉴作用。2008 年王明军等[16]基于随机粗糙面的激光散射理论，讨论了平移平板和旋转圆柱的激光散射强度协方差函数和功率谱密度统计特性。同年，张涵璐等[17]在室内对标准靶板、目标靶板进行了测量，通过相对测量比对，获得了目标靶板的激光雷达散射截面，并且进一步通过遗传模拟退火算法给出了目标靶板激光的散射角分布统计模型。2012 年黄成功等[18]利用几何光学理论建立了目标表面 BRDF 模型，为研究目标表面激光散射特性提供了一种新思路。2013 年 Han 等[19]研制出了火箭目标激光散射特性仿真软件，该软件具有计算火箭目标激光雷达散射截面和成像仿真的主要功能，有助于满足火箭成像领域的应用需求。2015 年叶秋[20]基于 OpenGL 和 VS2008 设计了空中目标散射特性计算分析软件。杨旭等[21]针对复杂形状全尺度大型目标雷达散射截面的评估需求，开展外场测量试验，并利用测量经验和仿真计算对测量数据进行分析，提出了提高复杂大目标雷达散射截面外场试验测量精度的改进思路，为研究复杂大目标激光散射特性及建立雷达散射截面的有效评估途径提供借鉴。2016 年陈剑彪等[22]研究了目标光散射模型以及单站激光雷达双向反射分布函数模型，通过三维建模软件建立了空中目标模型，仿真了四种空中目标的双向反射分布函数分布情况。2017 年高宇辰等[23]从理论模型和经验公式两方面介绍了激光散射特性的理论建模研究成果，分析了各种模型和经验公式的适用范围。从目标表面材料 BRDF 测量、缩比模型 LRCS 测量、真实目标 LRCS 测量三个方面，分析了典型测量方法、相关应用以及下一步发展方向，为后续目标散射特性的研究提供借鉴。2018 年孙华燕等[24]通过 3DS MAX 软件建立了三种典型目标的三维模型，采用单站激光雷达 BRDF 模型仿真得到了理想漫反射、近似镜面反射以及粗糙面三种情况下不同目标多角度回波峰值序列，基于此分析了目标散射特性对其激光雷达回波特性的影响，可为目标激光雷达主动探测及成像提供理论参考。有很多研究者利用 BRDF 进行目标激光散射特性的计算[25, 26]。Chun 等[27]将目标的散射激光强度、距离和极化度信息应用到目标识别与分类中。2021 年王柯等[28]针对剧烈运动目标跟踪过程中跟踪准确率低、图像变形等问题提出了一种基于激光后向散射的运动目标定点跟踪系统，通过测量多个图像序列的跟踪效果，验证本方法的有效性，所构建的跟踪系统对跟踪区域的拟合程度为 94.63%。2021 年，齐若伊等[29]模拟了调制脉冲激光雷达在水下的探测信号，利用快速独立元分析法(FastICA)的迭代算法将探测信号中的目标与后向散射信号分离，恢复出浑浊水域被强后向散射淹没的弱目标反射回波信号，结果证明 FastICA 算法可以明确提取目标回波，提高信噪比。2021 年 Li 等[30]对一些典型激光雷达目标的散射特性进行了理论分析，提出了一种双尺度强度加权质心算法来提取激光强度和距离信息，保证了信号的准确性，实现了激光雷达 3D 点云图像中目标的准确识别。

1.2.2　双向反射分布函数

双向反射分布函数的概念是由 Nicodemus 在 1964 年提出的[31-33]，已经在很多领域得到应用,如目标光散射、粗糙度测量[34-38]、杂散光分析[39-45]、表面缺陷探测[46-56]、光辐射亮度的标定[57]、地物遥感[58-63]和工业产品视觉效果设计[64]等。

由于 BRDF 实验测量受到实验条件、测量速度等的限制,很难获得样品在任意入射和散射条件下的 BRDF,因此,产生了大量的 BRDF 模型。利用有限的实验数据,通过最优化算法获得 BRDF 模型的参数值,然后将获得的最优参数代入相应的 BRDF 模型,就可以计算出任意入射和接收条件下,目标表面的 BRDF 值。

BRDF 模型分为数值模型和解析模型[65],数值模型是指使用射线跟踪或者蒙特卡罗(Monte Carlo)方法数值仿真得到的表面 BRDF;解析模型是指具有一定数量(一般为 3~6 个)参数的解析表达式。按解析表达式的构成方式,解析模型又可以分为物理模型和经验模型。物理模型的解析表达式是基于一定物理原理获得的;经验模型则是专家和学者根据大量的实验数据总结出来的数学表达式,其参数一般没有物理含义。

BRDF 经验模型多用于计算机图形图像处理中,如最常见的 Phong 模型[66]和修正的 Phong 模型[67]。BRDF 的物理模型很多,从 1967 年研究粗糙面单位面积的散射截面模型——Torrance-Sparrow 模型[68]的文章发表到 2008 年,已经有很多学者发表关于 BRDF 模型的文章。不同的专家从不同的角度提出了很多有价值的 BRDF 模型,如早期受 Torrance-Sparrow 模型启发提出的各种基于表面微元的 BRDF 模型[69-74],将 BRDF 模型分为镜像峰和漫反射分量的 BRDF 模型[75-77],基于表面斜率分布和功率谱密度的 BRDF 模型[64, 78-81],将波长单独分离处理的 BRDF 模型[82-86],海面 BRDF 模型[87],多峰值 BRDF 模型[88]和用相位屏来描述粗糙面自协方差的 14 参数 BRDF 模型[89]。另外,也有许多学者使用蒙特卡罗法对被油层污染的海面[90, 91]、显示器[92]等表面进行 BRDF 统计建模。

有关激光 BRDF 模型的研究,早期针对 BRDF 建模或者测试目标表面材料 BRDF 数据和模型进行校模的文献较多[93,94],西安电子科技大学吴振森等[95]、李铁等[96]和南京理工大学高志山等[97]分别针对不同目标提出相应的模型并考虑极化的基于微元斜率极化 BRDF 模型[98]。2019 年周冰等[99]以草原夏季型迷彩涂层为例,通过测量不同颜色迷彩的双向反射分布函数,并利用五参数经验模型进行参数建模,得到草原夏季型迷彩涂层的参数模型。这为进一步研究各种目标或材料涂层的激光散射特性提供了数据依据,为研究类似情况下多种材料复合涂层的激光散射特性研究提供了借鉴思路。

1.2.3　一维激光距离像

目标一维距离成像最早是在雷达微波波段开展研究工作,随着激光雷达技术的出现,目标一维距离像仿真也从微波波段向光学波段拓展。在微波波段,雷达目标识别(radar target identification,RTID)技术就是其中一个非常有潜力和发展前景的应用领域。20 世纪五六十年代以来，国内外也在 RTID 方面投入了大量的精力并在其理论探索和实验研究方面都获得了许多成果[100-102]。按雷达工作频段划分，RTID 可粗略地分为低频区(或目标谐振区)的 RTID 和高频区(或目标光学区)的 RTID。低频区或目标谐振区的 RTID 方法是建立在基于目标极点(自然频率)电磁理论基础上的，其基本假设是目标极点不变性。1971 年 Baum[103]提出奇异点展开法(singularity expansion method，SEM)；1974 年 Mains 等[104]介绍复极点概念并以此作为 RTID 的基础；1981 年 Kennaugh[105]引入了可用于识别的 K 脉冲概念；1985 年 Rothwell 等[106]根据这一概念又提出 E 脉冲的思想。为了能直接从实验数据特别是瞬态和宽带连续波响应数据中提取极点信息，1978 年 Prony 算法首次被用于从瞬态电磁响应数据中提取极点[107]。虽然低频区或目标谐振区 RTID 方法在理论上较为成熟，但多数研究与实际应用要求相比差距较大，且对噪声比较敏感，从而削弱了它的实用意义。

现代雷达的发展趋势是高带宽、窄脉冲，对应的识别技术是目标光学区的 RTID。在高频区进行 RTID 的优点之一是可使用宽带波形信号，从而得到高距离分辨率。雷达对目标距离分辨率与发射信号带宽成正比，当距离分辨单元远小于目标尺寸时，目标占据多个单元，从而得到目标在雷达径向上的投影，即距离剖面图(range profile)，也称为一维距离像[108]。基于散射点概念的一维距离像能够反映目标的精密结构特征，这恰恰对目标特征测量和目标识别非常有用。散射中心是光学区雷达目标识别固有特征，是指目标物体上散射强度较大的部位，如边缘、拐角和连接部位等，实验已经证明其确实存在[109]。国内以国防科技大学的郭桂蓉为代表研究毫米波目标一维距离像仿真与识别，提出有效的目标信号检测和跟踪方法[110-113]。国外美国海军实验室、美国佐治亚理工学院等研究单位进行相关工作[114-119]。Zwicke 等[114]研究从高距离分辨率雷达视频回波中用梅林变换提取舰船目标特征的方法；Beastall[115]研究基于一维距离像的舰船目标识别；Vrckovnik 等[116,117]实现了用冲击雷达获取桥梁材料的距离像并成功地进行分类；Smith 等[100]在 1993 年系统描述了 RTID 的理论基础和高分辨距离像识别中需解决的问题。1994 年 Andrews[120]仿真微波波段的飞机一维距离像，实验测量了简单目标的距离多普勒成像。2008 年 Duan 等[121]利用脉冲差分技术实现了在 X 波段(10GHz)的消除距离和多普勒模糊。

光学区 RTID 研究的前提是获得目标的散射中心分布，其途径主要有两种：一种是通过实验确定；另一种是由电磁理论计算得到。不管采用哪一种途径，其散射中心模型只适用于一定波段，一定目标材料，并且与目标姿态和观测角度密切相关。光学区 RTID 研究主要使用预先得到的散射中心模型，因此无法对不同姿态、不同材料目标的距离像进行仿真研究。部分学者从电磁散射理论出发，采用高频近似方法直接计算出目标的一维距离像[100, 122-124]，并与散射中心模型计算结果进行比较，发现相当吻合，该方法显然具有更大的灵活性。

　　利用激光对目标成一维距离像，相对于微波波段，具有识别精度高等特点，但是在目标激光一维距离成像理论建模过程中，还需要依据目标电磁散射理论。从电磁散射的角度，如果已知目标的散射回波信号、发射与接收系统参数，那么是有可能反演计算得到目标相关信息的，如目标的形状、大小、表面材料等。这实际上对应的是电磁逆散射问题。严格地讲，逆散射问题很难获得唯一解，当人们对目标了解得越多，则反演成功的机会越大。众多学者为该领域的研究作出了贡献。Adachi 等[125]采用修正广义物理光学法研究了理想导体的散射及目标一维距离像的重构，计算目标位于谐振区，随后他们又采用玻恩(Born)近似讨论小尺寸有耗介质目标的距离像重构，对于球、圆锥等简单目标的计算结果表明基本能还原目标的几何轮廓；Umashankar 等[126]采用一维散射时域有限差分法(finite difference time domain method，FDTD)代码结合非线性优化反馈算法反演出介质电导率和介电常数的一维剖面图；Strickel 等[127]将 Umashankar 等的方法拓展到三维目标散射情况，重构出三角形、四边形和梯形等简单形状，并分析了信噪比对重构精度的影响；类似的工作还有[128]～[130]。上述研究工作针对的是光滑目标，也有学者讨论粗糙面的反演问题。Galdi 等[131]采用高斯波束散射模型结合粗糙面 B 样条离散化算法重构中等粗糙度表面，与实验结果比对有较好的吻合；Noguchi 等采用物理光学近似重构傍轴高斯波束入射下的粗糙面轮廓[132,133]。用电磁逆散射理论反演目标几何外形，虽然具有较大的灵活性，但计算繁琐、耗时，只能得到简单体的结果，对于复杂目标而言通常很难获得其外形轮廓，这限制了该方法的使用。

　　目标激光一维距离像成像理论仿真和试验研究大部分处于预研阶段，或者受国防预研项目支持，公开发表的文献还比较少。目标激光一维距离像成像理论仿真主要的方法是在电磁散射理论的基础上运用散射功率获取目标的散射截面或者雷达散射功率，给出目标在探测方向上的横向距离像。目前研究者讨论较多的是雷达一维距离成像问题，高频区工作的雷达在理论建模和仿真采用的方法往往通过物理光学近似的方法来处理，这对目标激光一维成像理论仿真有很强的理论指导意义。1988 年 Parker 等[134]采用目标反射层析 X 射线照相方法试验测量了圆锥目标的激光雷达成像。1989 年，Knight 等[135]利用一维距离分辨雷达数据重构二维图像。1994 年 Matson 等[136]针对空间目标海洋卫星(Seasat)、国防气象卫星(DMSP)获取窄脉冲(小于 1.5ns)激光一维距离像，并结合后反射层析 X 射线照相目标图像构造方法获取目标的二维图像，以提高激光一维距离像探测精度。1996 年 Lincoln 实验室的 Shirley 等[137]通过目标激光雷达散射截面定义目标激光距离分辨散射截面，讨论了在相干情况下，朗伯圆锥、圆盘、圆柱目标的激光一维距离像，并分析了理想漫反射体激光探测过程散斑的处理方法。2000 年 Redman 等[138]建立地基激光雷达目标成像系统，该激光雷达目标成像系统的特点就是利用激光脉冲同时产生高分辨率的三维强度图像和距离像。STIL 探测距离为 100～1000m，探测器视场范围为 12.6°～47.6°，最小可分辨距离为 6in (1in＝2.54cm)。Jacques 等[139]研制出基于模型的激光雷达自动目标识别系统(XTRS)，该系统主要给地面坦克或者空中飞机提供目标的距离和强度图像。XTRS 采用波长为 10.6μm 的 CO_2 激光器，输出脉宽为 100ns，角度分辨率为 0.1mrad，目标最大探测距离为 1500m。XTRS 系统主要由五个子系统组成，分别是探测数据预处理、数据检测、数据提取、分解和模型匹配。该系统的最大优点是可以多目标识别，并能够提供目标距离信息，同时还能够给出目标强度图像，缺点是在目标识别过程中数据库要有相应的模型匹配信息，否则探测率极低。1998 年 Hancock 等[140]利用连续波幅度调制激光雷达研制成激光距离成像系统，该系统的特点是采用扫描方式成像，成像视场宽，距离分辨率高为 1.6mm，但是作用距离较短，小于 52m。国内中国科学院上海天文台首次建立了一套白天卫星激光测距系统[141]，分析了白天强烈噪声的虚警概率和白天探测单光子激光回波的成功概率。1999 年 Douglas 等[142]受美国弹道导弹防御组织(Ballistic Missile Defense Organization，BMDO) "识别拦截技术项目" (Discriminating Interceptor Technology Program，DITP)的支持，利用激光脉冲雷达回波噪声小、角度分辨率高的特点，将目标三维图像矩阵通过傅里叶变换，以及匹配滤波等目标识别算法结合起来，获取球、圆锥目标的坐标平面上各个分量的距离像。2003 年受美国国防部高级研究计划局(Defense Advanced Research Projects Agency，DARPA)和陆军未来作战系统(Army's Future Combat System)项目的支持，James 等采用脉冲宽度(脉宽)6ns 的激光器和点图像信息单元距离精度估计信号处理算法获取丛林下类坦克目标的激光雷达像，距离最小分辨率为 1in，角度距离分辨精度为 0.3μrad[143]。在民用技术方面，激光雷达测距主要用于交通运输系统测量车辆速度和距离等，Yano 等[144]利用激光雷达设计了智能运输系统(intelligent transport system，ITS)，用于汽车的速度和形态的检测与识别。2003 年 Jutzi 等[145]测量了平板不同姿态脉冲激光时域散射信号。2004 年 Busck 等[146]建立了快速高精度三维成像激光雷达。

　　2005 年付林等[147]针对复杂背景下激光雷达一维距离像的目标识别，提出了利用最小二乘估计器和线性滑动窗口构造滤波器的算法。根据目标本身形态的总体尺度范围特征设定滤波窗口，很好地实现了对目标的识别过程。2007 年郭琨毅等[148]利用全波电磁仿真技术对 F-117A 飞机的散射特性进行了研究，给出了不同极化、频带、空间方位下 F-117A 的散射特性，并进行了依据单色波散射数据仿真目标的一维距离像的研究，得出一些 F-117A 特有的电磁散射特性和一维距离像。2010 年唐禹等[149]对激光波段的高分辨距离像进行了研究，介绍了合成孔径成像激光雷达一维距离像的室内实验系统，有效地对合成孔径成像激光雷达一维距离像进行模拟。2014 年 Mou 等[150]通过建立地面坐标、目标坐标和入射场坐标来计算动态锥的一维激光距离剖面。为了实现尺寸的反演，采用了遗传算法，对三种不同锥的锥高和半锥角进行了反演，此反演方法可以有效地应用于任意材料、形状和姿态的目标。2017 年陈剑彪等[151]用空中目标激光雷达一维距离像的回波模型分析了影响探测系统性能的因素，仿真分析了大气衰减、接收系统噪声和激光散斑效应对目标成像分辨率的影响。周文真等[152]给出了圆锥的激光一维距离像的计算公式，并且分析了脉冲宽度和物体的运动对激光一维距离像的影响。张廷华等[153]尝试利用激光一维距离像识别具有不同光学参数的猫眼目标，并提出基于双谱的激光一维距离像的稳定特征提取方法。该方法可以识别具有猫眼效应的光学目标和角反射器，与现有方法比较，具有远距离、低信噪比探测和识别的优点。2018 年杨红梅等[154]为了提高反舰导弹的目标识别能力，采用高分辨率雷达一维距离像为识别特征向量，并利用改进的密母算法优化的不可分样本集的支持向量机(C-SVM)模型，研究了反舰导弹对真假目标的分类识别方法并进行了实验。2019 年陈剑彪等[155]对采用调制连续波激光外差方式获取的目标激光一维距离像特性进行了研究分析，通过三维建模的方式获取了三维目标的激光一维距离像，分析了目标尺寸、姿态、调频带宽以及表面材质等参数变化对目标激光一维距离像的影响。2021 年蒋罕寒等[156]提出了一种用于弹载单元激光雷达一维距离像的目标分割与识别方法，并通过实验证明此方法能在不同的高度、视场角下有效地对装甲目标进行分割与识别，为高旋掠飞弹药目标识别研究提供技术支持。

1.2.4　二维激光成像特征

1991 年 Allegre 等[157]设计了双调制激光遥测仪，它是一种用于机器人视觉的二维激光测距仪，其同轴设计使扫描比三角形设备更容易。他们报告了用遥测仪和扫描系统获得的性能，指出光功率的返回信号对目标识别非常重要，利用特定的处理工具进行距离数据挖掘的必要性。2007 年 Blanquer[158]通过二维距离像(2D range image)仿真了坦克的三维像。2008 年 Morita 等[159]利用近红外激光吸收光谱技术，成功地实现了湿化装置产生的水蒸气气流和恒湿度水蒸气气流的可视化，测试了单波长和双波长透射。2010 年李萍等[160]利用激光成像雷达原理，研制了二维激光扫描装置，包括小距离范围的激光距离图像获取系统和图像采集控制及成像软件系统，通过通信接口采集距离值，把距离值转换成灰度图像，再处理为彩色图像。2011 年 Hu 等[161]提出了一种基于二维激光测距仪的多特征提取方法，为结构环境下的无人地面车辆提供可行驶道路区域信息。该方法区别于现有的仅检测路况的方法，利用提取的路况之间的平面度作为可行驶道路区域检测的特征。此外，还引入了来自同一激光测距仪的激光强度数据，为曲面评价提供了新的约束条件。2014 年宫彦军[162]建立朗伯圆锥体激光二维距离像计算模型，利用此模型给出仿真结果，分析了脉冲宽度、入射方向、圆锥的高度和半锥角对二维距离像的影响。2015年Gong等[163]给出了脉冲激光的雷达方程，根据脉冲激光的雷达方程建立了圆柱体激光距离剖面的分析模型，给出了圆柱体激光一维距离剖面的仿真结果。2018年Wang等[164]为了抑制车辆颠簸对一维激光多普勒测速仪的影响，设计了一种分段复用的二维激光多普勒测速仪，测速仪由两个安装在镜面上的一维速度计探头组成，利用垂直振动对两个探头的不同影响，测速仪可以计算出车辆的前进速度和垂直速度。

1.2.5　目标距离多普勒成像特征

距离多普勒成像技术和目标一维距离成像一样，早期也是出现在雷达成像技术领域中。利用目标与雷达之间相对运动而产生的多普勒效应进行目标信息提取和处理的雷达称为多普勒雷达。随着雷达技术的发展，合成孔径雷达(synthetic aperture radar，SAR)技术和逆合成孔径雷达(inverse synthetic aperture radar，ISAR)技术出现，极大地改善雷达的角度分辨力，使雷达成像技术广泛应用于航空航天、军用侦察、资源勘测、气象水文及农作物观测和遥感等许多方面。

激光主动成像雷达多以激光束快速扫描照射目标，落在目标各个部分的光斑回波中含有目标相应部分的反射强度信息，目标点至雷达的距离和速度信息(外差探测)，经光电成像探测器接收，进行信息处理，即可在显示器上得到区别于背景的目标图像。利用反射强度信息得到目标强度像，利用目标距离信息得到距离像。如果将强度像和距离像的图像叠加，就可得到更精确反映目标外形特征的三维图像。由于激光波束窄，工作频率非常高，角分辨率和速度分辨率极高，配合其他光学传感器能够给显示器提供三维光学图像，因而备受航天和军事应用领域的极大关注。

与微波雷达相比，激光距离多普勒成像技术是一项正在迅速发展的激光成像系统的高新技术，在目标运动速度相同的情况下，激光距离多普勒成像雷达探测(工作波长在微米波段)到目标运动的多普勒频移比毫米波雷达高三个量级。因此，激光距离多普勒成像雷达能够探测空间目标的微运动特征，大大提高目标识别精度和降低虚假概率。用于探测和识别的激光雷达发射的通常是超短脉冲(一般是纳秒级别)波束，在常用的激光波长下，目标应视为粗糙体。

激光距离多普勒成像雷达系统利用激光散射特征用于目标测距、定向，并通过位置、径向速度和物体反射特性识别目标[165,166]。为了获取更多的目标信息，美国等发达国家十分重视目标的激光散射和距离多普勒成像的特征提取、模块化技术。

美国弹道导弹防御组织(BMDO)多年来一直开展"先进传感器技术项目"(Advanced Sensor Technology Program，ASTP)和"识别拦截技术项目"(DITP)，主要研究超小型锁模CO_2激光雷达和锁模掺钕光纤雷达。CO_2激光器于1964年由Patel[167]发明。美国空军和导弹防御司令部通过实施具有识别能力的先进激光雷达技术(advanced discriminating ladar technology，ADLT)计划来发展这项先进技术，采用距离分辨多普勒成像(range-resolved Doppler imaging，RRDI)激光雷达导引头来发展激光搜索技术以增强外空间目标的识别能力[166, 168-172]。由 Textron 公司制造的激光雷达能够发射几种波长接近 11μm、11.15μm 的激光脉冲，根据激光往返时间确定目标距离，用多普勒频移确定目标速度，并利用获得的信息确定目标的尺寸和形状，获得目标的多普勒图像。在毛伊岛空间监视站试验期间，该公司制造的激光雷达不仅探测到距离达 24km 的直升机，而且确定了直升机旋翼桨叶的个数和长度、旋翼的间距和转速。由加利福尼亚 Hughes 研究实验室建立的阿金纳火箭(RD-TRIMS)激光雷达多普勒成像系统能够检测和识别出圆盘和圆球等简单目标的多普勒成像[173]。1967 年 Lincoln 实验室制作第一台相干 CO_2 激光雷达，1968年 Lincoln 实验室的 Freed[174]进一步发展了 CO_2 激光器。Lincoln 实验室受美国政府委托，开始相干激光雷达的漫长研制过程。1968 年 Lincoln 实验室提高了激光频率的稳定性，同年观测到卫星回波信号的多普勒频移。1974 年 Freed 等[175]设计了 CO_2 激光九种发射频率。1975 年他们开始建立 Firepond Ⅰ 地基相干激光多普勒成像雷达系统，1990 年对该系统进一步完善建成 Firepond Ⅱ。Firepond Ⅱ 主要由激光器、中间补充和放大光路、接收 CCD 构成，其中宽带激光雷达波长为 11.17μm，峰值功率为 1.56MW，脉冲宽度为 32μs，距离多普勒图像处理波形带宽为170MHz/640ns。1977 年 Spears[176]发明宽波段的光电探测器用来单脉冲激光的角跟踪。1980 年 Lincoln 实验室对航天器和卫星进行窄带单脉冲激光跟踪实验，在有反射器合作目标的情况下跟踪误差为 1μrad[177]。1981 年 Lincoln 实验室观测到了在轨运行的阿金纳 D 型火箭(Agena-D rocket)助推器的三个多普勒谱。1990 年 4月观测卫星距离多普勒成像。1990 年 3 月和 10 月进行了两次火箭发射实验，获得高分辨率距离多普勒成像[175]。1991 年和 1992 年 Lincoln 实验室进行了两次实验，1991 年美国 Lincoln 实验室和福特航空航天通信公司利用检测中心获取目标的激光多普勒成像，从理论上给出了简单目标信号检测的检测门限[178, 179]，相干距离多普勒雷达能获取目标的激光多普勒成像，同时探测目标的姿态[173, 179]。1992 年高功率、宽波段相关激光雷达系统及其光电子系统研制成功[168]，1999 年该成像系统能够检测空间飞行平台的运行姿态[180, 181]。1993 年美国战区导弹防御组织和海军实验室开展了单一孔径激光雷达试验研究，获得了旋转圆柱粗糙面激光雷达多普勒光谱。Mindend 等对输出波长为 1.5μm 锁模激光器采用伪随机编码输出，并利用光纤对信号进行检测，获取了目标激光距离分辨多普勒成像(RRDI)[182]。2000 年 Jenkins 等和 Papetti 等合作用波导谐振腔等光学集成系统用10.6μm 激光得到旋转圆锥体的距离多普勒像，实现了目标微运动检测。Douglas等利用相干激光雷达通过多普勒频率展宽检测振动目标的速度[183,184]。2004 年美国国防部高级研究计划局(DARPA)和美国国防部中小企业创新计划资助课题采用高灵敏度相干激光传感系统对中段目标进行实时模拟，包括距离和多普勒信息 (RRDI，即距离分辨多普勒成像)，激光的波长范围为 1064～1550nm，脉冲的返回精度为 10ps，调制带宽为 2GHz，入射脉冲的宽度为 100ms，中段探测目标的距离为 450km。英国 Searchwater 雷达利用高分辨率目标距离像反映目标长度信息和结构信息，完成了对舰船目标的识别[185]。国内有关激光散射成像及其距离多普勒成像等方面研究，大部分集中在激光雷达一维或者三维扫描成像方面，或者基于激光多普勒效应进行气象、流体流速测量等[186, 187]。

Yura 等[188]研究目标相干和非相干散射，并对转动圆锥体进行距离多普勒成像，从而实现目标的微运动检测。激光多普勒测速技术也广泛用于气象、遥感和流体流速测量等，如局部流体速度的测量[188,189]。速度调制光谱技术通过多普勒频移能进行高分辨的光谱测量[190]。激光测速仪能快速直接定量地测量血液的绝对速度[191]。激光多普勒速度计和时变散斑常用来确定粒子速度、转动粗糙面的角速度、固体目标转动速度、扭转振动速度和表面振动速度[192-194]。激光多普勒风速计和振动计能无损地高精度、测量流速和表面振动[193]。目标多普勒谱的研究在其他领域也有广泛的意义。例如，文献[195]给出动态分形海面后向散射信号的多普勒谱分形特征，对目标检测有重要意义；文献[196]研究了海面回波各阶多普勒谱的频移特性，得到了多普勒谱频移所对应的理论公式。文献[197]利用多普勒谱研究掺硼和掺硫金刚石薄膜的缺陷状态。目标运动导致的多普勒效应对目标一维距离成像、SAR 成像会产生干扰，但是，这是在不能够准确估计和抵消目标运动产生的多普勒效应条件下才出现；同时，ISAR 成像还要利用目标的运动[198]。2007 年 Pfister 等[199]利用多普勒效应对旋转目标的形状和振动进行测量。

激光多普勒测速仪(laser Doppler velocimetry, LDV)由于与传统的电子测速仪相比具有非接触性，因而具有很大的优势[200]。LDV 有提供纵向速度分量的能力[201]。LDV 由于能获得振动装置的速度信息而被广泛使用[202-204]。目标的缺陷，如裂缝能够被探测，LDV 通过连续扫描可以确定缺陷的位置[205]。LDV 能完全自动跟踪产品生产过程中的振动行为[206]，提供高空间分辨的精确测量[207]。Elazar 等[208]研究了多次散射相干光超声调制的多普勒效应的影响。带有全系光学元件和金属氧化物的半导体数字信号处理器相机的离面多点 LDV 系统能测量振动平面的振动信号频率可达 100Hz[209]。基于自混频的三点腔模型被引入用来分析运动粗糙面多普勒效应[210]。一种用二流法的近后向多普勒系统被用来测量不规则粒子的速度和尺寸分布[211]。多普勒雷达需要相干很好的光源，这导致其投入经费过高，2001 年 Dorrington 等[212]提出一种参考光束存储系统(reference-beam storage system)，可以实现用普通雷达的低相干光源进行长距离测量，降低成本。

速度调制光谱技术通过多普勒频移能进行高分辨的光谱测量[213]。利用光纤传感测量了流体表面的振动、速度信息[193]。2006 年 Chen 等[214]给出了目标微运动的微多普勒分析模型，可以用来分析目标的微运动。2008 年 Huang 等[215]引入三面腔(three-facet cavity)模型基于自混合相干(self-mixing interference)进行多普勒测速，对于 10～479mm/s 的速度，其精度为 1.3%，转动粗糙目标散斑的时间相关函数能反映目标的曲率半径[216]。同时，进行了一些关于多普勒谱回波信号影响的实验研究[172, 217]。2008 年 Atlan 等[218]在近红外波段(785nm)测量了老鼠头盖骨的多普勒谱像，反映了血液的流动。2008 年 Chen[219]以人体和锥柱的复合体为例模拟 X 波段微运动目标的多普勒信号。Bankman[220]给出绕轴转动的圆柱和圆锥的后向多普勒功率谱分析模型，这个分析模型存在奇异值问题。2009 年宫彦军等[221]改进 Bankman[220]的多普勒分析模型给出圆柱和圆锥的距离多普勒成像分析模型。2009 年 Gong 等[222]给出了绕轴转动的凸回转体的后向多普勒谱分析模型。2010 年 He 等[223]为了实现高分辨率的 M-D 信号提取，采用逆合成孔径成像激光雷达(inverse synthetic aperture imaging ladar, ISAIL)，并且分析了 ISAIL 的 M-D 效应，与 X 波段雷达的 M-D 效应进行了比较，实验结果表明，当运动特征很小时，ISAIL 可以提供足够的微运动信息。2011 年 Liu 等[224]提出了一种基于雪崩光电子二极管(APD)和半导体激光器的距离多普勒成像激光雷达。激光雷达将(逆)合成孔径技术与直接检测相结合，能够以相对较低的成本和复杂度获得高分辨率图像。2011 年郭亮等[225]进行了室内实测数据的逆合成孔径激光雷达目标成像，在此次实验中他们提出了一种基于时频分析的逆合成孔径激光雷达成像方法，该方法结合"CLEAN"技术，估计出回波数据的瞬时多普勒谱，利用回波数据中的二次相位信息，得到瞬时多普勒图像，可以避免距离多普勒算法成像时由二次相位引起的图像散焦，有效提高了图像质量，为以后逆合成孔径激光成像雷达走向室外提供了一条新的数据处理思路。2012 年吴振森等[226]根据粗糙目标脉冲波束散射理论和激光雷达方程提出了目标激光脉冲后向散射回波功率的一维和二维距离像，以及目标激光多普勒谱和目标激光距离多普勒谱分析模型。2012 年 Feng 等[227]提出了一种将单雷达平台的序列距离和多普勒数据相结合，实现多目标脱靶量测量的新方法，并用实验证明了其方法的有效性。2012 年于文英等[228]建立了锥柱复合目标的激光距离多普勒成像分析模型，该分析模型能用来进行圆柱、圆锥以及锥柱复合目标物理和几何参量的识别，分析模型对于多普勒速度计和激光雷达应用有着重要的意义。2014 年罗龙刚[229]基于脉冲波束散射理论和多普勒效应研究了运动目标激光多普勒成像问题。2016 年何坤娜等[230]为了解决微多普勒微波雷达受到地面杂波严重干扰的问题，发明了一种基于激光微多普勒效应跟踪识别低小慢目标的激光雷达系统。2017 年 Geng 等[231]提出了一种新颖的机载雷达在杂波背景下对地面运动目标进行检测的方法——波束多普勒图像特征识别。该方法是基于二维离散傅里叶变换(DFT)或最小方差(MV)的方法，将接收到的雷达回波数据从空时域转换为波束多普勒域，然后根据目标和杂波在波束多普勒域中的不同分布特征，通过最小距离区域生长处理，将运动目标与杂波区分开。2018 年邢博等[232]针对国内铁路上应用的探伤设备只能在白天进行人工巡检，无法在线监测的问题，提出一种基于超声导波的激光多普勒频移钢轨内部缺陷监测方法。使用激光多普勒频移法检测导波信号从而定位缺陷的方法可以有效避免由于换能器接触性测量而产生的误差，该方法在不影响列车正常运营的同时，实现了全天候无间断的在线监测，提高了检测效率。2019 年，韩呈麟[233]通过激光雷达目标成像中的距离像、距离多普勒成像以及逆合成孔径激光雷达成像原理，开展窄脉冲和宽带体制下的距离像、距离多普勒成像仿真与分析，利用图形处理器(GPU)并行技术对逆合成孔径激光雷达目标成像进行了加速，讨论了不同粗糙度、不同入射角下的目标 ISAL 成像。韩呈麟[233]根据运动目标回波的多普勒频移，建立了绕轴旋转目标的距离多普勒成像模型。2020 年，程傒[234]设计并搭建了集成化便携式超远距离激光多普勒连续扫描系统，研究了正弦激励下两种基于工作变形的连续扫描激光多普勒测振技术。2020 年，陈鸿凯[235]针对传统全光纤激光多普勒探测系统存在的光纤端面中频回路串扰的弊端，提出了脉冲时域斩波算法和采用双声光收发分离式激光多普勒探测光路两种方法，从而消除了中频回路串扰对信号解调带来的影响。2022 年，谈渊等[236]为降低激光多普勒振动信号中噪声产生的影响，采用了基于改进小波去噪算法的激光多普勒振动信号处理方法。2021 年，汪润生等[237]为了改善多目标跟踪雷达的航迹关联性能，提出了基于距离多普勒速度二维信息联合处理的多目标航迹关联方法。

第2章 粗糙目标表面激光散射基础理论

2.1 引　　言

粗糙目标表面激光散射是激光雷达目标成像理论建模和仿真的基础理论。本章介绍粗糙目标表面的基本参数，如一阶统计量、高度起伏相关长度、功率谱密度和均方根斜率等；给出一维和二维随机粗糙面建模方法，以及随机粗糙面散射的研究方法；详细介绍激光雷达方程、激光雷达散射截面，以及双向反射分布函数与单位面积激光雷达散射截面之间的关系。选取凸回转体，如圆柱、圆锥、球等典型标准体，以及这些典型标准体的复合目标，利用解析方法给出凸回转体激光雷达散射截面。对于任意复杂目标，利用三角形面元法，考虑目标部件之间的相互遮挡，给出几种复杂目标的激光雷达散射截面。

2.2　粗糙目标表面的基本参数

在目标和背景散射特性的研究中，随机粗糙面的散射场是入射光波与粗糙面相互作用的结果，入射光波的状态与表征粗糙面的统计参量是影响散射场状态的两大基本因素。根据粗糙面蒙特卡罗方法，在不同均方根和相关长度条件下，对比高斯、指数粗糙面的数值模拟情况。同时，粗糙目标在雷达入射波作用下，产生雷达回波。通过测量发射信号与回波信号之间的时间延迟得到目标距离，当信号脉冲宽度很窄时，距离分辨率非常高，从而产生分辨率较高的成像。本章介绍随机粗糙面的统计变量，研究粗糙面散射的基本方法和理论。同时，根据激光雷达的基本原理，建立脉冲回波信号模型。

随机粗糙面可被看成空间坐标的随机函数，由各种物理过程随机生成。每个随机表面是相应过程的一个样本，可以借助这种随机过程的相关概念来描述粗糙面的统计性质。随机粗糙面的粗糙度是以入射波波长为度量单位的统计参数来表征的。例如，如果针对的是同一随机表面，对微波入射波来讲其表面可能是光滑的，但是对光波来讲是粗糙的。表征表面粗糙度的两个基本参量：一个是表面高度起伏均方根 δ，另一个是表面相关长度 l。表面高度起伏均方根和表面相关长度是描述随机粗糙面粗糙度的两个统计变量，它们是相对一个基准表面而言的。对于这个基准表面大体可以分为两大类：周期性分布和随机分布。常用于对介质表面几何形貌进行描述的面型函数有余弦型、三角型、半角余弦型、幂函数型、指数型、高斯型。其中，高斯型函数最接近随机粗糙面，其余的五种均是周期性函数。两种随机粗糙面如图 2.1 所示。

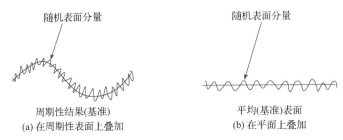

图 2.1　两种随机粗糙面

2.2.1　随机粗糙面的一阶统计量

假设有一表面上某一点 (x,y) 的高度为 $Z(x,y)$，即粗糙面的高度起伏分布为 $Z=Z(x,y)$。在表面取统计意义上有代表性的一块，尺寸分别为 L_x 和 L_y，并假设这块表面的中心处于原点，则表面的平均高度为

$$\overline{Z} = \frac{1}{L_x L_y} \int_{-\frac{L_x}{2}}^{\frac{L_x}{2}} \int_{-\frac{L_y}{2}}^{\frac{L_y}{2}} Z(x,y) \mathrm{d}x \mathrm{d}y \tag{2.1}$$

其二阶矩为

$$\overline{Z^2} = \frac{1}{L_x L_y} \int_{-\frac{L_x}{2}}^{\frac{L_x}{2}} \int_{-\frac{L_y}{2}}^{\frac{L_y}{2}} Z^2(x,y) \mathrm{d}x \mathrm{d}y \tag{2.2}$$

表面高度起伏均方根 δ 为

$$\delta = \left(\overline{Z^2} - \overline{Z}^2 \right)^{1/2} \tag{2.3}$$

对于一维离散数据，粗糙面高度起伏均方根为

$$\delta = \left[\frac{1}{N-1} \left(\sum_{i=1}^{N} Z_i^2 - N\overline{Z}^2 \right) \right]^{1/2} \tag{2.4}$$

式中，N 为取样数目。离散数据的一阶矩为

$$\overline{Z} = \frac{1}{N} \sum_{i=1}^{N} Z_i \tag{2.5}$$

2.2.2　粗糙面高度起伏相关长度

针对特定分布的粗糙面，单一的均方根 δ 并不能唯一描述粗糙面的散射特性，

相关函数表明随机表面上任意两点间的关联程度，定义自相关函数为

$$C(R) = \langle Z(r)Z(r+R)\rangle \tag{2.6}$$

式中，$\langle \cdot \rangle$ 表示沿整个粗糙面求平均值。自相关函数是 r 处高度 $Z(r)$ 与偏离 r 另一点 $r+R$ 处高度 $Z(r+R)$ 之间相似性的一种度量。当 $R=0$ 时，$\rho_0 = \delta^2$。进一步定义归一化自相关函数，即相关函数为

$$\rho(R) = \frac{C(r)}{\delta^2} = \frac{\langle Z(r)Z(r+R)\rangle}{\delta^2} \tag{2.7}$$

式中，δ^2 为表面高度起伏均方差。一般随机粗糙面上的两点距离增大，则自相关函数减小，相关函数的形式取决于表面的类型，减小的快慢取决于表面两点不相关的距离。对于高斯型分布的面函数，相关函数为

$$\rho(R) = \delta^2 \exp\left(-\frac{R^2}{l^2}\right) \tag{2.8}$$

$Z(r)$ 的归一化自相关函数是 r 点的高度 $Z(r)$ 与偏离 r 另一点 r' 的高度 $Z(r')$ 之间相似性的一种度量，对于离散数据 $r' = (j-1)\Delta r$ (其中 j 为大于或等于 1 的整数)的归一化相关函数可表示为

$$\rho(r') = \frac{\displaystyle\sum_{i=1}^{N+1-j} Z_i Z_{i+j-1}}{\displaystyle\sum_{i=1}^{N} Z_i^2} \tag{2.9}$$

对于指数型分布的面函数，相关函数可表示为

$$\rho(R) = \delta^2 \exp\left(-\frac{|R|}{l}\right) \tag{2.10}$$

处理表面的高阶性质比较困难，这是因为在原点处式(2.10)的导数不连续。因此，可以引入修正指数形式的相关函数：

$$\rho(R) = \exp\left\{-\frac{|R|}{l_1}\left[1 - \exp\left(-\frac{|R|}{l_2}\right)\right]\right\} \tag{2.11}$$

式中，$\rho(R)$ 在 $R=0$ 时具有最大值 1，随着 R 的增大，$\rho(R)$ 逐渐减小，当 $R \to \infty$ 时，$\rho(R) \to 0$。把相关系数 $\rho(R)$ 降至 $1/e$ 时的间隔 R 值定义为表面相关长度，记为 l，即 $\rho(l) = 1/e$。

表面相关长度 l 是描述随机粗糙面统计参量中的又一个基本量，如果表面上两点在水平距离上相隔距离大于 l，那么该两点的高度值从统计意义上说是近似

独立的。在极限情况下，当表面为完全光滑表面，即镜面，镜面上每一点与其他各点都是相关的，相关系数为 $\rho(R)=1$，表面相关长度 $l=\infty$。

2.2.3 功率谱密度

将非归一化的相关函数 $\rho(R)$ 进行傅里叶变换，就可以得到高度起伏功率谱密度 $W(K)$，即

$$W(K)=\frac{1}{4\pi^2}\int_{-\infty}^{\infty}\rho(R)\exp(jK\cdot R)\mathrm{d}R \tag{2.12}$$

式中，$\rho(R)$ 同样也可以写成 $W(K)$ 的逆傅里叶变换，即

$$\rho(R)=\int_{-\infty}^{\infty}W(K)\exp(-jK\cdot R)\mathrm{d}K \tag{2.13}$$

高斯分布随机粗糙面的功率谱密度为

$$W(K)=\frac{\delta^2 l}{2\sqrt{\pi}}\exp\left(-\frac{K^2 l^2}{4}\right) \tag{2.14}$$

下面给出高斯分布和指数分布的功率谱密度，高斯分布的功率谱密度为

$$W(K)=\frac{h^2 l}{2\sqrt{\pi}}\exp(-K^2 l^2/4)^{3/2} \tag{2.15}$$

指数分布的功率谱密度为

$$W(K)=\sqrt{2\pi}\delta^2 l^2(1+K^2 l^2) \tag{2.16}$$

各向异性高斯相关函数的功率谱为

$$W(p,q)=\frac{Z^2}{(2\pi)^2}\int_{-\infty}^{\infty}\exp\left[-\left(\frac{|x|}{l_1^2}+\frac{|y|}{l_2^2}\right)\right]\exp[j(px+qy)]\mathrm{d}x\mathrm{d}y$$

$$=\frac{Z^2 l_1 l_2}{4\pi}\exp\left(-\frac{p^2 l_1^2+q^2 l_2^2}{4}\right) \tag{2.17}$$

2.2.4 均方根斜率

对一维粗糙面，在许多场合中通常利用均方根斜率来说明粗糙面粗糙度，均方根斜率定义为表面上每一点斜率的均方根值，即

$$s^2=\sqrt{\left\langle\left(\frac{\mathrm{d}z}{\mathrm{d}x}\right)^2\right\rangle} \tag{2.18}$$

根据高斯相关函数，可得出各向同性高斯相关函数粗糙面的斜率均方根为

$$s = \frac{z\sqrt{2}}{l} \tag{2.19}$$

一维粗糙面的高度起伏导数的均方差为

$$\left\langle \left[\frac{\mathrm{d}^m Z(x)}{\mathrm{d}x^m} \right]^2 \right\rangle = (-1)^m \, \delta^2 \left. \frac{\mathrm{d}^{2m} \rho(x_0 - x)}{\mathrm{d}x^{2m}} \right|_{x=x_0} \tag{2.20}$$

式中，m 为阶数。

一维粗糙面空间波数的高阶距为

$$\int_{-\infty}^{\infty} W(K) K^{2n} \mathrm{d}K = \left\langle \left(\frac{\mathrm{d}^n Z}{\mathrm{d}x^n} \right)^2 \right\rangle \tag{2.21}$$

斜率均方根与谱函数之间的关系为

$$s = \left[\int_{-\infty}^{\infty} K^2 W(K) \mathrm{d}K \right]^{1/2} \tag{2.22}$$

将入射波长作为标准，把表面粗糙度定性划分为微粗糙、弱粗糙、强粗糙和极粗糙，如表 2.1 所示，其中 λ 为激光波长。

表 2.1　表面粗糙度的划分

表面粗糙度	几何统计参量	典型散射特征	典型粗糙面
微粗糙	$\sigma \leqslant 0.1, l \geqslant \lambda$	镜反射，镜像有极强的峰值，与入射偏振态和材料表面的关系不大	机械和光学精加工面，平静的水面
弱粗糙	$0.1 < \sigma < 0.3$ $l \gg \lambda$	近漫反射，峰值在镜像和法向之间	地表，一般的机械加工面，有风的水面
强粗糙	$0.3 \leqslant \sigma < 1$ $l \approx \lambda$	漫反射，有后向增强和明显的退偏效应，与入射偏振态和表面材料密切相关	一般需人工特殊制备
极粗糙	$\sigma > 0.1, l < \lambda$	未知，猜测类似于理想发射体，后向有极强的峰值	未知

假设一束光波入射到粗糙面上，如果表面是光滑的，当观测到的散射系数和反射率与假设表面微镜面计算所得值非常吻合，就可把该表面认为是光滑的。对于光滑表面，散射波全部来自镜像点的发射波，则只考虑反射系数的大小。如果表面是不光滑的，则散射波要受到衰减，被减弱的那部分功率向各个方向散射出去，反射功率部分被称为镜反射分量，散射功率部分被称为非相干分量或漫射分量。如图 2.2 所示，描述了表面粗糙度与表面散射之间的关系。由图 2.2(a)可知，在镜面情况下，反射波的辐射方向性图是 δ 函数，镜像方向就是它的中心线。微粗糙面的情况，既包含了反射分量，又包含了散射分量，如图 2.2(b)所示。在镜像上仍存在反射分量，其功率值比光滑表面情况的小，镜像分量有时称为相干分

量，散射分量则称为非相干(漫射)分量。非相干分量包含所有方向上的散射功率，但其值比相干分量小。当表面越来越粗糙时，相干分量逐渐变小甚至可以忽略，如图 2.2(c)所示。当表面极度粗糙时，方向性图将趋近于仅包含非相干散射的朗伯表面情形，如图 2.2(d)所示。

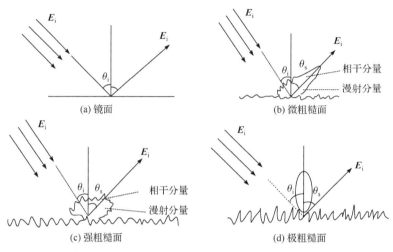

图 2.2　表面粗糙度与表面散射之间的关系

2.3　随机粗糙面建模

研究随机粗糙面散射特性，必须对随机粗糙面进行建模。随机粗糙面可以采用蒙特卡罗方法来模拟生成，蒙特卡罗方法又称线性滤波法，其基本思路是在频域用功率谱对其进行滤波，再进行逆快速傅里叶变换(inverse fast Fourier transform，IFFT)得到粗糙面的高度起伏。

2.3.1　一维随机粗糙面建模

一维随机粗糙面可以利用蒙特卡罗方法模拟生成，随机粗糙面被认为是由大量谐波叠加而成的，谐波的振幅是独立的高斯随机变量，其方差正比于特定波束的功率谱 $S(k_j)$。按照这种思路，可以由下列函数生成长度为 L 的一维粗糙面样本，即

$$f(x_n) = \frac{1}{L} \sum_{j=-N/2+1}^{N/2} F(k_j) \, \mathrm{e}^{\mathrm{j}k_j x_n} \tag{2.23}$$

式中，$x_n = n\Delta x(n = -N/2+1, \cdots, N/2)$，表示粗糙面上第 n 个采样点；$F(k_j)$ 与 $f(x_n)$ 表示傅里叶变换对，定义为

$$F(k_j) = \frac{2\pi}{\sqrt{2\Delta k}}\sqrt{S(k_j)} \cdot \begin{cases} [N(0,1) + jN(0,1)], & j = -N/2+1, \cdots, -1 \\ N(0,1), & j = 0, N/2 \end{cases} \quad (2.24)$$

式中，k_j 为离散波束，其表达式为 $k_j = 2\pi j / L$；Δk 为谱域相邻谐波样本的空间波数差；$S(k_j)$ 为粗糙面的功率谱密度；$N(0,1)$ 为均值为 0、方差为 1 的正态分布的随机数。当 $j > 0$ 时，$F(k_j)$ 满足共轭对称关系 $F(k_j) = F(k_{-j})^*$，这样可以保证进行傅里叶(Fourier)逆变换后所得到的粗糙面轮廓 $f(x_n)$ 是实数。

在利用傅里叶逆变换实现粗糙面时，表面总长度 L 至少应当有 5 个相关长度，这样可以减少谱的重叠。由于合成过程的表面长度是有限的，表面自相关函数并不完全衰减到零，因此会有某种振荡存在。为了使傅里叶逆变换重新得到功率谱，需要对实数序列进行加窗处理，以避免边缘效应和谱的重叠问题。

根据高斯分布的相关函数，二维高斯随机粗糙面的功率谱可以表示为

$$W(K_x, K_y) = \frac{\delta^2 l_x l_y}{4\pi} \exp\left(-\frac{K_x^2 l_x^2}{4} - \frac{K_y^2 l_y^2}{4}\right) = \frac{1}{h^2} W(K_x) W(K_y) \quad (2.25)$$

式中，h 为高度起伏。

同理，二维指数随机粗糙面的功率谱可表示为

$$W(K_x, K_y) = \frac{\delta^2}{2 l_x l_y \pi}\left(\frac{1}{1/l_x^2 + K_x^2}\right)\left(\frac{1}{1/l_y^2 + K_y^2}\right) = \frac{1}{h^2} W(K_x) W(K_y) \quad (2.26)$$

通过观察上述二维高斯、指数随机粗糙面的功率谱，可以看到功率谱可分解为 K_x 和 K_y 分量的因子积形式，这种形式有助于简化二维随机粗糙面的计算。根据傅里叶变换公式，有

$$\begin{aligned} f(x,y) &= \frac{1}{L^2}\sum_n\sum_m F(K_{x_n}, K_{y_m})\exp(jK_{x_n} + jK_{y_m}) \\ &= \frac{1}{L^2}\sum\sqrt{2\pi L W(K_x)}\exp(jK_x x)\sum\sum\sqrt{2\pi L W(K_y)}\exp(jK_y y)\frac{1}{h} \quad (2.27) \\ &= \frac{1}{h} f_1(x) f_2(y) \end{aligned}$$

图 2.3 给出了不同高度起伏均方根的一维高斯、指数随机粗糙面数值模拟结果，可以看出，粗糙面高度起伏均方根越大，对高斯和指数粗糙面模拟图形的影响越大，则粗糙面起伏越频繁，而且高斯粗糙面模型起伏次数小于指数粗糙面模型的起伏次数。

图 2.4 给出了不同相关长度的一维高斯、指数随机粗糙面数值模拟结果。从模拟结果可以看出当高度起伏均方根 $\delta = 0.1\lambda$ 时，随着相关长度变小，粗糙面的起伏变换频率越快。对比图 2.3 和图 2.4，可以看出高度起伏均方根决定着粗糙面的

"纵向"变化特性，相关长度决定着粗糙面的"横向"变化特性。

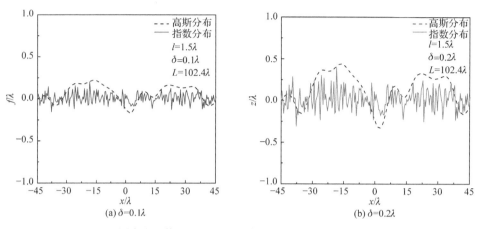

图 2.3　不同高度起伏均方根的一维高斯、指数随机粗糙面数值模拟

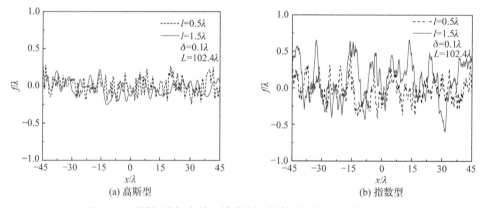

图 2.4　不同相关长度的一维高斯、指数随机粗糙面数值模拟

2.3.2　二维随机粗糙面建模

二维随机粗糙面的建模方法与一维随机粗糙面相似，假设要产生的二维随机粗糙面在 x 和 y 方向的长度分别为 L_x 和 L_y，等间隔离散点数分别为 M 和 N，相邻两点间的距离分别为 Δx 和 Δy，有 $L_x \approx M \cdot \Delta x$，$L_y \approx N \cdot \Delta y$，则粗糙面上每一点 $\left(x_m = m\Delta x, y_n = n\Delta y\right)\left(m = -M/2+1, \cdots, M/2; n = -N/2+1, \cdots, N/2\right)$ 处的高度可表示为

$$f(x_m, y_n) = \frac{1}{L_x L_y} \sum_{m_k=-M/2+1}^{M/2} \sum_{n_k=-N/2+1}^{N/2} F(k_{m_k}, k_{n_k}) \exp[\mathrm{j}(k_{m_k} x_m + k_{n_k} y_n)] \tag{2.28}$$

式中，

$$F(k_{m_k}, k_{n_k}) = 2\pi\Big[L_x L_y S(k_{m_k}, k_{n_k})\Big]^{1/2} \cdot \begin{cases} \dfrac{N(0,1) + jN(0,1)}{\sqrt{2}}, & m_k \neq 0, M/2, \text{且 } n_k \neq 0, N/2 \\ N(0,1), & m_k = 0, M/2, \text{或 } n_k = 0, N/2 \end{cases}$$

$$(2.29)$$

同样，$S(k_{m_k}, k_{n_k})$ 为二维随机粗糙面的功率谱密度，其中 $k_{m_k} = 2\pi m_k / L_x$，$k_{n_k} = 2\pi n_k / L_y$。与一维粗糙面的蒙特卡罗方法建模一样，为了使 $f(x_m, y_n)$ 为实数，其傅里叶(Fourier)系数的相位必须满足条件：$F(k_{m_k}, k_{n_k}) = F^*(-k_{m_k}, -k_{n_k})$，$F(k_{m_k}, -k_{n_k}) = F^*(-k_{m_k}, k_{n_k})$。在具体计算中，式(2.28)通常是利用二维 IFFT 来实现的。

二维高斯粗糙面对应的功率谱密度为

$$S(k_x, k_y) = \delta^2 \frac{l_x l_y}{4\pi} \exp\left(-\frac{k_x^2 l_x^2 + k_y^2 l_y^2}{4}\right) \tag{2.30}$$

图 2.5 给出了高度起伏均方根分别为 $\delta = 0.05\lambda$、0.1λ、0.2λ 的二维高斯随机粗糙面模型。其中，相关长度 $l_x = l_y = 1.0\lambda$，x 方向和 y 方向长度 $L_x = L_y = 8.0\lambda$，每个波长采样 8 个点。可以发现，在相关长度相同的前提下，高度起伏均方根越

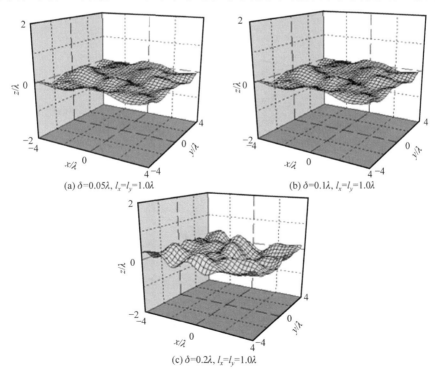

(a) $\delta=0.05\lambda$, $l_x=l_y=1.0\lambda$ 　　　　(b) $\delta=0.1\lambda$, $l_x=l_y=1.0\lambda$

(c) $\delta=0.2\lambda$, $l_x=l_y=1.0\lambda$

图 2.5　不同高度起伏均方根二维高斯随机粗糙面模型

大，粗糙面的高度起伏变化就越大，粗糙面的轮廓所能达到的峰值和谷值就越大，这与前面一维高斯随机粗糙面的高度起伏变化特点是相同的。

图 2.6 给出了相关长度 $l_x = l_y$ 分别为 0.5λ、1.0λ 和 1.5λ 的二维高斯随机粗糙面模型。其中，高度起伏均方根 $\delta = 0.1\lambda$，x 方向和 y 方向长度 $L_x = L_y = 8.0\lambda$，每个波长采样 8 个点。可以发现，在高度起伏均方根相同的条件下，相关长度代表了粗糙面的变化周期，相关长度越小，粗糙面就变化越频繁，峰值与峰值之间的距离越小，这一结论仍然与一维粗糙面相同。

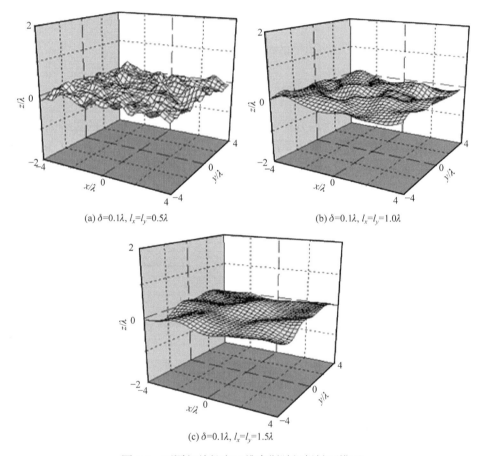

(a) $\delta=0.1\lambda$, $l_x=l_y=0.5\lambda$　　　　　　(b) $\delta=0.1\lambda$, $l_x=l_y=1.0\lambda$

(c) $\delta=0.1\lambda$, $l_x=l_y=1.5\lambda$

图 2.6　不同相关长度二维高斯随机粗糙面模型

2.4　随机粗糙面散射的基础理论

开展随机粗糙面散射问题数值计算的方法，大致有以下几大类，每一种方法都有其各自特点。

(1) 积分方程法(integral equation method，IEM)：从电场和磁场所满足的积分方程出发，得到粗糙面上切向电场和磁场的表达式，它包含近似项和附加项。

(2) 基尔霍夫近似(Kirchhoff approximation，KA)法：又称切平面近似，将粗糙面用局部切平面代替，由菲涅耳反射定律获得切平面的总场，从而近似计算远区散射场。它适用于平缓型粗糙面，与入射波长相比，这种表面的平均水平尺度较大，这时可以假设入射波照射到与该点相切的无限大平面上，因此，表面上任何一点的总场强就可以计算出来。

利用统计学来研究表面特性，对于水平方向上粗糙度的要求是粗糙面高度起伏相关长度 l 必须大于入射波长 λ。对于垂直方向上粗糙度的要求是粗糙面高度起伏均方根 δ 必须足够小，使得平均曲率半径大于电磁波波长。数学表达式为

$$kl > 6 \tag{2.31}$$

$$l^2 > 2.76\delta\lambda \tag{2.32}$$

式中，k 为波数；λ 为入射波波长。

对于高度起伏均方根较大的表面，采用驻留相位近似法；对于均方根高度中等或较小的表面，则采用标量近似法。各种近似方法虽然形式简单，但只计算了单次散射，没有考虑多重散射和遮蔽效应，并且只适用于小入射角情况。如果利用二阶基尔霍夫近似，由于考虑了多重散射和传播遮蔽及自遮蔽等效应，精确度有了很大的提高。

(3) 微扰法(small perturbation method，SPM)：要求表面高度起伏均方根小于入射波波长的 5%或更小。表面高度起伏均方根指的是仅在给定入射波波长下引起散射表面频率成分的计算合成。除对表面高度起伏均方根有要求外，表面平均斜度与波数和表面高度起伏均方根具有同一数量级。上述两种条件下的数学表达为

$$k\delta < 0.3 \tag{2.33}$$

$$\sqrt{2}kl < 0.3 \tag{2.34}$$

(4) 小斜率近似(small slope approximation，SSA)：基于表面斜率级数展开的一种比较精确的近似方法，通过保留级数展开的不同项可以得到各阶小斜率近似，并且在一定的条件下可以退化为基尔霍夫近似法和微扰法的结果。该方法适用于均方根斜率较小的粗糙面，对表面高度起伏没有限制。

(5) 双尺度方法(two-scale method，TSM)：该方法假设粗糙面由两种尺度构成时，一种比入射波长大，一种比入射波长小，而且小尺度粗糙面是按照表面大尺度粗糙面的斜率分别来倾斜的，这样就可以用微扰理论来计算小尺度粗糙面的散射系数，然后通过对大尺度的斜率分布求平均的方法来考虑粗糙面的倾斜

效应。

(6) 消光定理(extinction theorem，ET)法：该方法将一种边界条件和微扰理论相结合求解散射场。首先把粗糙面的高度起伏作为参量将表面电磁场用幂级数进行展开，然后求解空间散射场满足的亥姆霍兹(Helmholtz)方程，将解用平面波的叠加来表示，最后通过比较各阶量前的系数得到散射场的各阶近似。这种方法没有做任何物理近似，对表面斜率没有限制，因而求解精度高、适用范围广，尤其适用于掠入射情况。

(7) 全波算法(full wave algorithm，FWA)：该方法从麦克斯韦(Maxwell)方程组和边界条件出发，求出一组与实际边界有关的完备正交函数系，然后把所求散射场用这组函数系展开代入麦克斯韦方程组和边界条件，得到微分方程组，利用迭代法求解该方程组，求出待定系数的近似解，再代入积分方程，最后利用最陡下降法求出待求场。这种方法比较严谨，对激励源和界面没有任何限制，尤其是处理多层粗糙面的散射问题时比其他方法更有效，并且在高频近似和低频近似下，它可以分别退化成基尔霍夫近似和微扰法的解。

(8) 相位微扰法(phase perturbation technique，PPT)：该方法可以用于求解对任意入射波长连续变化的粗糙面散射问题。在适当的限制条件下，可以退化成基尔霍夫近似法和微扰法。相位微扰法的优点是使得平均散射强度能够明确地分离为镜像分量和漫射分量，但该方法在解决掠入射的情况时不够精确。

(9) 物理光学法：物理光学近似或许是所有简化理论中最容易理解的，因为它确定了表面上的电流。物理光学法的基本构成是波恩近似和磁场积分方程(magnetic field integral equation，MFIE)零阶迭代解，这一近似对于水平或倾斜平面计算是较精确的。另外，它可以处理各类粗糙物体的面散射，适用范围比较宽。该方法的主要特点是把积分方程里被积函数中的总场用入射场代替来求解，光照射到的表面存在表面电流，光照不到的地方就不存在表面电流和不考虑绕射。但由于该方法不能考虑遮蔽效应和多重散射，故有其局限性。在物理光学近似中最直接的方法是利用MFIE，粗糙面散射的物理光学近似实质上由磁场积分方程高频近似解构成。

(10) 扩展边界条件法：在物理光学法和微扰法基础上，Waterman 提出了扩展边界条件法。扩展边界条件法比前面的方法更精确的原因有两个：第一，该方法对表面斜度没有限制，实质上就是可以有任意阶的表面高度导数，因为不必限制任意阶表面高度导数，所以该方法能够精确地得到均匀粗糙面的散射；第二，它不用瑞利假设。

2.5　激光雷达方程

激光雷达方程是描述从发射到目标探测过程中与激光雷达系统有关的方程。

激光雷达发射的激光波束，有连续波和脉冲波两种，在连续波照射下的激光散射特性研究主要研究接收和发射功率之间的关系，在脉冲波束照射情况下，主要研究回波功率随时间的变化关系。激光雷达方程不仅反映了目标对激光的散射能力大小，还包含了环境与目标对激光的散射特性。激光雷达方程是激光雷达探测的基本数学模型，以公式的形式表述激光雷达的功耗、口径等参数和外部工作条件、系统作用之间的关系，通过激光雷达方程能够有效地指导激光雷达系统的设计，并对激光雷达的性能参数作出评估。根据微波雷达方程或几何光学原理推导出激光雷达方程的一般形式：

$$P_{\mathrm{r}} = \frac{\eta_0 \rho_{\mathrm{r}} T_{\mathrm{a}}^2 A_{\mathrm{r}}}{\pi R^2} P_{\mathrm{t}} \frac{A_{\mathrm{i}}}{A_{\mathrm{b}}} \tag{2.35}$$

式中，P_{r} 是激光雷达接收到的激光功率；P_{t} 是激光雷达发射的激光功率；η_0 是光学系统效率；ρ_{r} 是目标表面反射率；T_{a} 是单程大气透过率；A_{r} 是光学系统有效接收面积；R 是目标与激光雷达的距离；A_{i} 是垂直于光束的目标被照面积；A_{b} 是目标处光束截面积。式(2.35)适用于发射、接收位于同一处的激光雷达的各种应用情况。然而，受到实际条件的影响，激光雷达方程在不同的应用场合有着不同的形式，主要有面目标形式、点目标形式、线目标形式。

1) 激光雷达方程的面目标形式

当激光雷达探测目标的截面积远大于激光光束截面积时，如云层、平原、海面、山岭等目标，可以认为目标是一种扩展的"面目标"。在激光雷达的应用中，许多目标由于波束窄而变成面目标，如测距机中采用 0.5mrad 的波束，在 5km 处的坦克也可以认为是面目标。当目标是面目标时，在式(2.35)中可认为 $A_{\mathrm{i}} / A_{\mathrm{b}} = 1$。激光雷达方程可改为

$$P_{\mathrm{r}} = \frac{\eta_0 \rho_{\mathrm{r}} T_{\mathrm{a}}^2 A_{\mathrm{r}}}{\pi R^2} P_{\mathrm{t}} \tag{2.36}$$

2) 激光雷达方程的点目标形式

当目标截面积小于激光光束截面积时，激光光束中的能量只有部分被目标散射回来，在这种情况下，目标可以看成"点目标"。此时，式(2.35)中的 A_{i} 是一个固定值，不随 R 而变化。激光雷达方程可改写为

$$P_{\mathrm{r}} = \frac{\eta_0 \rho_{\mathrm{r}} T_{\mathrm{a}}^2 A_{\mathrm{r}} A_{\mathrm{i}}}{\pi \Omega_{\mathrm{t}} R^4} P_{\mathrm{t}} \tag{2.37}$$

3) 激光雷达方程的线目标形式

在图 2.7 中，当目标截面积在一维上大于激光光束，在另一维上远小于激光光束，如电线、管道、桥梁等目标，此时，目标可以看成"线目标"。在线目标条件下，可认为 $A_{\mathrm{i}} \approx \sqrt{\Omega_{\mathrm{t}}} R \omega$，其中 ω 为线目标的宽度。激光雷达方程可改写为

$$P_{\mathrm{r}} = \frac{\eta_0 \rho_{\mathrm{r}} T_{\mathrm{a}}^2 A_{\mathrm{r}} \omega}{\pi \sqrt{\Omega_{\mathrm{t}}} R^2} P_{\mathrm{t}} \qquad (2.38)$$

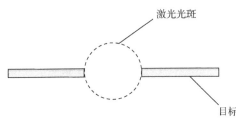

图 2.7　线目标激光雷达探测

2.5.1　激光雷达散射截面

激光雷达散射截面(LRCS)是定量描述目标激光雷达回波特性的物理量。双站 LRCS 可定义为经目标反射或散射到接收机的功率与在给定方向上入射到目标的功率之比。通常，目标雷达散射截面是对平面电磁波而言的，即定义为远场条件。入射到目标处波前可以认为属平面波的形式，将入射场的功率密度归一化，并考虑到球面扩散引起的衰减，以消除目标与探测雷达间距离 R 的影响，双站激光雷达散射截面表示为[238-242]

$$\sigma_{r,t}(\theta_{\mathrm{i}}, \varphi_{\mathrm{i}}; \theta_{\mathrm{s}}, \varphi_z) = \lim_{R \to \infty} 4\pi R^2 \frac{|\boldsymbol{E}_{\mathrm{s}}^r(\theta_{\mathrm{s}}, \varphi_{\mathrm{s}})|^2}{|\boldsymbol{E}_{\mathrm{i}}^t(\theta_{\mathrm{i}}, \varphi_{\mathrm{i}})|^2} \qquad (2.39)$$

式中，$\boldsymbol{E}_{\mathrm{s}}^r(\theta_{\mathrm{s}}, \varphi_{\mathrm{s}})$ 表示偏振状态为 r 的散射场；θ_{i} 和 φ_{i} 分别表示激光入射方位角和入射天顶角；θ_{s} 和 φ_{s} 分别表示散射方向的方位角和天顶角；$\boldsymbol{E}_{\mathrm{i}}^t(\theta_{\mathrm{i}}, \varphi_{\mathrm{i}})$ 表示偏振状态为 t 的入射场。当采用非偏振激光发射与接收时，获得的 LRCS 应为两种正交偏振状态的平均值。粗糙面单位面积激光雷达散射截面可定义为

$$\sigma^0(\theta_{\mathrm{i}}, \varphi_{\mathrm{i}}; \theta_{\mathrm{s}}, \varphi_{\mathrm{s}}) = \lim_{R \to \infty} 4\pi R^2 \frac{\langle \boldsymbol{E}_{\mathrm{s}}(\theta_{\mathrm{s}}, \varphi_{\mathrm{s}}) \cdot \boldsymbol{E}_{\mathrm{s}}^*(\theta_{\mathrm{s}}, \varphi_{\mathrm{s}}) \rangle}{A |\boldsymbol{E}_{\mathrm{i}}(\theta_{\mathrm{i}}, \varphi_{\mathrm{i}})|^2} \qquad (2.40)$$

式中，A 表示照射面积；$\langle \cdot \rangle$ 表示粗糙面散射场强度的统计平均值。当接收口径的面积为 A_{r} 时，接收散射功率 ΔP_{s} 与入射功率 P_{i} 之比为

$$\frac{\Delta P_{\mathrm{s}}}{P_{\mathrm{i}}} = \frac{A \langle \boldsymbol{E}_{\mathrm{s}} \cdot \boldsymbol{E}_{\mathrm{i}}^* \rangle}{A \cos\theta_{\mathrm{i}} |\boldsymbol{E}_{\mathrm{i}}|^2} \qquad (2.41)$$

由式(2.40)和式(2.41)，可得

$$\sigma^0 = \lim_{R \to \infty} \frac{4\pi R^2}{A_{\mathrm{r}}} \cdot \frac{\Delta P_{\mathrm{s}}}{P_{\mathrm{i}}} \cos\theta_{\mathrm{i}} = 4\pi \cos\theta_{\mathrm{i}} \frac{\mathrm{d}P_{\mathrm{s}}}{P_{\mathrm{i}} \mathrm{d}\Omega} \qquad (2.42)$$

式中，$\mathrm{d}\Omega = \lim\limits_{R\to\infty} A_\mathrm{r} / R^2$。

半球反射率 ρ_r 是描述目标表面反射特性的另一个量，随机表面的方向半球反射系数代表从表面散射入射能量的总平均值，它是入射角的函数。半球反射率定义为反射谱辐射通量与入射谱辐射通量之比，如下：

$$\rho_\mathrm{r} = \frac{\int_{2\pi} \mathrm{d}P_\mathrm{r}}{P_\mathrm{i}} \tag{2.43}$$

式中，$\int_{2\pi} \mathrm{d}P_\mathrm{r}$ 为样品在上半球空间的反射率；P_i 为入射功率。其中，辐射功率与辐射通量之间的关系可以分别表示为 $P_\mathrm{i} = \mathrm{d}\phi_\mathrm{i} / \mathrm{d}A_\mathrm{i}$，$P_\mathrm{r} = \mathrm{d}\phi / \mathrm{d}A$。半球反射率是一个积分量，可以利用计量定标或者分光光度计加积分球进行测量获得。

在立体角 ω_i 内入射到面元 $\mathrm{d}A_\mathrm{i}$ 上的辐射通量 $\mathrm{d}\phi_\mathrm{i}$ 为

$$\mathrm{d}\phi_\mathrm{i} = \mathrm{d}A_\mathrm{i} \int_{\omega_\mathrm{i}} L_\mathrm{i}(\theta_\mathrm{i}, \varphi_\mathrm{i}) \cos\theta_\mathrm{i} \mathrm{d}\omega_\mathrm{i} \tag{2.44}$$

在立体角 ω_r 内测得的反射通量 $\mathrm{d}\phi_\mathrm{r}$ 为

$$\begin{aligned}
\mathrm{d}\phi_\mathrm{r} &= \mathrm{d}A_\mathrm{r} \int_{\omega_\mathrm{r}} L_\mathrm{r}(\theta_\mathrm{r}, \varphi_\mathrm{r}) \cos\theta_\mathrm{r} \mathrm{d}\omega_\mathrm{r} \\
&= \mathrm{d}A_\mathrm{i} \int_{\omega_\mathrm{r}} f_\mathrm{r} \mathrm{d}E_\mathrm{i}(\theta_\mathrm{i}, \varphi_\mathrm{i}) \cos\theta_\mathrm{r} \mathrm{d}\omega_\mathrm{r} \\
&= \mathrm{d}A_\mathrm{i} \int_{\omega_\mathrm{i}} \int_{\omega_\mathrm{r}} f_\mathrm{r} L_\mathrm{i}(\theta_\mathrm{i}, \varphi_\mathrm{i}) \cos\theta_\mathrm{i} \cos\theta_\mathrm{r} \mathrm{d}\omega_\mathrm{i} \mathrm{d}\omega_\mathrm{r}
\end{aligned} \tag{2.45}$$

半球反射率 ρ_r 可写为

$$\rho_\mathrm{r} = \frac{\mathrm{d}\phi_\mathrm{r}}{\mathrm{d}\phi_\mathrm{i}} = \frac{\int_{\omega_\mathrm{i}} \int_{\omega_\mathrm{r}} f_\mathrm{r} L_\mathrm{i}(\theta_\mathrm{i}, \varphi_\mathrm{i}) \cos\theta_\mathrm{i} \cos\theta_\mathrm{r} \mathrm{d}\omega_\mathrm{i} \mathrm{d}\omega_\mathrm{r}}{\int_{\omega_\mathrm{i}} L_\mathrm{i}(\theta_\mathrm{i}, \varphi_\mathrm{i}) \cos\theta_\mathrm{i} \mathrm{d}\omega_\mathrm{i}} \tag{2.46}$$

如果在入射光束内入射辐射是均匀的，而且是各向同性的，则式(2.46)中的 L_i 是常数，由此可得

$$\rho_\mathrm{r} = \frac{\int_{\omega_\mathrm{i}} \int_{\omega_\mathrm{r}} f_\mathrm{r} L_\mathrm{i}(\theta_\mathrm{i}, \varphi_\mathrm{i}) \cos\theta_\mathrm{i} \cos\theta_\mathrm{r} \mathrm{d}\omega_\mathrm{i} \mathrm{d}\omega_\mathrm{r}}{\int_{\omega_\mathrm{i}} \cos\theta_\mathrm{i} \mathrm{d}\omega_\mathrm{i}} \tag{2.47}$$

式(2.47)中的三种特殊情况分别是定向、圆锥、半球。如果 ω_i 很小，在式(2.47)中可视为常数，再对 L_i 进行积分，则可得方向半球反射率为

$$\rho_\mathrm{r} = \int_{2\pi} f_\mathrm{r} \cos\theta_\mathrm{r} \mathrm{d}\omega_\mathrm{r} \tag{2.48}$$

式(2.48)就是双向反射分布函数(BRDF)和半球反射率 ρ_r 之间的关系。

　　对于朗伯体，其散射亮度在半球立体角内是各向同性的，在所有(θ_r,φ_r)方向上的值相同，BRDF 为常数，则 $\rho_r = \pi f_r$ ，也就是说，朗伯体的双向反射分布函数 $f_r = \rho_r / \pi$ ，该系数是目标表面反射通量与在相同入射和反射条件下理想朗伯体的反射通量之比

$$\beta(\theta_i,\varphi_i;\theta_r,\varphi_r) = \mathrm{d}\phi_r / \mathrm{d}\phi_{r,\mathrm{ideal}} \tag{2.49}$$

式中， $\mathrm{d}\phi_r$ 是表面面元 $\mathrm{d}A$ 反射至立体角 $\mathrm{d}\omega_r$ 内的通量； $\mathrm{d}\phi_{r,\mathrm{ideal}}$ 是理想朗伯体的反射通量。该系数是样品表面反射通量与在相同入射和反射条件下理想朗伯体的反射通量之比， β 是一个不可测量的微分量。

　　由雷达散射截面的定义式可见，计算目标的雷达散射截面，关键是求得其散射场，这实际上是解由麦克斯韦方程组所限定的边值问题。然而除少数简单形体，如球体、无限长圆柱、半无限平面等具有严格的解析表达式以外，对于绝大多数真实物体，这种边值问题极难求解，甚至是不可能的。为此人们最多的还是利用数值方法、高频渐进方法以及将二者结合起来的混合法等来求解散射问题。

　　矩量法(method of moments，MoM)、有限时域差分法(finite difference time domain，FDTD)等都是典型的数值方法，它们原则上可以计算任何复杂的目标，但由于计算机内存容量及计算速度的限制，它们只能计算电尺寸较小的目标。

　　高频渐进方法认为在高频段物体的每一部分基本上是独立的散射能量而与其他部分无关，因而目标某一部分上的感应场只取决于入射波，而与其他部分的散射能量无关，这就简化了散射问题的计算。最常用的高频渐进方法包括几何光学(geometrical optics，GO)法、物理光学(physical optics，PO)法、几何绕射理论(geometrical theory of diffraction，GTD)、物理绕射理论(physical theory of diffraction，PTD)、等效电磁流方法(method of equivalent currents，MEC)和混合方法等。将高频渐进方法与 MoM 或 FDTD 结合起来的混合法是研究复杂目标 RCS 的主要方法之一。

　　当平面波以 θ_i 角度入射到各向同性的随机粗糙平面时，在镜像方向存在平均相干反射。如果随机粗糙平面上斜率的均方根远小于 1，且曲率半径远大于入射波长，可以忽略遮蔽效应和表面各点之间的多重散射，则平均相干反射系数为

$$\langle R_r(\theta_i) \rangle = R_r(\theta_i)\chi(V_z) \tag{2.50}$$

式中， $R_r(\theta_i)$ 表示菲涅耳反射系数，$r = \mathrm{p}$ 和 $r = \mathrm{s}$ 分别表示光的 p 极化状态和 s 极化状态； $\chi(V_z)$ 表示高度起伏 $z(x,y)$ 的特征函数。如果一维粗糙平面高度起伏 $z(x, y)$ 的概率密度为 $W(z)$ ，则特征函数为

$$\chi(V_z) = \langle e^{\mathrm{j}V_z z} \rangle = \int_{-\infty}^{\infty} W(z)e^{\mathrm{j}V_z z}\mathrm{d}z \tag{2.51}$$

对于高斯分布粗糙平面，有

$$W(z) = \frac{1}{\sqrt{2\pi}\delta} \exp\left(-\frac{z^2}{2\delta^2}\right) \tag{2.52}$$

将式(2.52)代入式(2.51)，得

$$\chi(V_z) = \exp\left(\frac{1}{2}\delta^2 V_z^2\right) \tag{2.53}$$

式中，V_z 为矢量 $\boldsymbol{V} = \boldsymbol{k}_i - \boldsymbol{k}_s$ 的 z 分量。

当高度起伏为高斯分布时，粗糙平面镜面相干反射系数为

$$\langle R_r(\theta_i) \rangle = R_r(\theta_i) \exp[-2(k_0\delta\cos\theta_i)^2] \tag{2.54}$$

其中，菲涅耳反射系数为

$$R_p(\theta_i) = \frac{\varepsilon\cos\theta_i - (\varepsilon - \sin^2\theta_i)^{1/2}}{\varepsilon\cos\theta_i(\varepsilon - \sin^2\theta_i)^{1/2}} \tag{2.55}$$

$$R_s(\theta_i) = \frac{\cos\theta_i - (\varepsilon - \sin^2\theta_i)^{1/2}}{\cos\theta_i + (\varepsilon - \sin^2\theta_i)^{1/2}} \tag{2.56}$$

由此可以获得镜像相干散射截面：

$$\sigma_c = 4\pi \left|\langle R_r(\theta_i) \rangle\right|^2 \cos^2\theta_i \exp(-4k_0^2\delta^2\cos^2\theta_i) \tag{2.57}$$

非相干散射截面的大小主要取决于随机表面的粗糙度，随机表面的粗糙度越大，则其非相干散射截面就越大。求解非相干散射截面的两种经典方法为基尔霍夫切平面近似法和微扰法。本小节主要介绍基尔霍夫切平面近似法，如果粗糙面参数满足以下条件：

$$k_0 l > 6, \quad l^2 > 2.76\delta\lambda, \quad s < 0.25 \tag{2.58}$$

式中，l 是粗糙面的高度起伏相关长度；s 是均方根斜率；λ 是入射波波长，可以用基尔霍夫标量近似法求粗糙面上任意点的散射场。如果粗糙面高度起伏为平稳高斯随机过程，照射面积的线形尺寸远大于相关长度，那么非相干散射强度的一阶近似解为

$$I_1 = |a|^2 A_i \exp(-V_x^2\delta^2)\sum_{n=1}^{\infty}\frac{(V_z^2\delta^2)^n}{n!}\cdot\int_{-\infty}^{\infty}\int_{-\infty}^{\infty}G^n\exp[-j(px_d+qy_d)]\mathrm{d}x_d\mathrm{d}y_d \tag{2.59}$$

式中，A_i 为照射面积；G^n 为自相关函数。由式(2.59)得单位面积非相干散射截面为

$$\sigma_{rt} = \frac{k_0^2}{4\pi}|d|^2\exp(-V_z^2\delta^2)\sum_{n=1}^{\infty}\frac{(V_z^2\delta^2)^n}{n!}\cdot\int_{-\infty}^{\infty}\int_{-\infty}^{\infty}G^n\exp[-j(px_d+qy_d)]\mathrm{d}x_d\mathrm{d}y_d\ (V_z\delta\sim 1)$$

$$\tag{2.60}$$

式中，r、t 为极化状态；极化系数 a 为

$$
a = \begin{cases}
-R_s(\cos\theta_i + \cos\theta_s)\cos\phi_s & (r,t = \text{s}) \\
-R_s(1 + \cos\theta_i\cos\theta_s)\sin\phi_s & (r = \text{p}, \quad t = \text{s}) \\
-R_p(1 + \cos\theta_i\cos\theta_s)\sin\phi_s & (r = \text{s}, \quad t = \text{p}) \\
R_p(\cos\theta_i + \cos\theta_s)\cos\phi_s & (r,t = \text{p})
\end{cases}
\tag{2.61}
$$

对于各向同性的高斯粗糙面，自相关函数 $G(\rho) = \exp(-\rho^2/l^2)$，$\rho^2 = x_d^2 + y_d^2$ 代入式(2.60)得

$$
\sigma_{rt} = (|a|^2 k_0 l/2)^2 \exp(-V_z^2\delta^2)\sum_{n=1}^{\infty}\frac{(V_z^2\delta^2)^n}{n!n}\exp\left(-\frac{V_{xy}^2 l^2}{4n}\right)
\tag{2.62}
$$

式中，$V_{xy}^2 = p^2 + q^2$。在单站散射情况下，$\theta_i = \theta_s$，$\phi_s = \phi_i \pm \pi$，式(2.62)退化为

$$
\sigma_r = (|R_r|k_0 l\cos\theta_i)^2 e^{-K_0}\sum_{n=1}^{\infty}\frac{K_0^n}{n!n}\exp\left[-\frac{(k_0 l\sin\theta_i)^2}{n}\right](V_z\delta\sim 1)
\tag{2.63}
$$

激光雷达散射截面(LRCS)是 RCS 概念在激光波段的应用，并考虑了入射波与所接收散射波的极化状态。它是目标的静态和动态特性(如几何尺寸、形状、运动速度等)、介质特性和入射波特性(波长、极化、波束结构)等的复杂函数。为了描述的统一和简化，在定义 LRCS 时做以下假定：

(1) 平面波照射目标，这一平面波在目标范围内具有恒定的振幅和初始相位；

(2) 探测器位于目标远场，$R > 2L^2/\lambda$，L 为目标线度；

(3) 对漫射目标，取许多散斑的平均值；

(4) 满足几何光学限制 $\lambda \ll L$；

(5) 激光为准连续波(长脉冲近似)；

(6) 激光束在目标处的宽度远大于 L；

(7) 激光发射平面极化(偏振)波。

在给定的波长下，目标的双站 LRCS 定义如下：

$$
\sigma_{rt}(\theta_i,\phi_i;\theta_s,\phi_s) = \lim_{R\to\infty}4\pi R\frac{|\boldsymbol{E}_s^r(\theta_s,\phi_s)|^2}{|\boldsymbol{E}_i^t(\theta_i,\phi_i)|^2}
\tag{2.64}
$$

式中，(θ_i,ϕ_i) 和 (θ_s,ϕ_s) 分别代表入射方向 $\boldsymbol{k}_i$ 和接收方向 $\boldsymbol{k}_s$，如图 2.8 所示。对于单站(后向)散射，由于这两个方向相同，因此略去极角 θ 与方位角 ϕ 的下标，以 $\sigma(\theta,\phi)$

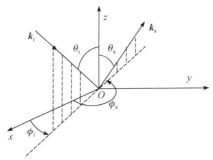

图 2.8 双站角示意图

表示该方向的 LRCS。式(2.64)中 r,t 分别表示散射波和入射波的极化状态，对于同极化 $r=t$，表示接收极化状态平行于发射偏振状态，同为水平极化或垂直极化；对于交叉极化，r 与 t 两者正交。

当入射波是非极化波(极化方向随机取向)，或者不考虑极化状态又要取得简单、一致的散射特性描述时，可以取两种极化状态对应 LRCS 的概率平均：

$$\sigma_h = (\sigma_{hh} + \sigma_{hv}), \sigma_v = (\sigma_{vv} + \sigma_{vh}) \tag{2.65}$$

h、v 分别表示水平极化和垂直极化。在实际工作中，经常使用的是非极化探测器，这时两种极化状态的散射波都将被接收，接收功率为两者之和。于是，引入"全 LRCS"的概念：

$$\sigma = \sigma_h + \sigma_v = \frac{1}{2}(\sigma_{hh} + \sigma_{hv} + \sigma_{vv} + \sigma_{vh}) \tag{2.66}$$

LRCS 的研究方法可以借鉴微波波段 RCS 的研究方法，特别是高频渐进方法，但它又有自己的特点，如在微波波段的绕射效应和谐振情况不再考虑，相比激光波长，任何目标都必须看作有限介电常数的粗糙物体，其散射特性必须采用统计方法，即随机分析的方法进行研究。

根据上述讨论的雷达散射截面的计算公式，可以方便地计算粗糙样片的雷达散射截面，利用式(2.66)计算全极化的单位面积雷达散射截面。理论计算粗糙铝面和漆面的单位面积的单双站雷达散射截面。铝样片在波长 1.06μm 下的折射率为(5.43，10.7)；漆样片在波长 1.06μm 下的折射率为(1.512，0.003)。分别对不同的表面高度起伏均方根和表面相关长度进行了讨论。

图 2.9 为铝面不同表面高度起伏均方根情况下，单位面积单站雷达散射截面随散射角变化的情况，图 2.10 为漆面不同表面相关长度情况下，单位面积单站雷达散射截面随散射角变化的情况。由图可以看出，在入射波长一定的情况下，粗

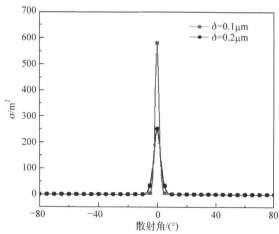

图 2.9　铝面不同表面高度起伏均方根情况下，单位面积单站雷达散射截面随散射角变化的情况

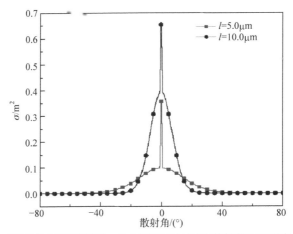

图 2.10　漆面不同相关长度情况下，单位面积单站雷达散射截面随散射角变化的情况

的高度起伏均方根越大，相关长度越短，即表面越粗糙，单位面积雷达散射截面越小，而且有强的后向散射峰值。

图 2.11 和图 2.12 分别为粗糙铝样片和漆样片单位面积双站激光雷达散射截面(LRCS)随散射角变化的情况，图中铝样片表面高度起伏均方根 $\delta = 0.2\mu m$，表面相关长度 $l = 5.89\mu m$；漆样片表面高度起伏均方根 $\delta = 0.5\mu m$，表面相关长度 $l = 5.0\mu m$。由此可见，激光入射角度越大，粗糙面单位面积的雷达散射截面越小，对于双站激光雷达散射截面有很强的镜像散射峰值。

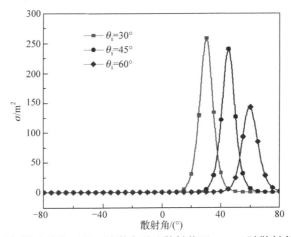

图 2.11　粗糙铝样片单位面积双站激光雷达散射截面(LRCS)随散射角变化的情况

2.5.2　粗糙面双向反射分布函数

1. 基本概念

在目标激光单双站散射以及目标对复杂背景红外辐射的反射和散射特性研究

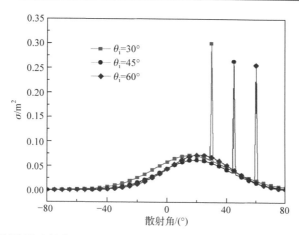

图 2.12 粗糙漆样片单位面积双站激光雷达散射截面(LRCS)随散射角变化的情况

中，粗糙面电磁辐射和散射理论是其研究的理论基础。本小节主要介绍粗糙面散射的基本理论和方法，着重讨论激光雷达散射截面(LRCS)和双向反射分布函数(BRDF)，以及二者间的关系。同时简单阐述电磁辐射理论，从而有效地将散射和辐射问题有机地结合在一起。

双向反射分布函数(BRDF)的定义是由 Nicodemus 于 1964 年正式提出的[3,32,33]。最初的理论是从光辐射角度定义并得到发展的，现已广泛应用于激光、红外和微波段的散射和辐射问题，并进一步延拓到遥感方面。双向反射分布函数是描述目标样片光学特性的一个基本量。它由表面粗糙度、表面纹理、介电常数、入射波长、偏振等因素决定。

如图 2.13 所示，表面面元的面积为 dA；入射光源入射方向反方向的天顶角、方位角分别为 θ_i、φ_i；探测器的观测方向天顶角、方位角分别为 θ_s、φ_s；z 为粗糙面平均平面的法线方向。双向反射分布函数定义为沿 θ_s、φ_s 方向出射的辐射亮度 $dL_r(\theta_i,\varphi_i,\theta_s,\varphi_s)$ 与沿 (θ_i,φ_i) 方向入射到被测表面的辐照度 $dE_i(\theta_i,\varphi_i)$ 之比，如式(2.67)所示：

$$f_r(\theta_i,\varphi_i,\theta_s,\varphi_s) = \frac{dL_r(\theta_i,\varphi_i,\theta_s,\varphi_s)}{dE_i(\theta_i,\varphi_i)}\left(sr^{-1}\right) \tag{2.67}$$

辐射亮度定义为沿辐射方向单位面积、单位立体角的辐射通量(W/(m² · sr))：

$$L_r(\theta_i,\varphi_i,\theta_s,\varphi_s) = \frac{d\Phi_s(\theta_i,\varphi_i,\theta_s,\varphi_s)}{dA\cos\theta_s d\omega_s} \tag{2.68}$$

辐射照度定义为单位面积的辐射通量：

$$E(\theta_i,\varphi_i) = \frac{d\Phi_i(\theta_i,\varphi_i)}{dA} \tag{2.69}$$

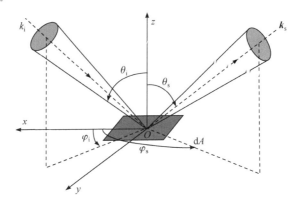

图 2.13　BRDF 的几何示意图

入射辐射照度还可以表示为对半球空间的入射亮度进行积分的形式：

$$E_i = \int_0^{2\pi} \int_0^{\frac{\pi}{2}} L_i \cos\theta \sin\theta \mathrm{d}\theta \mathrm{d}\varphi \tag{2.70}$$

把 BRDF 的概念用于粗糙面电磁波的散射，对于均匀扩展面元，利用照射到单位面积上的入射功率 P_i 与散射功率 $\mathrm{d}P_s$，BRDF 公式可以重写为

$$f_r = \frac{\mathrm{d}P_s}{P_i \cos\theta_s \mathrm{d}\Omega} \tag{2.71}$$

除少数特殊情况，BRDF 难以表示成解析形式。BRDF 最基本的性质是互易定理[243]和能量守恒定理。

1) 互易原理

亥姆霍兹的互易定理又称为方向可逆性原理，最初应用于光学系统，后来渐渐被推广到电磁波传播、反射、散射的各个过程。可以表述为将入射与出射方向互换，得到的散射情况应该是相同的，用数学形式表述为

$$f_r(\boldsymbol{k}_i, \boldsymbol{k}_s) = f_r(-\boldsymbol{k}_s, -\boldsymbol{k}_i) \tag{2.72}$$

式中，$\boldsymbol{k}_i$ 为入射方向的单位矢量；$\boldsymbol{k}_s$ 为探测方向的单位矢量。

2) 能量守恒定理

根据能量守恒定理，对于某一入射方向，半球反射率小于等于 1，即

$$\int f_r \cos\theta_i \mathrm{d}\omega_i \leqslant 1 \tag{2.73}$$

2. 五参数模型

有关 BRDF 的模型很多，它们模拟光散射特性的侧重点不同，应用的范围也不尽相同。在可见光区和近红外区，涂层微观粗糙度的尺寸比辐射波长大很多的时候，方便的方法就是使用光线的几何光学理论来推导模型粗糙面的光散射，通常可以归结为微观表面镜反射总和的散射，涂层近表层的辐射散射则可以用加漫

反射分量的方法来考虑，此漫反射分量满足朗伯定律。这种描述目标表面或典型地物的双向反射分布函数的统计模型是根据粗糙面的不同分类，结合各参数因子的物理含义，概括、提炼而出，使用起来简洁、有效，被广泛用于遥感和军事上。这种模型的缺点是需要了解各种粗糙面的统计情况，得到其统计假设作为先验知识，而且没有考虑极化情况。

半经验模型根据目标表面的物理特性和试验测量结果，用简单数学函数的组合形式表述。这种模型的优点是简单、直观、实用性强，不需要电磁散射理论基础，也不需要材料的光学参数和粗糙度统计参数。它的缺点是适用范围小，通常不具有物理上的互易性、能量守恒等特性。

1) Minnaert 模型

Minnaert 模型可表示为

$$f_r(\theta_i, \varphi_i; \theta_s, \varphi_s) = \frac{\rho_0}{\pi}(\cos\theta_i \cos\theta_s)^{k-1}, \quad 0 < k < 1 \tag{2.74}$$

式中，k 为黑度参数，用来表示 Minnaert 模型与朗伯(Lambert)模型的差距。当 $k=1$ 时，Minnaert 模型就可以转化为 Lambert 模型。这个模型可以模拟反射系数随角度缓慢变化的情况，而不能模拟具有较强的前向或后向散射的情况。模型符合互易定理，假设非朗伯漫反射表面的辐射关于法线对称，这一假设与实际情况不符。此外，这个模型还可以用来模拟植被、土壤等环境的投影情况。

2) 光滑涂层模型

在掠射角观测表面有很多实际的应用。在这些实际应用中，朗伯假设就不再适用。为了能够处理这类情况，假设表面是在漫反射基底上涂以均匀的电介质层而形成的。这种涂层表面的模型可以近似表示为

$$f_r(\theta_i, \varphi_i; \theta_s, \varphi_s) = F(\theta_i)\frac{\delta(\theta_s - \theta_i)\delta(\varphi_s - \varphi_i + \pi)}{\cos\theta_i \cos\theta_s} + \frac{\rho_0\left[1 - F(\theta_i)\right]\left[1 - F(\theta_s)\right]}{\pi n^2}$$

$$\tag{2.75}$$

式中，等号右边两项分别代表镜反射分量和漫反射分量。其中，ρ_0 为基底的漫反射系数；n 为电介质涂层的折射率；$F(\theta)$ 为菲涅耳反射系数。从式(2.75)中可以看到，等号右边第一项(镜反射项)与菲涅耳反射系数有关，第二项(漫反射项)则不仅与菲涅耳反射系数有关，还与基底的漫反射系数和涂层的折射率有关。

3) Phong 模型

Phong 模型是一个根据实验测量的表面反射特性得到的亮度模型，它没有实际的物理意义。作为光照模型，该模型被计算机图形学广泛使用。Phong 模型表达式为

$$f_r(\theta_i, \varphi_i; \theta_s, \varphi_s) = \frac{k_d}{\pi} + k_s C_n \cos^n \alpha \tag{2.76}$$

式中，等号右边第一项为漫反射分量，第二项为定向反射分量；k_d 为漫反射系数；k_s 为定向反射系数；α 为镜反射方向和出射方向之间的夹角；n 为镜像指数，n 值越大，镜像峰值也就越高。Phong 模型的缺点：能量不守恒；不具有互易性；最大值总是出现在镜像方向上，对于具有非镜像峰值现象的表面散射特性无能为力。

4) Ward 模型

Ward 等提出的 Ward 模型为

$$f_r = \frac{k_d}{\pi} + k_s \frac{C_{\max}}{4\pi m^2} \frac{\exp\left(-\tan^2 \alpha\right)}{\sqrt{\cos\theta_i \cos\theta_s}} \tag{2.77}$$

式中，等号右边第一项表示漫反射分量，第二项表示定向反射分量；k_d、k_s 和 α 的含义与 Phong 模型相同；$C_{\max}$ 与 Phong 模型中的 C_n 定义相同，但是一般 $C_{\max}$ 有上限；m 表示表面均方根斜率。另外，Ward 模型擅长于模拟各向异性表面的反射特性，如打磨过的金属。

5) 修正的 Phong 模型、Ward 模型

Lafortune 对 Phong 模型进行修正的公式如下所示：

$$f_r\left(\theta_i, \varphi_i; \theta_s, \varphi_s\right) = \frac{k_d}{\pi} + k_s C_n \cos^n \alpha \tag{2.78}$$

式中，α 为理想镜反射方向与出射方向之间的夹角，为了使 $\cos\alpha$ 不出现负值，令 $\alpha = \min(\pi/2, \alpha)$。其他参数的物理意义不变。修正后的 Phong 模型具有亥姆霍兹互易性和能量守恒特性。总半球反射率为

$$
\begin{aligned}
\rho_{2\pi}\left(\theta_i, \phi_i\right) &= \int_{2\pi} f_r \cos\theta_s d\omega_r \\
&= \int_{2\pi} \left(\frac{k_d}{\pi} + k_s \frac{n+2}{2\pi} \cos^n \alpha\right) \cos\theta_s d\omega_r \\
&= \rho_d + \rho_s \\
&= k_d + k_s \frac{n+2}{2\pi} \int_{2\pi} \cos^n \alpha \cos\theta_s d\omega_r
\end{aligned} \tag{2.79}
$$

对于式(2.79)等号右边后一项积分，当 $k_d + k_s \leqslant 1$ 时达到最大值 $2\pi/(n+2)$，此时 $\rho_{\max} = \rho_d + \rho_s$。因此，当且仅当 $k_d + k_s \leqslant 1$ 时，遵守能量守恒。经过修正后，模型具有了能量守恒的物理性质，但是，模型仍不能模拟非镜像峰值的现象。

在可见光区和近红外区中，除镀膜、抛光样片外，大多数粗糙面的高度起伏均方根 δ 比入射波长大得多 $(k\sigma > 1)$。粗糙面可以近似看成由许多小面元组成，每个面元的反射遵循菲涅耳反射定律。如图 2.14 所示，设坐标轴 Oz 与随机粗糙面

平均表面的法线重合，k_i 为入射波矢；k_s 为散射波矢；θ_i 为入射角；θ_s 为散射角；α 为微观小平面法线方向 n 与 z 轴之间的夹角；γ 为微观平面上本地坐标系的入射角。

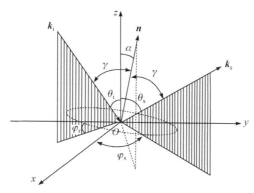

图 2.14　粗糙面表面面元坐标关系图

在此基础上，Torrance 和 Sparrow 提出了粗糙但不是完全漫反射表面的 BRDF 模型。该模型假设表面由小面元组成，小面元的法线方向呈高斯分布，并且小面元反射遵循菲涅耳关系。

双向反射分布函数的五参数半经验统计模型[95]的公式如下：

$$f_r\left(\theta_i,\theta_s,\varphi_i,\varphi_s\right)=k_b\left\{\frac{k_r^2\cos\alpha}{1+\left(k_r^2-1\right)\cos\alpha}\cdot\exp\left[b\cdot\left(1-\cos\gamma\right)^a\right]\cdot\frac{G\left(\theta_i,\theta_s,\varphi_i,\varphi_s\right)}{\cos\theta_s}\right\}+k_d$$

(2.80)

式中，等号右边第一项表示样片表面 BRDF 的相干散射分量(镜反射分量)，第二项表示非相干散射分量(漫反射分量)。其中，$k_r^2\cos\alpha\,/\,[1+(k_r^2-1)\cos\alpha]$ 是样片表面小面元法线的分布函数；$\exp[b\cdot(1-\cos\gamma)^a]$ 是菲涅耳反射函数的近似描述；$G\left(\theta_i,\theta_s,\varphi_i,\varphi_s\right)$ 是遮蔽函数；k_b、k_d、k_r、a、b 是待定参数：k_b 和 k_d 分别反映相干和非相干散射分量的大小，且与样片表面的粗糙度和反射率有关，k_r 反映样片表面的斜率分布，与样片表面的粗糙度和纹理分布有关，n 和 b 反映样片表面的菲涅耳反射函数，与样片的折射率有关。特别是对于各向同性的表面，则双向反射分布函数可以降为关于 θ_i、θ_s、$\varphi_s-\varphi_i$ 的函数 $f_r(\theta_i,\theta_s,\varphi_s-\varphi_i)$。

遮蔽函数 $G(\theta_i,\theta_s,\varphi_i,\varphi_s)$ 由各相邻面元反射的遮蔽和掩饰概率决定。为了得到简单的公式，引入平面微观几何模型，即 BRDF 的粗糙面表面角度分布坐标示意图，如图 2.15 所示。θ_p^i、θ_p^s、γ_p 分别为 θ_i、θ_s、γ 的球面投影，在此基础上遮蔽函数使用逼近公式：

$$G\left(\theta_{\mathrm{i}},\theta_{\mathrm{s}},\varphi_{\mathrm{i}},\varphi_{\mathrm{s}}\right)=\frac{1+\dfrac{\omega_{\mathrm{p}}\left|\tan\theta_{\mathrm{p}}^{\mathrm{i}}\tan\theta_{\mathrm{p}}^{\mathrm{s}}\right|}{1+\sigma_{\mathrm{s}}\tan\gamma_{\mathrm{p}}}}{\left(1+\omega_{\mathrm{p}}\tan^{2}\theta_{\mathrm{p}}^{\mathrm{i}}\right)\left(1+\omega_{\upsilon}\tan^{2}\theta_{\mathrm{p}}^{\mathrm{s}}\right)} \tag{2.81}$$

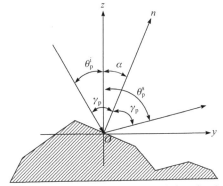

图 2.15　BRDF 的粗糙面表面角度分布坐标示意图

式中，$\omega_{\mathrm{p}}\left(\alpha\right)=\sigma_{\mathrm{p}}\left[1+u_{\mathrm{p}}\sin\alpha/\left(\sin\alpha+\upsilon_{\mathrm{p}}\cos\alpha\right)\right]$，且为经验参数，一般情况下它们可通过大量实验统计获取。改变 σ_{p}，曲线有较大的变化，且随 σ_{p} 增大曲线变得窄而尖，对应大粗糙度的情况。同样，改变 u_{p} 也会改变曲线的形状。σ_{r} 和 υ_{p} 对曲线的形状影响很小。特别是改变 σ_{r} 对曲线改变不大。取 $\sigma_{\mathrm{p}}=0.0136$，$\sigma_{\mathrm{r}}=0.0136$，$u_{\mathrm{p}}=9.0$，$\upsilon_{\mathrm{p}}=1.0$。根据球面三角形公式，$\theta_{\mathrm{p}}^{\mathrm{i}}$、$\theta_{\mathrm{p}}^{\mathrm{s}}$、$\gamma_{\mathrm{p}}$ 的三角 σ_{r}、σ_{p}、u_{p}、υ_{p} 函数公式如下所示：

$$\begin{cases}\tan\theta_{\mathrm{p}}^{\mathrm{i}}=\tan\theta_{\mathrm{i}}\dfrac{\sin\theta_{\mathrm{i}}+\sin\theta_{\mathrm{s}}\cos\phi_{\mathrm{s}}}{2\sin\alpha\cos\gamma}\\[3mm]\tan\theta_{\mathrm{p}}^{\mathrm{s}}=\tan\theta_{\mathrm{s}}\dfrac{\sin\theta_{\mathrm{s}}+\sin\theta_{\mathrm{i}}\cos\phi_{\mathrm{s}}}{2\sin\alpha\cos\gamma}\\[3mm]\tan\gamma_{\mathrm{p}}=\dfrac{\left|\cos\theta_{\mathrm{i}}-\cos\gamma\right|}{2\sin\alpha\cos\gamma}\end{cases} \tag{2.82}$$

以及

$$\begin{cases}\cos\alpha=\dfrac{\cos\theta_{\mathrm{i}}+\cos\theta_{\mathrm{s}}}{2\cos\gamma_{\mathrm{p}}}\\[3mm]\cos^{2}\gamma_{\mathrm{p}}=\dfrac{1}{2}\left(\cos\theta_{\mathrm{i}}\cos\theta_{\mathrm{s}}+\sin\theta_{\mathrm{i}}\sin\theta_{\mathrm{s}}\cos\varphi_{\mathrm{s}}+1\right)\end{cases} \tag{2.83}$$

式中，k_{b}、k_{d}、k_{r}、a、b 为待定参数。

通过修正，使其能符合目标材料表面 BRDF 的物理特性，扩大其适用范围，下面介绍两个模型。

1) 大粗糙度表面的 BRDF 模型

水泥板的光散射特征曲线与朗伯面的相似，为了模拟像水泥板这种具有较大粗糙度表面样片的光散射特征曲线，可以认为散射主要由漫射分量组成，镜像分量可以近似为 0，这样，双向反射分布函数的数学模型可以简化为

$$f_r\left(\theta_i,\theta_s,0\right)=a\left(\frac{\cos\theta_s}{\cos\theta_i}\right)^{k-1} \tag{2.84}$$

式中，a、k 为特定参数。可见这个模型本身不具有互易性。

2) 指数分布的 BRDF 模型

当表面具有一定的方向性时，即诸如为了描述类似抛光钢板这样材料的光散射特性(它们的光散射具有明显的镜像分量，同时也具有一定程度的漫反射分量)，利用一个指数函数与漫反射函数的组合得出了一个新模型：

$$f_r\left(\theta_i,\theta_s,0\right)=\frac{a\cdot\exp\left[-b\cdot\left(\theta_i-\theta_s\right)^2\right]+d\cos\theta_s}{\cos^c\theta_i\cos\theta_s} \tag{2.85}$$

式中，a、b、c、d 为特定参数，a 决定方向反射的大小；d 决定漫反射分量的大小；b 决定镜反射瓣膜宽度，b 越大，镜像峰值就越尖，反之，则越平滑；c 决定散射峰值随入射角度的变化。式(2.85)对于一般的表面都可以近似模拟，能模拟镜像反射方向的情况，而且当镜反射分量比较突出时，描述漫反射部分的 $d\cos\theta_s$ 中系数 d 可取为 0，而此模型无法反映镜像峰值不明显的现象，即

$$f_r\left(\theta_i,\theta_s,0\right)=\frac{a\cdot\exp\left[-b\cdot\left(\theta_i-\theta_s\right)^2\right]}{\cos^c\theta_i\cos\theta_s} \tag{2.86}$$

3. 双向反射分布函数与单位面积激光雷达散射截面的关系

目标表面激光雷达散射截面定义为

$$\sigma^0=\lim_{R\to\infty}4\pi R^2\frac{\left\langle \boldsymbol{E}_i\cdot\boldsymbol{E}_s^*\right\rangle}{A_i\left|\boldsymbol{E}_i\right|^2} \tag{2.87}$$

式中，$\boldsymbol{E}_i$ 和 $\boldsymbol{E}_s$ 分别为入射光和散射光电场强度矢量；A_i 为照射面积。如果接收口径面积为 A_r，对于非极化波，散射功率和入射功率之比为

$$\frac{\Delta P_s}{P_i}=\frac{A_r\left\langle\boldsymbol{E}_i\cdot\boldsymbol{E}_s^*\right\rangle}{A_i\cos\theta_i\left|\boldsymbol{E}_i\right|^2} \tag{2.88}$$

由式(2.87)和式(2.88)可得

$$\frac{\Delta P_s}{P_i}=\frac{A_r}{A_i\cos\theta_i}\cdot\frac{A_i\sigma^0}{4\pi R^2}=\frac{\sigma^0\cdot A_r}{4\pi R^2\cos\theta_i}=\frac{\Delta\Omega\sigma^0}{4\pi\cos\theta_i} \tag{2.89}$$

再由式(2.89)可得

$$\sigma^0 = 4\pi f_r \cos\theta_i \cos\theta_s \tag{2.90}$$

式(2.90)表明了目标表面的双向反射分布函数 f_r 和单位面积激光雷达散射截面 σ^0 之间的关系。该式也完全适用于其他波段。一般只有对于简单形状的目标，如高斯分布粗糙面，或纯漫反射面，才能获得解析形式的 σ^0 和 f_r。

2.6　目标的激光雷达散射截面

激光雷达散射截面(LRCS)是目标激光散射特性研究中涉及的主要方面之一。在激光波段，目标的 LRCS 除与目标的几何外形、几何尺寸和入射光波长有关外，还与目标表面的粗糙度统计特性、材料的光学常数有关。

粗糙目标的激光散射场是目标几何形状、光学常数特性以及目标表面机械加工特性或涂层性质等的复杂函数。根据随机场的分析方法，可将其相应的 LRCS 分解为相干部分和非相干部分，即

$$\langle\sigma\rangle = \langle\sigma\rangle_i + \langle\sigma\rangle_c \tag{2.91}$$

式中，基尔霍夫定律适用的条件是 $k_0 l > 6$，$l^2 > 2.76\delta\lambda$，其中，δ 为目标表面材料的高度起伏均方根值；l 为目标表面材料的表面相关长度。非相干分量对照明区满足如下叠加关系：

$$\langle\sigma\rangle_i = \int_S \sigma^0 u(-\boldsymbol{k}_i \cdot \boldsymbol{n}_s)\mathrm{d}S \tag{2.92}$$

式中，σ^0 为材料单位面积的散射截面，它与材料表面的高度起伏均方根、相关长度、反射参数等特征参量有关；u 为遮蔽函数，表示积分在照射区进行，对简单目标有

$$u(-\boldsymbol{k}_i \cdot \boldsymbol{n}_s) = \begin{cases} 1, & -\boldsymbol{k}_i \cdot \boldsymbol{n}_s > 0 \\ 0, & -\boldsymbol{k}_i \cdot \boldsymbol{n}_s < 0 \end{cases} \tag{2.93}$$

式中，$\boldsymbol{k}_i$ 为入射波矢量；$\boldsymbol{n}_s$ 为表面面元法线指向目标外面方向的单位矢量。

当入射方向靠近目标表面法线方向时，RCS 相干分量的作用不能再忽略，尤其对小粗糙度的目标，其 $\langle\sigma\rangle_c$ 一直占主导地位。可以证明 RCS 相干分量 $\langle\sigma\rangle_c$ 与理想导体后向 RCS σ_B 的关系为

$$\langle\sigma\rangle_c = \sigma_B |R_P|^2 |\chi(-2k_0)|^2 \tag{2.94}$$

式中，R_P 为菲涅耳反射系数($\theta_i = 0$)；χ 为粗糙面起伏的特征函数；σ_B 可由几何光学法得到，则

$$\sigma_B = \frac{4\pi}{\lambda^2} |\int_S \exp(-2\mathrm{j}\boldsymbol{k}_i) \cdot r'(\boldsymbol{n}_s \cdot \boldsymbol{h})\mathrm{d}S|^2 \tag{2.95}$$

与 $\langle\sigma\rangle_i$ 不同，$\langle\sigma\rangle_c$ 不满足对面元的叠加关系，并且 σ_B 积分依赖于目标表面形

状，以致 $\langle\sigma\rangle_c$ 对不同目标没有统一表达式，处理这个问题的一种方法：激光波段、目标均为有限介电常数的粗糙散射体，故只有在近法向入射时才考虑相干分量。对于理想粗糙面(朗伯面)的平板和球的后向雷达散射截面，它们的后向雷达散射截面完全可以用解析方法得到，如面积为 A 的朗伯平板的后向激光雷达散射截面为

$$\sigma_{板} = A\sigma^0 = 4\pi f_r A\cos^2\theta = 4\rho A\cos^2\theta \tag{2.96}$$

半径为 a 的理想漫反射球的后向激光雷达散射截面为

$$\sigma_{球} = \int \sigma^0 \mathrm{d}s = 8\pi^2 f_r \int_0^{\frac{\pi}{2}} \cos^2\theta\sin\theta\,\mathrm{d}\theta = \frac{8\pi}{3}\rho a^2 \tag{2.97}$$

在图 2.16 中，设朗伯平板的面积为 $0.5\mathrm{m}^2$，用面元法计算雷达散射截面与理论计算出来的结果基本吻合。在图 2.17 中，设球的半径为 $0.2\mathrm{m}$，由图可以看出朗伯球划分的面元个数越多，其误差就越小，精确度越高。

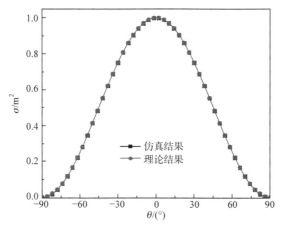

图 2.16　朗伯平板的后向雷达散射截面

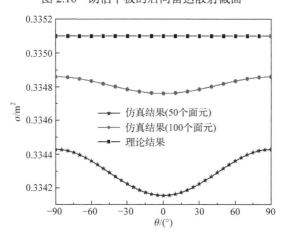

图 2.17　朗伯球的后向激光雷达散射截面

2.7　凸回转体的激光雷达散射截面

2.7.1　理论建模

凸回转体是一类具有代表性的目标，为一条曲线绕一个轴旋转形成的目标。对于一个给定轴和母线方程的凸回转体，由解析几何知识可以获得其表面方程，进而获得其上任意一小面元的法线方向。根据面元的法线方向和激光的入射方向和散射方向，可以获得面元坐标系内的入射角和散射角，再结合目标样片表面的 BRDF，可以获得任一小面元的 LRCS。对侧面上的小面元进行积分，可获得凸回转体侧面的 LRCS，再加上底面的 LRCS，即可获得任意凸回转体的 LRCS。

选凸回转体的轴为 z 轴建立目标坐标系，母线方程为 $f(z)$，激光入射天顶角为 θ_i，入射方位角为 φ_i，是指入射方向反方向在目标坐标系下的天顶角和方位角，接收天顶角为 θ_s，接收方位角为 φ_s，是指接收方向的天顶角和方位角，如图 2.18(a) 所示。入射角和接收角在面元坐标系内的示意图如 2.18(b) 所示。用柱坐标 (r, φ, z) 计算回转体的侧面激光雷达散射截面。

在图 2.18 所示的坐标系下，凸回转体的侧面方程为

$$x^2 + y^2 - f^2(z) = 0, \quad z_0 \leqslant z \leqslant z_1 \tag{2.98}$$

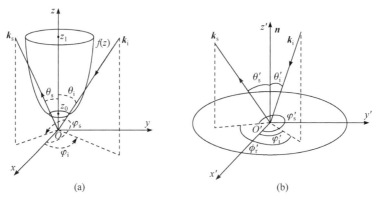

$$(a) \qquad\qquad\qquad (b)$$

图 2.18　目标坐标系和面元坐标系的入射角和散射角示意图

在直角坐标系下的法线为

$$\boldsymbol{n} = (x, y, -f(z)f'(z)) \left/ \sqrt{x^2 + y^2 + f^2(z)f'(z)} \right. \tag{2.99}$$

凸回转体的法线为

$$\boldsymbol{n} = [1 + f'^2(z)]^{-1/2}(x/f(z), y/f(z), -f'(z)) \tag{2.100}$$

在面元坐标系下，入射方向为 (θ_i', φ_i')，散射方向为 (θ_s', φ_s')，侧面面元面积 $dA = dydz/|\boldsymbol{n} \cdot (1,0,0)| = dydz/|n_x| = f(z)\sqrt{1+f'^2(z)}dydz\big/\sqrt{f^2(z)-y^2}$，由 LRCS 与 BRDF 的关系可得此面元的 LRCS 为

$$d\sigma = 4\pi f_r(\theta_i', \varphi_i', \theta_s', \varphi_s')\cos\theta_i'\cos\theta_r'f(z)\frac{\sqrt{1+f'^2(z)}}{\sqrt{f^2(z)-y^2}}dydz \tag{2.101}$$

因此，凸回转体侧面的激光雷达散射截面 σ_1 为

$$\sigma_1 = \pi\int_{z_0}^{z_1}\int_{-f(z)}^{f(z)}f_r(\cos\theta_i'+|\cos\theta_i'|)(\cos\theta_s'+|\cos\theta_s'|)f(z)\frac{\sqrt{1+f'^2(z)}}{\sqrt{f^2(z)-y^2}}dydz \tag{2.102}$$

对于凸体，由于满足 $\cos\theta_i'>0, \cos\theta_s'>0$ 的面元的双站雷达散射截面不为 0，因此当 $x>0$ 时，$(x+|x|)/2 = x$，当 $x \leqslant 0$ 时，$(x+|x|)/2 = 0$。

在式(2.101)中使用的角度是面元坐标系下的入射角和散射角，而已知的是目标坐标系下的入射方位角和散射方位角。对各向同性的材料，表面的散射特性只与相对方位角有关，因此式(2.101)中的 $f_r(\theta_i', \varphi_i', \theta_s', \varphi_s')$ 对于各向同性的粗糙面，可以简化为 $f_r(\theta_i', \theta_s', \phi_r')$，其中 $\phi_r' = \varphi_s' - \varphi_i'$ 为面元坐标系内散射方位角和入射方位角的差值。因此，仅需要求出面元坐标系下的 θ_i'、θ_s'、ϕ_s' 就可以求得凸回转体侧面的 LRCS。

在目标坐标系下入射方向和散射方向的单位矢量 $\boldsymbol{k}_i$ 和 $\boldsymbol{k}_s$ 分别为

$$\begin{cases} \boldsymbol{k}_i = -(\sin\theta_i\cos\varphi_i, \sin\theta_i\sin\varphi_i, \cos\theta_i) \\ \boldsymbol{k}_s = (\sin\theta_s\cos\varphi_s, \sin\theta_s\sin\varphi_s, \cos\theta_s) \end{cases} \tag{2.103}$$

面元坐标系内的入射天顶角为 $-\boldsymbol{k}_i$ 和 $\boldsymbol{n}$ 的夹角，散射天顶角为 $\boldsymbol{k}_s$ 和 $\boldsymbol{n}$ 的夹角，由此可以得到面元坐标系内的入射天顶角和散射天顶角：

$$\begin{cases} \theta_i' = \arccos(-\boldsymbol{k}_i \cdot \boldsymbol{n}) \\ \theta_s' = \arccos(\boldsymbol{k}_s \cdot \boldsymbol{n}) \end{cases} \tag{2.104}$$

面元坐标系下散射和入射方位角的差 ϕ_s' 为

$$\cos(\varphi_s' - \varphi_i') = \frac{-\boldsymbol{k}_i - (-\boldsymbol{k}_i \cdot \boldsymbol{n})\boldsymbol{n}}{|-\boldsymbol{k}_i - (-\boldsymbol{k}_i \cdot \boldsymbol{n})\boldsymbol{n}|} \cdot \frac{\boldsymbol{k}_s - (\boldsymbol{k}_s \cdot \boldsymbol{n})\boldsymbol{n}}{|\boldsymbol{k}_s - (\boldsymbol{k}_s \cdot \boldsymbol{n})\boldsymbol{n}|} \tag{2.105}$$

如果 $|-\boldsymbol{k}_i - \boldsymbol{n} \cdot (-\boldsymbol{k}_i \cdot \boldsymbol{n})| \cdot |\boldsymbol{k}_s - \boldsymbol{n} \cdot (\boldsymbol{k}_s \cdot \boldsymbol{n})| = 0$，不能用式(2.105)计算相对方位角，这时入射方向或者散射方向至少有一个与面元的法线平行，这时相对方位角为任何值都可以。

凸回转体具有两个底面，上底面的 z 坐标为 z_1，面积为 $\pi f^2(z_1)$，法线为 $(0,0,1)$。下底面的 z 坐标为 z_0，面积为 $\pi f^2(z_0)$，法线为 $(0,0,-1)$。因此，上下底面贡献的激

光雷达散射截面 σ_2 由下式给出.

$$\sigma_2 = \pi^2 f^2(z_1)(\cos\theta_i + |\cos\theta_i|)(\cos\theta_s + |\cos\theta_s|)$$
$$+ \pi^2 f^2(z_0)(-\cos\theta_i + |\cos\theta_i|)(-\cos\theta_s + |\cos\theta_s|) \tag{2.106}$$

则

$$\sigma_2 = \pi^2 (\cos\theta_i \cos\theta_s + |\cos\theta_i||\cos\theta_s|)[f^2(z_1) + f^2(z_0)]$$
$$+ \pi^2 (\cos\theta_i |\cos\theta_s| + |\cos\theta_i|\cos\theta_s)[f^2(z_1) - f^2(z_0)] \tag{2.107}$$

把式(2.102)和式(2.107)的左边相加即凸回转体的 LRCS:

$$\sigma = \pi \int_{z_0}^{z_1} \int_{-f(z)}^{f(z)} f_r(\cos\theta_i' + |\cos\theta_i'|)(\cos\theta_r' + |\cos\theta_r'|) f(z) \frac{\sqrt{1 + f'^2(z)}}{\sqrt{f^2(z) - y^2}} \mathrm{d}y\mathrm{d}z + \pi^2$$
$$\cdot (\cos\theta_i \cos\theta_s + |\cos\theta_i||\cos\theta_s|)[f^2(z_1) + f^2(z_0)] + \left[\pi^2 (\cos\theta_i |\cos\theta_s| \right.$$
$$\left. + |\cos\theta_i|\cos\theta_s) \right] \cdot [f^2(z_1) - f^2(z_0)] \tag{2.108}$$

把式(2.104)～式(2.105)代入式(2.108)可以计算已知母线方程和表面材料的
BRDF 的任意凸体的 LRCS。

根据式(2.108)计算 LRCS,由于分母为 0 时,会出现舍入误差,可以采用 dxdz
和 dydz 积分的平均值,即

$$\sigma = \frac{\pi}{2} \int_{z_0}^{z_1} \int_{-f(z)}^{f(z)} f_r(\cos\theta_{i1}' + |\cos\theta_{i1}'|)(\cos\theta_{r1}' + |\cos\theta_{r1}'|) f(z) \frac{\sqrt{1 + f'^2(z)}}{\sqrt{f^2(z) - y^2}} \mathrm{d}y\mathrm{d}z$$
$$+ \frac{\pi}{2} \int_{z_0}^{z_1} \int_{-f(z)}^{f(z)} f_r(\cos\theta_{i2}' + |\cos\theta_{i2}'|)(\cos\theta_{r2}' + |\cos\theta_{r2}'|) f(z) \frac{\sqrt{1 + f'^2(z)}}{\sqrt{f^2(z) - x^2}} \mathrm{d}x\mathrm{d}z \tag{2.109}$$
$$+ \pi^2 (\cos\theta_i \cos\theta_s + |\cos\theta_i||\cos\theta_s|)[f^2(z_1) + f^2(z_0)]$$
$$+ \pi^2 (\cos\theta_i |\cos\theta_s| + |\cos\theta_i|\cos\theta_s)[f^2(z_1) - f^2(z_0)]$$

θ_{i1}' 和 θ_{r1}' 由式(2.110)和式(2.111)给出, θ_{i2}' 和 θ_{r2}' 由式(2.112)和式(2.113)给出:

$$\theta_{i1}' = \arccos(-\boldsymbol{k}_i \cdot \boldsymbol{n}_1), \quad \theta_{r1}' = \arccos(\boldsymbol{k}_s \cdot \boldsymbol{n}_1) \tag{2.110}$$

$$\boldsymbol{n}_1 = \left[1 + f'^2(z)\right]^{-1/2} \left(\pm\sqrt{f^2(z) - y^2} \big/ f(z), y \big/ f(z), -f'(z)\right) \tag{2.111}$$

$$\theta_{i2}' = \arccos(-\boldsymbol{k}_i \cdot \boldsymbol{n}_2), \quad \theta_{r2}' = \arccos(\boldsymbol{k}_s \cdot \boldsymbol{n}_2) \tag{2.112}$$

$$\boldsymbol{n}_2 = \left[1 + f'^2(z)\right]^{-1/2} \left(x \big/ f(z), \pm\sqrt{f^2(z) - x^2} \big/ f(z), -f'(z)\right) \tag{2.113}$$

2.7.2 算法验证

1. 朗伯球

为了验证算法的正确性,计算后向朗伯球的 LRCS,设朗伯表面的半球反射

率为 ρ_r，朗伯球的后向 LRCS 的理论值为 $8\pi\rho_r r^2/3$，$\rho_r = 1$，r 分别为 0.5m、1m，其理论值分别为 2.094m²、8.378m²。数值计算如下：

$r = 0.5$m：$\theta_s = 0°$、$\varphi_s = 0°$，dx = 2mm 时，$\sigma = 2.0686$m²；dx = 1mm 时，$\sigma = 2.0832$m²。$\theta_s = 60°$、$\varphi_s = 0°$，dx = 2mm 时，$\sigma = 2.0932$m²；dx = 1mm 时，$\sigma = 2.0939$m²。

$r = 1$m：$\theta_s = 0°$、$\varphi_s = 0°$，dx = 2mm 时，$\sigma = 8.3326$m²；dx = 1mm 时，$\sigma = 8.3394$m²。$\theta_s = 60°$、$\varphi_s = 0°$，dx = 2mm 时，$\sigma = 8.3755$m²；dx = 1mm 时，$\sigma = 8.3799$m²。

从朗伯球的数值计算结果可以看出：对于朗伯球的后向 LRCS，理论值应该所有方向都是相同的。由于算法存在舍入误差(分母为 0 时去掉)，不同方向在相同精度下的计算结果存在差异。随着计算精度的提高，计算值接近理论值。

2. 朗伯圆锥

朗伯圆锥 $\theta_s = 180°$ 时，$\sigma = 4\pi\rho_r \sin\alpha h^2 \tan^2\alpha$，$\alpha = 15°$，$h = 2$m，$\rho_r = 1$，后向 LRCS 的理论值为 0.9341m²。dx = 2mm 时，$\sigma = 0.9264$m²；dx = 1mm 时，$\sigma = 0.9286$m²；dx = 0.5mm 时，$\sigma = 0.9301$m²。

从朗伯圆锥的数值计算结果可以看出：随着计算精度的提高，计算值接近理论值。

2.7.3　数值算例

由式(2.110)可以看出，要计算一个凸回转体的 LRCS，需要知道母线方程和其导数的方程。下面给出圆锥、圆柱、回转椭球和超椭球的母线方程和其导数的方程。圆锥、圆柱、回转椭球、超椭球的立体图如图 2.19～图 2.22 所示。

1. 圆锥

目标为圆锥的情况，其母线方程和其导数的方程如下：

$$\begin{cases} f(z) = z \cdot \tan\alpha \\ f'(z) = \tan\alpha \end{cases}, \quad z \in [0, h] \tag{2.114}$$

式中，α 为圆锥的半锥角；h 为圆锥的高。

2. 圆柱

目标为圆柱的情况，其母线方程和其导数的方程如下：

$$\begin{cases} f(z) = c \\ f'(z) = 0 \end{cases}, \quad z \in [0, h] \tag{2.115}$$

式中，c 为圆柱底面半径；h 为圆柱的高。

3. 回转椭球

目标为回转椭球的情况，其母线方程和其导数的方程如下：

$$\begin{cases} f(z) = a\sqrt{1-(z-b)^2/b^2} \\ f'(z) = a(b-z)/\sqrt{b^4 - b^2(z-b)^2} \end{cases}, \quad z \in [0,b] \tag{2.116}$$

式中，a 和 b 分别是两个半轴的长度。

4. 超椭球

目标为超椭球的情况，其母线方程和其导数的方程如下：

$$\begin{cases} f(z) = \dfrac{b}{h}[h^\nu - (h-z)^\nu]^{\frac{1}{\nu}} \\ f'(z) = \dfrac{b}{h}[h^\nu - (h-z)^\nu]^{\frac{1}{\nu}-1} \cdot (h-z)^{\nu-1} \end{cases}, \quad z \in [0,h] \tag{2.117}$$

式中，$1 \leqslant \nu \leqslant 2$，当 $\nu = 1$ 时方程表示圆锥，当 $\nu = 2$ 时方程表示半球。

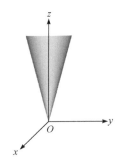

图 2.19　圆锥的立体图

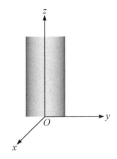

图 2.20　圆柱的立体图

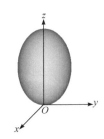

图 2.21　回转椭球的立体图

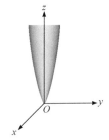

图 2.22　超椭球的立体图

数值计算上述四种凸回转体，波长为 1.06μm 激光。凸回转体样片的 BRDF 为五参数模型，五参数值：$k_b = 5.707$，$k_r = 2.240$，$b = -58.72$，$a = 0.452$，$k_d = 0.220$。

$\theta_i = 30°$，$\varphi_i = 0°$，$\varphi_s = 0°$，θ_s 由 0°到 360°变化(θ_s 的取值应该是 0°到 180°，这里的大于 180°，代入球坐标的计算方向公式，相当于观测方向天顶角为 360°$-\theta_s$、方位角为 180°$+\varphi_s$)，数值计算时对上述圆锥、圆柱、回转椭球和超椭球的参数设置列于表 2.2。计算结果如图 2.23 所示，从图中可以看出，圆锥、圆柱和超椭球的 LRCS 在 330°处有一个很大的峰值，这是因为它们的上底面是一个平面，$\theta_i = 30°$，$\varphi_i = 0°$，激光是从上底面入射的，且样片的 BRDF 具有较高镜像峰值。对回转椭球而言，其上底面面积为 0，因此不存在此镜像峰值。圆柱在 150°时存在一个小的峰值点，这是圆柱的侧面引起的，圆锥在 180°的峰值是圆锥侧面的贡献。

表 2.2　不同凸回转体的参数设置

凸回转体	参数设置
圆锥	$\alpha = 15°$，$h = 2\text{m}$
圆柱	$c = 0.5\text{m}$，$h = 2\text{m}$
回转椭球	$b = 1\text{m}$，$a = 0.5\text{m}$
超椭球	$h = 2.0\text{m}$，$b = 0.5\text{m}$，$v = 1.381$

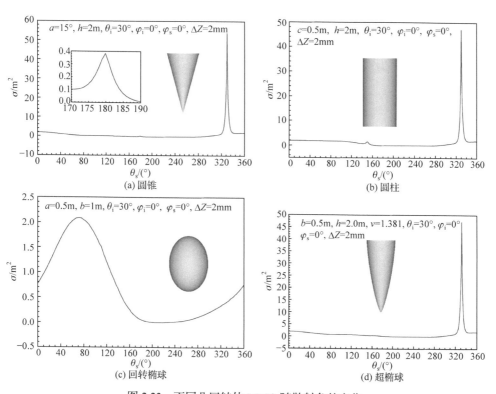

图 2.23　不同凸回转体 LRCS 随散射角的变化

2.8 复杂目标的激光雷达散射截面

基于三角形面元的目标 LRCS 计算方法[27, 244, 245]可以计算任意目标的 LRCS。与凸回转体不同的是，对于给定目标，需要建立其三角形面元的模型。这里用三角形面元对目标进行建模，首先对复杂目标表面进行网格划分，每一个面元需要一个自己的编号，每个面元又由三个点组成，每个点也需要一个编号，如图 2.24 所示，m1、m2 为面元的编号，1～9 为点的编号。在存储格中，每个面元的三个点是按照逆时针方向读取的，如 m1 对应点的排列是 1，2，4；m2 对应点的排列是 2，5，4。对于一个三角形面元，具有两个方向相反的法向矢量，本书中选取从目标实体表面指向实体外的矢量方向为该面元的法向矢量，如图 2.25 所示，三角形面元的法线方向的矢量 $\boldsymbol{n}$ 满足的关系如下：

$$\boldsymbol{n} = (\boldsymbol{a} - \boldsymbol{b}) \times (\boldsymbol{b} - \boldsymbol{c}) \tag{2.118}$$

式中，$\boldsymbol{a}$、$\boldsymbol{b}$、$\boldsymbol{c}$ 为三角形顶点的位置矢量。

单位法向矢量为

$$\boldsymbol{n}_0 = \frac{\boldsymbol{n}}{|\boldsymbol{n}|} \tag{2.119}$$

面元面积 S 为

$$S = \frac{|\boldsymbol{n}|}{2} \tag{2.120}$$

三角形中心点位置矢量 $\boldsymbol{r}$ 为

$$\boldsymbol{r} = \frac{\boldsymbol{a} + \boldsymbol{b} + \boldsymbol{c}}{3} \tag{2.121}$$

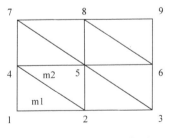

图 2.24 网格划分示意图

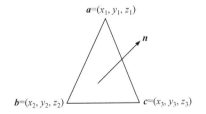

图 2.25 面元的法向矢量示意图

面元的顶点坐标所在坐标系的坐标原点为模型的几何中心，用坐标系进行统一，所建立的坐标系需满足目标坐标系描述，从而确定每个顶点在坐标系里所对应的位置坐标(x, y, z)，在进行文件读取时，首先要读取三角形面元的顶点编号，然后根据顶点编号得到顶点的位置坐标，根据顶点坐标可以计算出面元的法向矢量、面元的中点坐标以及面元的面积，具体对应关系如图 2.26 所示。根据目标几何形状表面面元建模过程，可以得到三角形面元数据在计算机中的存储格式，如图 2.26 所示。

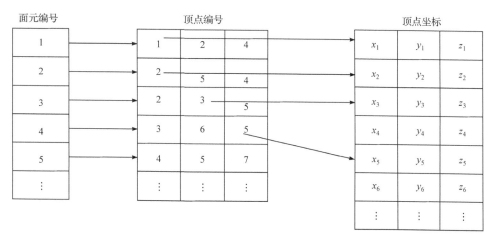

图 2.26 三角形面元数据在计算机中的存储格式

2.8.1 复杂三维目标消隐和坐标变换

1. 目标几何建模和投影

简单目标的激光散射特性数值计算可直接根据粗糙面电磁理论和物理光学近似获得，但对复杂目标，先对目标进行几何建模。为了计算复杂目标的散射特性，一般需要用到物体表面面元各点位置、外法线方向、面元面积等数据。为能在计算中方便地得到上述数据，必须建立目标的几何模型，并对其进行消隐。消隐的目的就是准确获取目标在探测视角上光散射的贡献有效面元数据。复杂目标几何外形建模的方法，一般有两类：第一类是典型部件拼接法，即把一个复杂目标分解为几个简单模型，如球、圆柱、圆锥、平板等二次曲面，对每一个简单模型应用剖面法建模，而后再将简单模型拼接成整体；第二类是计算机几何辅助设计法，目标外形通常用两方面来描述，其一是面元模型，即目标用许多三角形面元或四边面元组成，其二是用自由曲面来描述，如利用非均匀有理样条(NUBRS)曲面进行描述。在计算机图形学中，为了使生成的视图(三维立体的平面投影表示)真实感更强，经常采用透视投影，但对 LRCS 计算来说，生成视图是次要的，主要应考虑计算的目标在探测视角上有效面元数据准确性。由于透视投影后面元会变形，不利于消隐判定和 LRCS 计算，采用了平行投影，如图 2.27 所示。

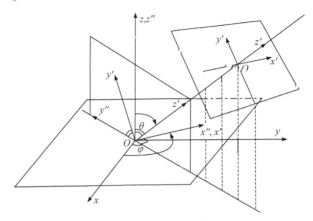

图 2.27　投影变换与平行投影

对坐标系 $Oxyz$ 内的三维立体沿 (θ, φ) 方向观察，相当于将其放入这样一个坐标系：z' 沿视线方向并指向观察者，$x'Oy'$ 平面与视线方向垂直，y' 轴取为原坐标系的 z 轴在此平面内的投影。当把物体上述各点坐标变换到这个新坐标系中之后，各点 z' 大小就表示该点距离观察者的远近。上述坐标变换可分两步完成：首先将坐标系 $Oxyz$ 绕 z 轴旋转 $\varphi + 90°$（旋转遵循右手螺旋法则），得到 $Ox''y''z''$ 坐标系；然后将 $Ox''y''z''$ 坐标系绕 x'' 轴旋转 θ，所得坐标系 $Ox'y'z'$ 即为所求。所有消隐算法都涉及排序，其主要过程是分辨体、面、边、点到观察者之间距离的远近，这是因为一个物体离观察者越远，就越有可能被另一距观察者较近的物体部分挡住。经过投影变换后，只需对物体的参考点 z' 坐标进行比较即可。投影变换的实现由如下关系式决定：

$$\begin{bmatrix} x' \\ y' \\ z' \end{bmatrix} = \begin{bmatrix} 1 & 0 & 0 \\ 0 & \cos\theta & \sin\theta \\ 0 & -\sin\theta & \cos\theta \end{bmatrix} \begin{bmatrix} -\sin\varphi & \cos\varphi & 0 \\ -\cos\varphi & -\sin\varphi & 0 \\ 0 & 0 & 1 \end{bmatrix} = \begin{bmatrix} x \\ y \\ z \end{bmatrix} \tag{2.122}$$

即

$$\begin{cases} x' = -x\sin\varphi + y\cos\varphi \\ y' = -x\cos\theta\cos\varphi - y\cos\theta\sin\varphi + z\sin\theta \\ z' = x\sin\theta\cos\varphi + y\sin\theta\sin\varphi + z\cos\theta \end{cases} \tag{2.123}$$

如果忽略 z'，则 x'、y' 所表示的二维图形即物体在视线方向上的平行投影。在对目标进行消隐的过程中，必须考虑目标各个部分是否能被入射波照射，从观察方向是否能观测到（双站），对复杂目标还必须考虑不同部件之间的遮蔽关系，即遮挡消隐，这是目标计算中的关键和难点。在对目标进行消隐处理时，有很多算法，如常见的 Robert 算法、Weiler 算法、Z-Buffer 算法等。

在目标进行消隐过程中，必须对入射方向和接收方向分别进行消隐，消去不可见面元(其中包括细化)，然后求面元交集，具体步骤如下：

(1) 用寄存缓冲器存储面元顶点坐标、面积和法向矢量，即建模。

(2) 设入射方向单位矢量为 k_i，接收方向(或散射方向)单位矢量为 k_s，根据给定的入射波的方向和散射波的方向，对每一部分进行平行投影变换，变换后的 z' 和 z'' 轴分别沿 $-k_i$ 和 k_s 方向。

(3) 生成面元，并对暗区进行判定。分别求每一面元外法线 n 与 $-k_i$、k_s 的点积，如果 $(-k_i) \cdot n \le 0$ 或 $k_s \cdot n \le 0$，说明该面元被部件自身遮挡，当即舍去。否则，将其加入初始面元表中，准备进一步判断。

(4) 对初始面元表中各面元分别沿 z' 和 z'' 轴进行排序，产生面元先后关系的数据。

(5) 在投影平面内，按从前到后的顺序，对各面元的投影进行叠压判定。如果一个面元完全被前面的面元所遮挡，则删除此面元；如果该面元完全可见，则将其插入可见面元表；否则为部分被遮挡的面元，将其分割成四个子面元，删除旧面元，并将该四个新面元进行压栈，重复进行叠压判定。

为了更加有效地对复杂目标进行几何建模和消隐处理，利用了 OpenGL 技术[58]。OpenGL 作为一个高性能三维图形开发包，是由 SGI、HP、SUN、DEC、Microsoft 等计算机公司联合推出的三维图形开发标准，具有硬件加速和平台无关性，且可以在具有专门为 OpenGL 进行硬件加速的微机上实现昂贵的图形工作站上所能实现的复杂三维图形软件开发。它具有模型绘制(几何建模)、模型观察、着色、光照渲染、图像效果处理、纹理映射、实时动画(双缓存)、人机交互等特点。OpenGL 本身提供了十分方便、清晰明了且功能强大的图形函数，可以对图形目标实施消隐、加光照、纹理、反走样等高级处理技术，大大减小三维图形处理的编程量。

2. 坐标系定义和坐标转换

当对复杂目标的散射进行计算时，目标本身存在于一个坐标系下，将目标本身所处的坐标系称为目标坐标系，入射波和散射波的方向角度都是在这个目标坐标系下定义的。在计算目标 LRCS 值时，需要计算各个面元的 LRCS 值，根据粗糙面的散射理论知识可以得知，各个计算的参数都被定义在面元的坐标系下，将面元的坐标系称为本地坐标系。

如图 2.28 所示，已知目标坐标系的三个坐标轴的单位矢量分别为 x、y、z，本地坐标系三个坐标轴矢量分别为 x'、y'、z'，假设波矢量 k 在目标坐标系中的坐标矢量为 (x, y, z)，现求其在本地坐标系(目标面元坐标系)中的坐标矢量值 $(x' y', z')$，且已知面元外法线分量作为面元本地坐标系的 z 轴矢量。

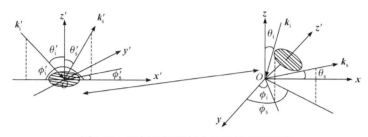

图 2.28　目标坐标系与本地坐标系的转换

　　根据目标坐标系的建立过程，采用右手坐标系可以得到 $z' = n$ ， k_i 与 z' 在入射平面内， $y' = n \times k_i$ ， $x' = y' \times z'$ ，由此可以获得入射波矢量 k_i 在不同坐标系下的转换公式：

$$\begin{bmatrix} x' \\ y' \\ z' \end{bmatrix} = \begin{bmatrix} x_1 & x_2 & x_3 \\ y_1 & y_2 & y_3 \\ z_1 & z_2 & z_3 \end{bmatrix} \begin{bmatrix} x \\ y \\ z \end{bmatrix} \tag{2.124}$$

其中，

$$x' = \begin{bmatrix} x_1 \\ x_2 \\ x_3 \end{bmatrix}, \quad y' = \begin{bmatrix} y_1 \\ y_2 \\ y_3 \end{bmatrix}, \quad z' = \begin{bmatrix} z_1 \\ z_2 \\ z_3 \end{bmatrix} \tag{2.125}$$

式中， $\begin{bmatrix} x_1 & x_2 & x_3 \\ y_1 & y_2 & y_3 \\ z_1 & z_2 & z_3 \end{bmatrix}$ 为转换矩阵。

　　利用以上各式把入射波矢量 k_i 和散射方向 k_s（目标坐标系 $Oxyz$）转换到 k_i' 和 k_s'（本地坐标系 $Ox'y'z'$）。

　　入射方向 k_i 经坐标变换后为

$$\begin{bmatrix} k_{ix}' \\ k_{iy}' \\ k_{iz}' \end{bmatrix} = \begin{bmatrix} x_1 & x_2 & x_3 \\ y_1 & y_2 & y_3 \\ z_1 & z_2 & z_3 \end{bmatrix} \begin{bmatrix} k_{ix} \\ k_{iy} \\ k_{iz} \end{bmatrix} \tag{2.126}$$

　　散射方向 k_s 经坐标变换后为

$$\begin{bmatrix} k_{sx}' \\ k_{sy}' \\ k_{sz}' \end{bmatrix} = \begin{bmatrix} x_1 & x_2 & x_3 \\ y_1 & y_2 & y_3 \\ z_1 & z_2 & z_3 \end{bmatrix} \begin{bmatrix} k_{sx} \\ k_{sy} \\ k_{sz} \end{bmatrix} \tag{2.127}$$

3. 目标三角形面元细分

在用面元法计算复杂目标激光雷达散射截面和回波特性时，曲面面元面积太大或者近场中面元只是部分被激光照到都会影响计算的精确度,为了提高精确度,需对面元进行细分(如炮管、轮子和裙板等都需要细化)。

面元细分通常采取以下步骤。

(1) 取出需要细分的面元，确定面元细分的点。如图 2.29 所示，设三角形面元的三点为 $a(x_A,y_A,z_A)$、$b(x_B,y_B,z_B)$、$c(x_C,y_C,z_C)$ ，高为 h ，底为 1。将三角形面元纵向平均分为 m 份，则间距为 h/m ，底面均匀取 n 个点，分别与 a 点相连，底上两点间距为 $1/n$ 。将四边形再划分为三角形。

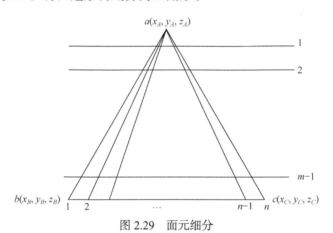

图 2.29　面元细分

(2) 确定细分各点坐标。由几何知识可知，细分后各个点的坐标是 a、b、c 三点坐标的线性组合。底边 bc 上第 j 点的坐标为

$$\begin{cases} x_j = (1-j/n)x_B + (j/n)x_C \\ z_j = (1-j/n)z_B + (j/n)z_C \\ y_j = (1-j/n)y_B + (j/n)y_C \end{cases} \tag{2.128}$$

面元细分后任意一点的坐标可以写为

$$\begin{cases} x_{i,j} = (1-i/m)x_A + (i/m)x_j \\ y_{i,j} = (1-i/m)y_A + (i/m)y_j \\ z_{i,j} = (1-i/m)z_A + (i/m)z_j \end{cases} \tag{2.129}$$

(3) 存储点索引格式，进行数据转化。确定各个点的坐标后，将点的坐标重新排列，再进行数据转化，转化成面元索引格式，便于计算。

(4) 部件合成。将所有需细分的三角形面元细分完毕后，再重新组合所有的部件，使之恢复目标原来的整体面貌。

4. 复杂三维目标三角形面元划分和消隐处理

当激光入射在目标表面后必须在建立目标几何模型基础上对其进行消隐，考虑目标各个部分是否能被入射波照射，并判断不同部件之间的遮挡关系。

图 2.30～图 2.35 为经过消隐处理后的某型号飞机 A、B、C 消隐视图 (网格图和着色图)。

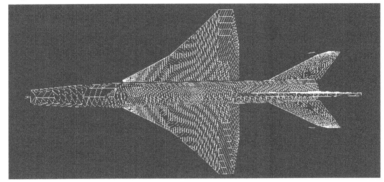

图 2.30　某型号飞机 A 消隐视图——网格图

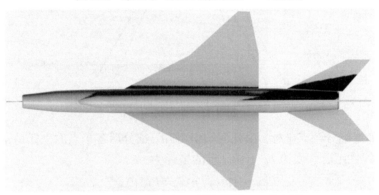

图 2.31　某型号飞机 A 消隐视图——着色图

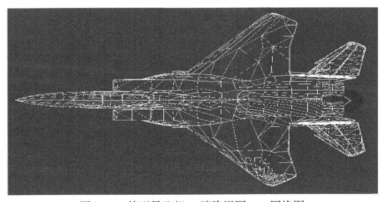

图 2.32　某型号飞机 B 消隐视图——网格图

图 2.33 某型号飞机 B 消隐视图——着色图

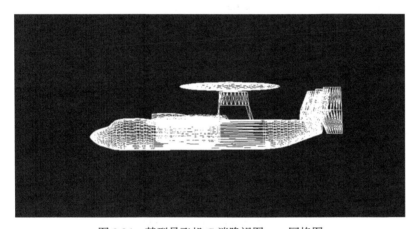

图 2.34 某型号飞机 C 消隐视图——网格图

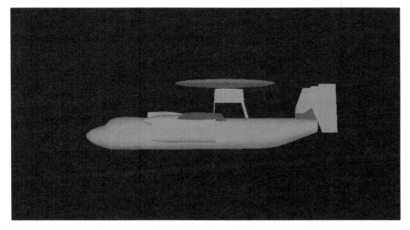

图 2.35 某型号飞机 C 消隐视图——着色图

2.8.2 复杂目标激光雷达散射截面计算的一般步骤

计算复杂目标的雷达散射截面一般采用离散化处理方法，归纳起来一般有以下步骤。

(1) 单位面积的雷达散射截面的理论计算和试验测量。

(2) 几何建模技术。

将目标表面网格化处理，目标分解为若干面元，并对不同面元和节点进行编码，并建立目标本地坐标系，确定各点坐标，进而获得面元的中心点、法向矢量和面积。

(3) 暗区判定和目标消隐。

(4) LRCS 的数值计算。

目标 LRCS 的计算，通过目标的几何建模并网格化，经目标消隐和坐标变化后，将各面元的 LRCS 叠加，计算求得目标在某姿态下的激光雷达散射截面。

假设三角形的三个顶点位置矢量为 $\boldsymbol{r}_a$、$\boldsymbol{r}_b$ 和 $\boldsymbol{r}_c$，根据三个顶点位置矢量可以获得三角形的单位法向矢量 $\boldsymbol{n}$ 和面积 A：

$$\begin{cases} \boldsymbol{n} = (\boldsymbol{r}_b - \boldsymbol{r}_a) \times (\boldsymbol{r}_c - \boldsymbol{r}_a) / \left| (\boldsymbol{r}_b - \boldsymbol{r}_a) \times (\boldsymbol{r}_c - \boldsymbol{r}_a) \right| \\ A = \left| (\boldsymbol{r}_b - \boldsymbol{r}_a) \times (\boldsymbol{r}_c - \boldsymbol{r}_a) \right| / 2 \end{cases} \tag{2.130}$$

获得了三角形面元的法向矢量和面积后，其 LRCS 计算方法与凸回转体的计算方法相同。对于凸目标，当三角形面元法线(指向目标的外面)和入射光线之间的夹角大于90°时就照射，当散射方向和三角形面元法线之间的夹角小于90°时可见。设凸目标由 m 个三角形面元组成，第 k 个三角形三个顶点的位置矢量分别为 $\boldsymbol{r}_{a_k}$、$\boldsymbol{r}_{b_k}$、$\boldsymbol{r}_{c_k}$。顶点的顺序按照从目标的外面往目标看，a_k、b_k、c_k 按照逆时针的顺序，这样 $(\boldsymbol{r}_{b_k} - \boldsymbol{r}_{a_k}) \times (\boldsymbol{r}_{c_k} - \boldsymbol{r}_{a_k}) / \left| (\boldsymbol{r}_{b_k} - \boldsymbol{r}_{a_k}) \times (\boldsymbol{r}_{c_k} - \boldsymbol{r}_{a_k}) \right|$ 计算面元的法向矢量指向目标的外面，设激光的入射天顶角和入射方位角分别为 θ_i 和 φ_i，散射天顶角和散射方位角分别为 θ_s 和 φ_s，凸目标的 LRCS 由式(2.131)给出：

$$\begin{aligned} \sigma = \frac{\pi}{2} \sum_{k=1}^{m} & f_r(\theta'_{i_k}, \theta'_{s_k}, \varphi'_{i_k} - \varphi'_{s_k})(\cos\theta'_{i_k} + \left| \cos\theta'_{i_k} \right|) \\ & \times (\cos\theta'_{s_k} + \left| \cos\theta'_{s_k} \right|) \left| (\boldsymbol{r}_{b_k} - \boldsymbol{r}_{a_k}) \times (\boldsymbol{r}_{c_k} - \boldsymbol{r}_{a_k}) \right| \end{aligned} \tag{2.131}$$

式(2.131)中的 θ'_{i_k}、θ'_{s_k}、$\varphi'_{i_k} - \varphi'_{s_k}$ 由式(2.132)给出：

$$\begin{cases} \cos\theta'_{i_k} = -\boldsymbol{k}_i \cdot \boldsymbol{n}_k, \ \cos\theta'_{s_k} = \boldsymbol{k}_s \cdot \boldsymbol{n}_k, \ \cos(\varphi'_{i_k} - \varphi'_{s_k}) = \dfrac{(\boldsymbol{k}_s \cdot \boldsymbol{n}_k)(\boldsymbol{k}_i \cdot \boldsymbol{n}_k) - (\boldsymbol{k}_s \cdot \boldsymbol{k}_i)}{\left| (\boldsymbol{k}_i \cdot \boldsymbol{n}_k)\boldsymbol{n}_k - \boldsymbol{k}_i \right| \cdot \left| (\boldsymbol{k}_s \cdot \boldsymbol{n}_k)\boldsymbol{n}_k - \boldsymbol{k}_s \right|} \\ \boldsymbol{n}_k = (\boldsymbol{r}_{b_k} - \boldsymbol{r}_{a_k}) \times (\boldsymbol{r}_{c_k} - \boldsymbol{r}_{a_k}) / \left| (\boldsymbol{r}_{b_k} - \boldsymbol{r}_{a_k}) \times (\boldsymbol{r}_{c_k} - \boldsymbol{r}_{a_k}) \right| \end{cases}$$

$$\tag{2.132}$$

式(2.132)中 k_i 和 k_s 分别为激光入射方向和散射方向的单位矢量，由式(2.133)给出：

$$\begin{cases} k_i = -(\sin\theta_i\cos\varphi_i, \sin\theta_i\sin\varphi_i, \cos\theta_i) \\ k_s = (\sin\theta_s\cos\varphi_s, \sin\theta_s\sin\varphi_s, \cos\theta_s) \end{cases} \tag{2.133}$$

　　建立了圆锥的模型，并对其进行面元划分，应用相同样片表面的 BRDF 和入射角计算了该模型的 LRCS，如图 2.36 所示。其中，离散点是基于三角形面元的计算结果，实线为利用凸回转体算法计算得到的结果。从图中可以看出，两种方法的计算结果基本相同。对简单的凸回转体而言，使用凸回转体算法进行计算可以避免对模型进行建模，但对复杂目标和多目标的散射计算时，凸回转体算法就无法处理，需要使用基于三角形面元的算法。

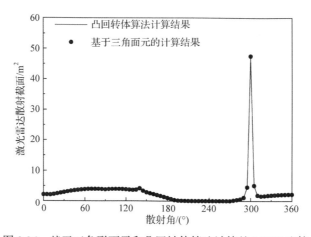

图 2.36　基于三角形面元和凸回转体算法计算的 LRCS 比较

2.8.3　复杂飞机目标的激光雷达散射截面

　　对复杂表面目标几何建模都无法用解析解求出其 LRCS 值，最终都要将照明区域的表面转化成面元进行计算，通过求各面元 LRCS 的和得到目标的 LRCS。计算飞机的激光雷达散射截面，首先建立飞机的初始坐标，如图 2.37 所示，设飞机的天顶角、方位角均为 0°。飞机的初始坐标如图 2.37 和图 2.38 所示。飞机模型消隐视图如图 2.39 所示。主要讨论飞机表面为铝和漆材料的激光雷达散射截面，这些材料所采用波长都为 1.06μm。

　　图 2.40 和图 2.41 分别给出铝表面某型号预警机的单站和双站 LRCS 极坐标图。从图中可以看出目标的散射曲线在某些姿态下发生了明显的变化，最主要的是机头和机尾散射减小了很多，原因是把座舱、发动机和尾喷口设置了较小的反

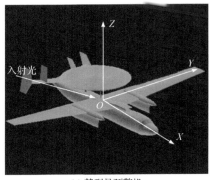

(a) 某型号预警机

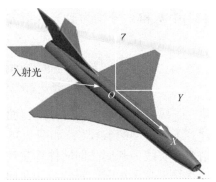

(b) 某型号飞机A

图 2.37　飞机的初始坐标图

(a) 某型号飞机B

(b) 某型号飞机C

(c) 某型号飞机D

图 2.38　定义飞机的入射光与反射光的方位角后飞机的初始坐标图

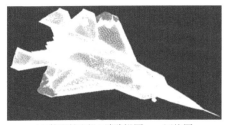

(a) 某型号飞机A消隐视图——网格图

(b) 某型号飞机A消隐视图——着色图

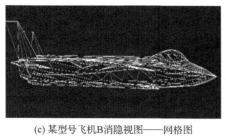

(c) 某型号飞机B消隐视图——网格图　　　　(d) 某型号飞机B消隐视图——着色图

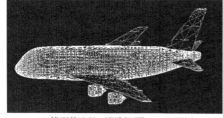

(e) 某型号飞机C消隐视图——网格图　　　　(f) 某型号飞机C消隐视图——着色图

图 2.39　飞机模型消隐视图

射率材料。同时，把机背上的天线罩设置了粗糙度较大的漫反射材料，使得机背、机腹的散射曲线更圆滑了。

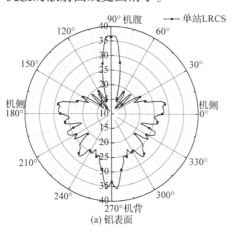
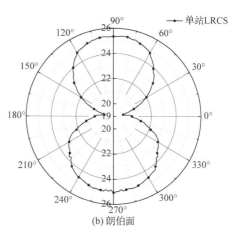

(a) 铝表面　　　　　　　　　　　　　(b) 朗伯面

图 2.40　铝表面某型号预警机的单站 LRCS 极坐标图

竖向数据的单位：m²

　　图 2.42 是铝表面某型号飞机 A 单站 LRCS 飞机各姿态的极坐标图，在图 2.42(a) 中，在 37°、180°时飞机的 LRCS 较大，铝材料的单站 LRCS 最大值与最小值之差为 135dBm²；图 2.42(b) 和图 2.42(c) 曲线的左右、上下两侧具有良好的对称性，符合飞机机身和机两翼对称性的实际情况。从图 2.42(b) 中可以看出机背部分比较平滑、波峰数较少，飞机腹部由于部件复杂，产生了较多的波峰；在图 2.42(c) 中，同样在 180°时飞机的散射较强。

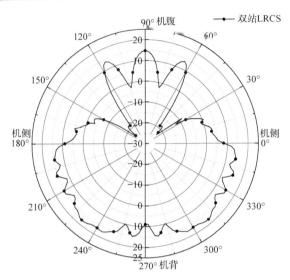

图 2.41　铝表面某型号预警机的双站 LRCS 极坐标图

竖向数据的单位：m²

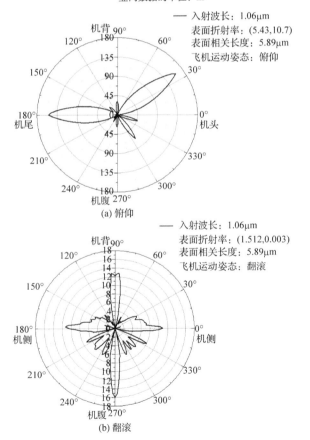

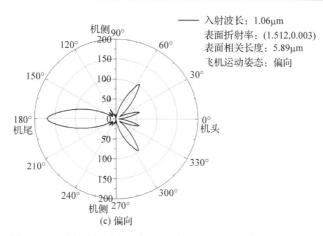

图 2.42　铝表面某型号飞机 A 单站 LRCS 各姿态的极坐标图

竖向数据的单位：m²

2.9　本 章 小 结

　　本章在介绍随机粗糙面散射基本理论方法的基础上，研究了凸回转体的激光雷达散射截面的计算方法。对于任意目标，利用三角形面元法计算其激光雷达散射截面；对于凸体，由于只存在自身遮挡问题，其表面的消隐很容易解决，并分别给出了基于三角形面元的凸目标激光雷达散射截面和基于三角形面元的复杂目标激光雷达散射截面计算公式和算例。

第 3 章　目标激光雷达一维距离高分辨成像

3.1　引　言

　　激光一维距离像是目标激光雷达探测成像的一种方式，是随着激光和光电探测技术发展起来的一种新型目标检测和识别手段。在工程应用上，目标一维距离像仿真主要还集中在雷达研究领域，依据电磁散射理论讨论基于一维距离像的雷达目标识别方法，研究波段主要是微波与毫米波。国内早期国防科技大学的郭桂蓉等和西安电子科技大学的保铮等研究毫米波目标一维距离像仿真与识别，提出有效的目标信号检测和跟踪方法[110-113, 243]。国外，Keith 利用物理光学和 SAR 方法给出了球、圆锥以及波音飞机的一维距离像[244]。美国海军实验室、美国佐治亚理工学院等多家研究单位也进行了相关工作。这些研究工作主要针对目标识别方法而言，研究主要是在微波与毫米波段，此时目标特性可表征为目标各散射中心在目标物体上的空间分布及其散射截面积的相对大小关系。在光学区，目标的回波信号已不再是传统意义上的发射信号的多普勒频移和时间的简单延迟，而是等效为沿雷达径向多个散射中心在不同分辨单元的散射电磁回波之和。运用散射中心概念进行激光一维距离成像研究存在以下两方面的困难：一是激光波段散射中心模型建立，所有可用的散射中心模型均位于微波与毫米波段，且仅限于有限个目标；二是目标激光散射具有其特点，散射中心不足以表征其散射特性。基于目标激光散射理论，可以直接获得目标散射场和散射功率。根据脉冲激光波束粗糙目标散射理论，仿真计算各种电大尺寸目标后向散射功率，即目标激光一维距离像。1989 年 Knight 等[135]利用一维距离分辨雷达数据重构二维图像。针对激光一维距离成像理论仿真方面，Lincoln 实验室的 Shirley、Hallerman 研究了目标距离分辨激光雷达散射截面(range-resolved laser radar cross section，RRLRCS)，在完全非相干情况下，研究了朗伯圆锥、圆柱、圆盘、球-锥-圆盘复合体、台阶目标、三锥体等目标距离分辨激光雷达截面，并分析了理想漫反射体激光探测过程散斑的处理方法[137, 245]。Shirley 等给出了利用高度函数计算凸回转体的距离分辨激光雷达截面的解析表达式。

　　本章基于目标距离分辨激光雷达散射截面，建立激光雷达距离高分辨一维距离像模型，利用三角形面元剖分方法实现任意目标距离分辨激光雷达散射截面和激光一维距离像仿真，给出了不同几何尺寸简单体，如球、圆锥，以及复杂目标，如钝头锥、导弹、坦克和飞机等一些目标模型的距离分辨激光雷达散射截面和激光一维距离像。讨论目标材料、激光发射脉宽、目标姿态对目标激光一维距离成像的影响。

3.2　距离高分辨激光雷达散射截面与一维距离像

3.2.1　距离高分辨激光雷达散射截面

1. 目标距离分辨激光雷达散射截面的定义

目标的激光雷达散射截面 σ 体现目标的整体反射信号的强度，Shirley 等[246]对距离分辨激光雷达散射截面进行了研究，距离分辨激光雷达散射截面能够反映目标表面的形状和材料信息，还能够反映目标的几何和物理特性。

当激光沿着 Z 方向传播时(如图 3.1 所示)，小于 Z 的后向雷达散射截面为 Z 的函数，用 $\sigma(Z)$ 表示，$\sigma(Z)$ 与目标的位置、形状、姿态和表面材料有关。RRLRCS 定义为目标的 $\sigma(Z)$ 对 Z 的导数,也称为时间分辨激光雷达散射截面[247](time-resolved laser radar cross section，TRLRCS)，式(3.1)给出定义距离分辨激光雷达散射截面 (RRLRCS)的坐标系，即

$$U(Z) = \frac{\mathrm{d}\sigma(Z)}{\mathrm{d}Z} \tag{3.1}$$

由于 $\sigma(Z)$ 随着 Z 的增大不会减小，因此 RRLRCS 是非负的。

图 3.2 给出两个坐标系，一个是入射场坐标系 $OXYZ$，另一个是目标坐标系 $Oxyz$，激光沿着 Z 轴入射，目标表面函数 F 的表达式如下：

$$F(x,y,z) = 0 \tag{3.2}$$

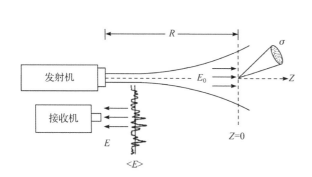

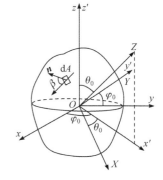

图 3.1　激光沿着 Z 方向传播示意图　　　图 3.2　任意目标 RRLRCS 计算的坐标系示意图

2. 距离分辨激光雷达散射截面理论模型

设激光入射方向在目标坐标系下天顶角为 θ_0、方位角为 φ_0，目标的可照射面元后向散射截面 $\mathrm{d}\sigma$ 为

$$\mathrm{d}\sigma = 4\pi f_{\mathrm{r}}(\beta)\cos^2\beta\mathrm{d}A \tag{3.3}$$

式中，β 为面元激光入射方向的反方向与目标面元外法线之间的夹角，称为本地入射角；$\mathrm{d}A$ 为面元面积；$f_{\mathrm{r}}(\beta)$ 为目标表面材料后向双向反射分布函数(BRDF)，依赖于目标的表面材料。当表面材料为朗伯面时，$f_{\mathrm{r}}(\beta)$ 是一个常数，$f_{\mathrm{r}}(\beta)=\rho_{\mathrm{r}}/\pi$，其中，$\rho_{\mathrm{r}}$ 是表面材料的半球反射率，与朗伯表面的材料有关。对于凸体来说，满足 $\cos\beta>0$ 的面元就可以被照射到。

目标的激光雷达散射截面可写成

$$\sigma = 4\pi\int_C f_{\mathrm{r}}(\beta)\cos^2\beta\mathrm{d}A \tag{3.4}$$

式中，C 为目标上的可见区域。对于凸目标，有

$$\sigma = \pi\int f_{\mathrm{r}}(\beta)(\cos\beta+|\cos\beta|)^2\mathrm{d}A \tag{3.5}$$

为了建立入射场坐标系和目标坐标系的简单变换关系，把图 3.2 所示的目标坐标系绕 z 轴正向形成右手螺旋旋转 φ_0，得到新的目标坐标系，用 $Ox'y'z'$ 表示，把 $Ox'y'z'$ 坐标系绕 y 轴和 y' 轴正向形成右手螺旋旋转 θ_0，这个坐标系为入射场坐标系 $OXYZ$：

$$\begin{pmatrix} x' \\ y' \\ z' \end{pmatrix} = \begin{pmatrix} \cos\theta_0 & 0 & \sin\theta_0 \\ 0 & 1 & 0 \\ -\sin\theta_0 & 0 & \cos\theta_0 \end{pmatrix}\begin{pmatrix} X \\ Y \\ Z \end{pmatrix} \tag{3.6}$$

图 3.2 所示的目标坐标系绕 z 轴和 z 方向形成右手螺旋旋转 φ_0，目标表面方程为

$$F\left(x'\cos\varphi_0 - y'\sin\varphi_0, x'\sin\varphi_0 + y'\cos\varphi_0, z'\right) = 0 \tag{3.7}$$

在入射场坐标系下，目标表面方程可重新表示为

$$F((X\cos\theta_0 + Z\sin\theta_0)\cos\varphi_0 - Y\sin\varphi_0, (X\cos\theta_0 + Z\sin\theta_0)\sin\varphi_0 + Y\cos\varphi_0,\\ Z\cos\theta_0 - X\sin\theta_0) = 0 \tag{3.8}$$

对于目标上任意一点 (x,y,z)，$\cos\beta$ 表示为

$$\cos\beta = -(f_x^2 + f_y^2 + f_z^2)^{-1/2}(f_x\sin\theta_0\cos\varphi_0 + f_y\sin\theta_0\sin\varphi_0 + f_z\cos\theta_0) \tag{3.9}$$

式中，f_x、f_y、f_z 为

$$f_x = F_x((X\cos\theta_0 + Z\sin\theta_0)\cos\varphi_0 - Y\sin\varphi_0, (X\cos\theta_0 + Z\sin\theta_0)\sin\varphi_0$$
$$+ Y\cos\varphi_0, Z\cos\theta_0 - X\sin\theta_0) \tag{3.10}$$

$$f_y = F_y((X\cos\theta_0 + Z\sin\theta_0)\cos\varphi_0 - Y\sin\varphi_0, (X\cos\theta_0 + Z\sin\theta_0)\sin\varphi_0$$
$$+ Y\cos\varphi_0, Z\cos\theta_0 - X\sin\theta_0) \tag{3.11}$$

$$f_z = F_z((X\cos\theta_0 + Z\sin\theta_0)\cos\varphi_0 - Y\sin\varphi_0, (X\cos\theta_0 + Z\sin\theta_0)\sin\varphi_0$$
$$+ Y\cos\varphi_0, Z\cos\theta_0 - X\sin\theta_0) \tag{3.12}$$

式中，F_x、F_y、F_z 分别为 $F(x,y,z)$ 对 x、y、z 的偏导数。

利用式(3.9)计算 $\cos\beta$ 有个前提条件是，利用式(3.2)给出的表面方程的梯度计算目标表面的法线要指向目标的外面，否则表面方程取负号。

为了计算式(3.4)的积分，通过面元在 XOY 平面的投影面积来计算，则 $\mathrm{d}A = \mathrm{d}X\mathrm{d}Y / \cos\beta$，代入式(3.4)得

$$\sigma = 4\pi\iint_C f_r(\beta)\cos\beta\mathrm{d}X\mathrm{d}Y \tag{3.13}$$

通过式(3.13)计算目标的激光雷达截面，需要通过式(3.8)把式(3.13)中的 Z 表达成 X 和 Y 的函数 $Z(X,Y)$。$U(Z)$ 的计算类似式(3.13)，只是多了一个 δ 函数限定积分区域[137]：

$$U(Z_i) = 4\pi\iint_C f_r(\beta)\cos\beta\delta(Z(X,Y) - Z_i)\mathrm{d}X\mathrm{d}Y \tag{3.14}$$

式中，$\delta(x)$ 为狄拉克函数。式(3.14)的证明如下：

$$U(Z_i) = \frac{\mathrm{d}\sigma(Z_i)}{\mathrm{d}Z} = \lim_{\Delta Z\to 0}\Delta\sigma(Z_i) / \Delta Z$$

$$= 4\pi\iint_C f_r(\beta)\cos\beta\left(\lim_{\Delta Z\to 0}\mathrm{Rect}\left(\frac{Z(X,Y) - Z_i}{\Delta Z}\right) / \Delta Z\right)\mathrm{d}X\mathrm{d}Y$$

$$= 4\pi\iint_C f_r(\beta)\cos\beta\delta(Z(X,Y) - Z_i)\mathrm{d}X\mathrm{d}Y$$

式中，$\mathrm{Rect}(\cdot)$ 为矩形函数，具体的定义如下：

$$\mathrm{Rect}(x) = \begin{cases} 1, & |x| \leqslant \dfrac{1}{2} \\ 0, & |x| > \dfrac{1}{2} \end{cases} \tag{3.15}$$

在式(3.14)的证明中用到：

$$\lim_{\Delta t\to 0}\frac{\mathrm{Rect}\left(\dfrac{t}{\Delta t}\right)}{\Delta t} = \delta(t) \tag{3.16}$$

3. 球体目标距离分辨激光雷达散射截面

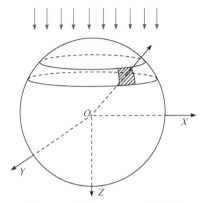

图 3.3　球的 RRLRCS 坐标系

由于球体目标的特殊性，因此可以得到其距离分辨激光雷达散射截面解析表达式。设球的半径为 a，建立如下的入射场坐标系框架，球心为坐标原点，入射场的入射方向为 Z 轴正向(图 3.3)。

利用直角坐标系计算，则球上任意一点的单位法向矢量 $\boldsymbol{n}=(X,Y,Z)/a$，任意一个面元的面积 $\mathrm{d}A=R\mathrm{d}X\mathrm{d}Z/|Y|$，面元的本地入射角为 β，$\cos\beta=-(0,0,1)\cdot\boldsymbol{n}=-Z/a$。由式(3.5)可得

$$\sigma(Z)=8\pi\int_{-a}^{z}\int_{-\sqrt{a^2-Z^2}}^{\sqrt{a^2-Z^2}}af_\mathrm{r}(\beta)\left(\frac{\cos\beta+|\cos\beta|}{2}\right)^2/|Y|\mathrm{d}X\mathrm{d}Z$$

$$=\frac{2\pi}{a}\int_{-a}^{Z}\int_{-\sqrt{a^2-Z^2}}^{\sqrt{a^2-Z^2}}f_\mathrm{r}\left(\arccos\frac{-Z}{a}\right)(|Z|-Z)^2/|Y|\mathrm{d}X\mathrm{d}Z$$

(3.17)

根据式(3.17)有

$$\sigma(Z)=\frac{2\pi}{a}\int_{-a}^{Z}\int_{-\sqrt{a^2-Z^2}}^{\sqrt{a^2-Z^2}}f_\mathrm{r}\left(\arccos\frac{-Z}{a}\right)(|Z|-Z)^2/\sqrt{a^2-X^2-Z^2}\mathrm{d}X\mathrm{d}Z \quad (3.18)$$

当 $Z<-a$ 时，有

$$\sigma(Z)=0$$

当 $-a\leqslant Z\leqslant 0$ 时，有

$$\sigma(Z)=\frac{8\pi}{a}\int_{-a}^{z}\left(\int_{-\sqrt{a^2-Z^2}}^{\sqrt{a^2-Z^2}}f_\mathrm{r}\left(\arccos\frac{-Z}{a}\right)Z^2/\sqrt{a^2-X^2-Z^2}\mathrm{d}X\right)\mathrm{d}Z$$

$$U(Z)=\frac{8\pi}{a}\int_{-\sqrt{a^2-Z^2}}^{\sqrt{a^2-Z^2}}f_\mathrm{r}\left(\arccos\frac{-Z}{a}\right)Z^2/\sqrt{a^2-X^2-Z^2}\mathrm{d}X$$

当 $Z>0$ 时，有

$$\sigma(Z)=\frac{8\pi}{a}\int_{-a}^{0}\left(\int_{-\sqrt{a^2-Z^2}}^{\sqrt{a^2-Z^2}}f_\mathrm{r}\left(\arccos\frac{-Z}{a}\right)Z^2/\sqrt{a^2-X^2-Z^2}\mathrm{d}X\right)\mathrm{d}Z$$

因此，球的 RRLRCS 由式（3.19）给出：

$$U(Z)=\begin{cases}0, & Z<0 \\ \dfrac{8\pi}{a}\displaystyle\int_{-\sqrt{a^2-Z^2}}^{\sqrt{a^2-Z^2}}f_\mathrm{r}\left(\arccos\dfrac{-Z}{a}\right)Z^2/\sqrt{a^2-X^2-Z^2}\mathrm{d}X, & -a\leqslant Z\leqslant 0 \\ 0, & Z>0\end{cases} \quad (3.19)$$

图 3.4 给出利用式(3.19)计算的半径分别为 1.25cm、1.65cm、2.05cm 和 2.5cm 的理想朗伯球的距离分辨激光雷达散射截面。

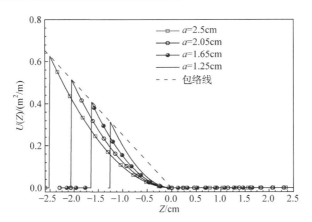

图 3.4　不同半径朗伯球的 RRLRCS

从图 3.4 可以看出，对于随着本地入射角减小，其后向 BRDF 增大的表面材料的球，其距离分辨激光雷达散射截面的峰值随着球半径的增大而增大。

3.2.2　激光一维距离像理论模型

当窄脉冲入射到目标上时，对于给定时刻，脉冲波传播某个位置时，当脉冲波传播到目标上，脉冲波作用的空间散射单元回波之和，相当于三维目标散射点子回波之和，即相同距离单元里的子回波作向量相加，通常将目标后向回波脉冲强度分布称为一维距离像[243, 248]。激光脉冲入射到目标后，三维目标表面镜反射点子回波在探测器探测方向上相干叠加，其回波幅度在探测器上的分布称为目标激光一维距离像。目标激光一维距离像的峰值大小、角宽度反映了目标几何形状信息。

在入射场坐标系计算激光一维距离像，式(3.20)为扩展目标的激光脉冲波束激光雷达散射功率计算公式[249]

$$P(t) = \int \mathrm{d}S \frac{P_\mathrm{i}(t')T_{\mathrm{A}1}\eta_t}{\pi\phi^2\rho_0^2} \pi w_0^2 \exp\left[-\frac{2g_0(\mathbf{r})}{\phi^2\rho_0^2}\right]\sigma(\mathbf{r})\frac{T_{\mathrm{A}2}}{4\pi\rho^2}\frac{\pi D^2\eta_\mathrm{r}}{4} \tag{3.20}$$

式中，$t' = t - (\rho_0 + \rho)/c - 2Z/c$，$c$ 为光速。时刻 t 激光脉冲传播到 z_t 位置，则式(3.20)变为

$$P(z_t) = \int \mathrm{d}S \frac{P_\mathrm{i}(z_t')T_{\mathrm{A}1}\eta_t}{\pi\phi^2\rho_0^2} \pi w_0^2 \exp\left[-\frac{2g_0(\mathbf{r})}{\phi^2\rho_0^2}\right]\sigma(\mathbf{r})\frac{T_{\mathrm{A}2}}{4\pi\rho^2}\frac{\pi D^2\eta_\mathrm{r}}{4} \tag{3.21}$$

式中，$z_t' = 2z_t/c - (\rho_0 + \rho)/c - 2Z/c$。根据式(3.13)，把式(3.21)改写为如下的形式：

$$P(z_t) = 4\pi \iint_C K(\boldsymbol{r}) P_i(z'_t) \cos\beta f_r(\beta) \mathrm{d}X \mathrm{d}Y \tag{3.22}$$

式(3.22)中的 β 用式(3.9)计算，C 为积分区域；$K(\boldsymbol{r})$ 由式(3.23)给出：

$$K(\boldsymbol{r}) = \frac{T_{A1}\eta_l}{\pi \phi^2 \rho_0^2} \pi w_0^2 \exp\left[-\frac{2g_0(\boldsymbol{r})}{\phi^2 \rho_0^2}\right] \frac{T_{A2}}{4\pi\rho^2} \frac{\pi D^2 \eta_r}{4} \tag{3.23}$$

3.3　凸回转体距离分辨激光雷达散射截面与激光一维距离像

凸回转体是一类具有一定代表性的目标，如圆柱、圆锥、球、回转椭球、超椭球以及其组合的复合体，下面推导凸回转体的 RRLRCS 和一维距离像的分析模型。

3.3.1　凸回转体距离分辨激光雷达散射截面理论模型

图 3.5 给出凸回转体 RRLRCS 计算的坐标系示意图，目标坐标系为 $Oxyz$，入射场坐标系为 $OXYZ$，激光沿着 Z 方向入射。

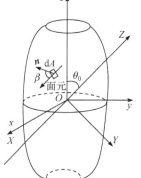

以凸回转体的轴为 z 轴建立目标坐标系，母线方程为

$$x = f(z), \quad z_0 \leqslant z \leqslant z_0 + h \tag{3.24}$$

式中，h 为凸回转体的高度。母线方程绕 z 轴旋转形成凸回转体的表面，侧面方程如下：

$$F(x, y, z) = x^2 + y^2 - f^2(z) = 0 \tag{3.25}$$

对于回转体，由于其回转对称性，其距离分辨激光雷达截面只和激光入射方向与回转体轴的夹角有关，设激光入射方向与目标坐标系 z 轴的夹角为 θ_0，这个角称为视线角(aspect angle)，入射

图 3.5　凸回转体 RRLRCS 计算的坐标系示意图

方向平行于 yOz 平面，建立如下入射场坐标系 $OXYZ$：入射场坐标系的原点为目标坐标系的原点，X 轴同目标坐标系的 x 轴，激光的入射方向为 Z 轴(如图 3.5 所示)，则两个坐标系的变换关系如下：

$$\begin{pmatrix} X \\ Y \\ Z \end{pmatrix} = \begin{pmatrix} 1 & 0 & 0 \\ 0 & \cos\theta_0 & -\sin\theta_0 \\ 0 & \sin\theta_0 & \cos\theta_0 \end{pmatrix} \begin{pmatrix} x \\ y \\ z \end{pmatrix} \tag{3.26}$$

由式(3.25)和式(3.26)可得在入射场坐标系下目标的侧面方程如下：

$$X^2 + (Y\cos\theta_0 + Z\sin\theta_0)^2 - f^2(Z\cos\theta_0 - Y\sin\theta_0) = 0 \tag{3.27}$$

根据式(3.27)，有

$$\cos\beta = \frac{-\sin\theta_0(Y\cos\theta_0 + Z\sin\theta_0) + \cos_0 f(Z\cos\theta_0 - Y\sin\theta_0)f'(Z\cos\theta_0 - Y\sin\theta_0)}{|f(Z\cos\theta_0 - Y\sin\theta_0)|\sqrt{1+[f(Z\cos\theta_0 - Y\sin\theta_0)]^2}}$$

(3.28)

对于凸回转体在入射场坐标系下侧面的积分区域为

C_{erbi}：

$$\begin{cases} \cos\theta_0 f(Z\cos\theta_0 - Y\sin\theta_0)f'(Z\cos\theta_0 - Y\sin\theta_0) - \sin\theta_0(Y\cos\theta_0 + Z\sin\theta_0) > 0 \\ z_0 + h \geqslant Z\cos\theta_0 - Y\sin\theta_0 \geqslant z_0 \end{cases}$$

(3.29)

对于侧面，有

$$U_1(Z_i) = 4\pi \iint_{C_{\text{erbi}}} f_r(\beta)\cos\beta\delta(Z - Z_i)\mathrm{d}X\mathrm{d}Y \tag{3.30}$$

为了通过式(3.30)计算目标距离分辨激光雷达散射截面，得把式(3.28)～式(3.30)中的变量 Z 通过式(3.27)表达成 X、Y 的函数。令 $r_1 = f(z_0)$，$r_2 = f(z_0 + h)$。

由式(3.27)、式(3.29)、式(3.30)可以计算凸回转体侧面的距离分辨激光雷达散射截面。

对于凸回转体的上下底面，在目标坐标系下进行计算。对于上下底面的方程为

$$z = z_0, \quad x^2 + y^2 \leqslant f^2(z_0), \quad \text{下底面} \tag{3.31}$$

$$z = z_0 + h, \quad x^2 + y^2 \leqslant f^2(z_0 + h), \quad \text{上底面} \tag{3.32}$$

对于凸回转体的上下底面有 $\beta_{\text{下}} = \theta_0$，$\beta_{\text{上}} = \pi - \theta_0$。

如果 $0 \leqslant \theta_0 < \pi/2$，则

$$U_2(Z_i) = \int_{-r_1}^{r_1} \int_{-\sqrt{r_1^2-y^2}}^{\sqrt{r_1^2-y^2}} 4\pi f_r(\theta_0)\cos^2\theta_0\delta(Z_i - y\sin\theta_0 - z_0\cos\theta_0)\mathrm{d}x\mathrm{d}y \tag{3.33}$$

如果 $\pi \geqslant \theta_0 > \pi/2$，则

$$U_2(Z_i) = \int_{-r_2}^{r_2} \int_{-\sqrt{r_2^2-y^2}}^{\sqrt{r_2^2-y^2}} 4\pi f_r(\pi - \theta_0)\cos^2\theta_0\delta(Z_i - y\sin\theta_0 - (z_0+h)\cos\theta_0)\mathrm{d}x\mathrm{d}y$$

(3.34)

如果 $\theta_0 = \pi/2$，则

$$U_2(Z_i) = 0 \tag{3.35}$$

凸回转体的距离分辨激光雷达散射截面为

$$U(Z_i) = U_1(Z_i) + U_2(Z_i) \tag{3.36}$$

3.3.2　凸回转体激光一维距离高分辨成像理论模型

根据式(3.22)，凸回转体在入射场坐标系下的激光一维距离像分析模型为

$$P(z_t) = 4\pi \iint_{C_{erbi}} K(\boldsymbol{r}) P_i(z_t') f_r(\beta) \cos\beta \mathrm{d}X \mathrm{d}Y \tag{3.37}$$

式(3.37)中的积分区域 C_{erbi} 由式(3.29)给出，$\cos\beta$ 由式(3.28)计算，为了通过式(3.37)计算目标的一维距离像，得把式(3.28)、式(3.29)和式(3.37)中的变量 Z 通过式(3.27)表达成 X、Y 的函数，其中 $z_t' = 2z_t/c - (\rho_0 + \rho)/c - 2Z/c$。

对于凸回转体的上下底面，如果 $0 \leqslant \theta_0 < \pi/2$，则

$$P_2(z_t) = 4\pi \int_{-r_1}^{r_1} \int_{-\sqrt{r_1^2 - y^2}}^{\sqrt{r_1^2 - y^2}} K(\boldsymbol{r}) P_i(z_t') f_r(\theta_0) \cos^2\theta_0 \mathrm{d}x\mathrm{d}y \tag{3.38}$$

如果 $\pi \geqslant \theta_0 > \pi/2$，则

$$P_2(z_t) = 4\pi \int_{-r_2}^{r_2} \int_{-\sqrt{r_2^2 - y^2}}^{\sqrt{r_2^2 - y^2}} K(\boldsymbol{r}) P_i(z_t') f_r(\theta_0) \cos^2\theta_0 \mathrm{d}x\mathrm{d}y \tag{3.39}$$

如果 $\theta_0 = \pi/2$，则

$$P_2(z_t) = 0 \tag{3.40}$$

3.3.3　典型凸回转体算例

1. 目标的母线方程

(1) 圆柱的母线方程为

$$f(z) = c, \quad 0 \leqslant z \leqslant h \tag{3.41}$$

式中，c 是圆柱的半径。

(2) 圆锥的母线方程为

$$f(z) = z\tan\alpha, \quad 0 \leqslant z \leqslant h \tag{3.42}$$

式中，α 为圆锥的半锥角。

(3) 回转椭球的母线方程为

$$f(z) = a\sqrt{1 - 4(z/h - 1/2)^2}, \quad 0 \leqslant z \leqslant h \tag{3.43}$$

式中，a 是一个半轴；$h/2(h > 0)$ 是另一个半轴。

(4) 超椭球的母线方程为[250]

$$f(z) = \frac{b}{h}[h^\nu - (h - z)^\nu]^{\frac{1}{\nu}}, \quad 0 \leqslant z \leqslant h, \quad 1 \leqslant \nu \leqslant 2 \tag{3.44}$$

2. 凸回转体目标距离分辨激光雷达散射截面

为了验证理论分析模型，给出了 Shirley 等[246]所计算的圆柱和圆锥，图 3.6(a)给

出一个高度为 2.5cm，半径为 0.5cm 的朗伯圆柱的 RRLRCS，视线角为 35°。图 3.6(b) 给出一个高度为 2.5cm，半锥角 α 为 15° 的朗伯圆锥的 RRLRCS，视线角为 45°。

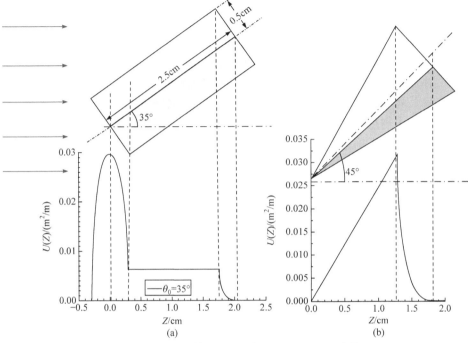

图 3.6　具有朗伯表面的目标的 RRLRCS 理论值

图 3.6 给出的圆柱和圆锥的 RRLRCS 与文献[243]给出的计算结果完全一致，采用的计算方法与文献[137]、[245]、[251]采用的高度函数方法不同。高度函数方法不适用于圆柱，对于圆柱存在病态解，需要进行特殊处理[137]。

图 3.7 给出回转椭球的 9 个 RRLRCS，椭球的高度 h 为 2.5cm，短半轴的长

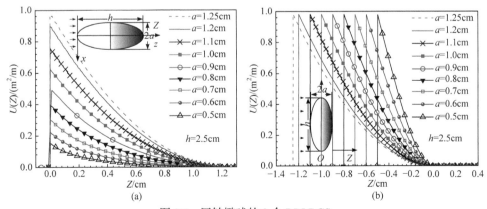

图 3.7　回转椭球的 9 个 RRLRCS

度 a 为 0.5～1.2cm，增加的间隔为 0.1cm，还有一个 $a = 1.25$cm。图 3.7(a)中视线角为 0°，图 3.7(b)中视线角为 90°。

从图 3.7(a)可以看出，沿着回转椭球的长轴方向入射，此时 RRLRCS 的峰值在同一个距离位置，在回转椭球底端的位置，本地入射角为 0°，随着回转椭球短半轴长度 a 的增加，回转椭球逐渐变成球，峰值高度逐渐增加，回转椭球的 RRLRCS 退化到球的 RRLRCS。从 3.7(b)可以看出，入射场沿着回转椭球的短轴方向入射时 RRLRCS 的峰值都是相同的，随着短轴长度的增加，RRLRCS 在距离轴上变宽，回转椭球逐渐变成球，其 RRLRCS 退化到球的 RRLRCS。从图 3.7(a)和(b)可以看出当短轴和长轴相等时，回转椭球变为球，由于球的对称性，从各个方向入射时其 RRLRCS 的形状都相同，就是在距离轴有所平移。图 3.7(a)和(b)中 $a = 1.25$cm 的回转椭球峰值位置分别为 0.0075cm 和−1.2475cm，两者之间的距离为 1.2550cm，理论值为 1.25cm，误差为 0.005/1.25 = 0.4%。

图 3.8 给出一个高度 $h = 2.5$cm，底面半径 $b = 0.5$cm，$v = 1.381$ 的朗伯超椭球的 RRLRCS，视线角为 35°。

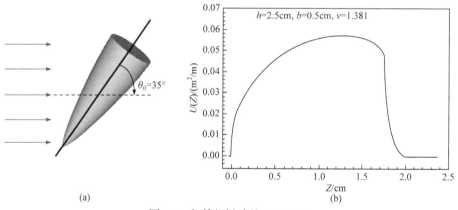

(a)　　　　　　　　　　　　　　　(b)

图 3.8　朗伯超椭球的 RRLRCS

从图 3.8 可以看出，超椭球的 RRLRCS 反映了超椭球的距离信息，距离轴从开始有非 0 值到最后下降到接近 0，距离为 2.0cm 到 2.1cm，小于 2.5cm，当视线角为 35°时在入射场方向可见面元之间的距离为 2.0cm 到 2.1cm，小于 2.5cm，目标的长度为 2.5cm，目标的投影高度为 2.5cm×cos35° = 2.05cm。从数据上看，距离上第一个不是 0 的位置为 0cm，最后一个不是 0 的位置为 2.05cm，这距离分辨激光雷达散射截面的距离范围要稍大于目标的高度的投影距离。实际上由于目标的横向宽度不是 0，因此其在距离轴上投影距离大于 2.05cm。

3. 目标激光一维距离高分辨成像仿真

在以下的讨论中，为了分析问题的方便，脉冲激光采用高斯形式的入射脉冲，

其形式为

$$u_i(t) = E_0 / (\sqrt{T_0 \sqrt{\pi/2}}) \exp(-t^2 / T_0^2 + j\omega t) \tag{3.45}$$

对应的入射功率为

$$P_i(t) = |u_i(t)|^2 = |E_0|^2 / (T_0 \sqrt{\pi/2}) \exp(-2t^2 / T_0^2) \tag{3.46}$$

式中，T_0 为脉冲宽度。

对于一维距离像的计算，$|E_0|^2 = 10^{14} \text{J}$，$\rho = \rho_0 = 1500\text{m}$，$\phi = 7.27\text{mrad}$。图 3.9 给出脉冲宽度为 20ps 和高度为 2.5cm、半锥角为 15° 的朗伯圆锥的激光一维距离像，视线角分别为 0°、10°、35° 和 45°。

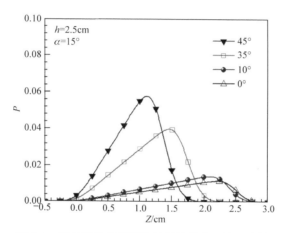

图 3.9　具有朗伯表面圆锥目标的激光一维距离像

图 3.9 计算的是脉冲宽度为 20ps 脉冲入射下的朗伯圆锥在不同视线角下的激光一维距离像。图中横坐标表示目标相对于波源的径向距离，小的坐标代表离波源近。当脉冲宽度和波束宽度保持不变时，雷达分辨单元的体积是一定的，目标视线角的变化导致在同一分辨单元内面元法线和积分面积发生变化。随着视线角的增大，圆锥侧面脉冲扫描区域内有效面元的激光雷达散射截面(LRCS)变化较快，同时圆锥侧面有效散射面积增加，根据式(3.21)，其相应的散射回波功率也会增大。随着视线角的增大，圆锥底面脉冲扫描区域内有效面元的激光雷达散射截面(LRCS)变化较慢，同时有效散射面积减小，根据式(3.21)，其相应的散射回波功率也会减小。

选 $(\rho_0 + \rho)/c$ 为时刻 0 点，对于脉冲平面波，$K(r)$ 为常数，如果目标较小或者离发射源较远，$K(r)$ 近似相等，可以看作常数 K_1：

$$K_1 = \frac{T_{A1}\eta_t}{\pi\phi^2\rho_0^2}\,\pi w_0^2 \frac{T_{A2}}{4\mu p^2}\frac{\pi D^2\eta_r}{4} \tag{3.47}$$

脉冲激光为脉冲平面波或者目标处在高斯脉冲波束的远场，随着脉冲宽度的减小，一维距离像的曲线形状逼近目标距离分辨激光雷达截面。图 3.10 给出高度 2.5cm、半径 0.5cm 的朗伯圆柱的视线角为 35°时在不同脉冲宽度下的一维距离像，脉冲宽度分别为 200ps、100ps、50ps、40ps、30ps、20ps 和 2ps，其中 50ps、40ps 和 30ps 分别向左移动 3cm、2cm 和 1cm，2ps 向右移动了 1cm，目标的激光一维距离像的曲线形状随着脉冲宽度的减小趋近目标距离分辨激光雷达散射截面。

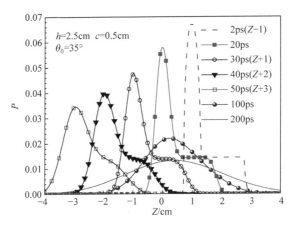

图 3.10　高度 2.5cm、半径 0.5cm 的朗伯圆柱视线角为 35°时在不同脉冲宽度下的一维距离像

3.4　凸体距离分辨激光雷达散射截面与激光一维距离像

根据面元的法线与入射激光的入射方向的夹角就可以判断凸体目标的面元是否被遮挡。

3.4.1　凸体距离分辨激光雷达散射截面和激光一维距离像的理论模型

目标由 m 个三角形面元组成，第 k 个三角形的顶点为 A_k、B_k 和 C_k，其表面区域用 $\Delta A_k B_k C_k$ 来表示，对应的三个顶点的位置矢量分别为 r_{Ak}、r_{Bk}、r_{Ck}。这里三角形面元的顶点顺序按照从凸体的外面看目标，A_k、B_k、C_k 按照顺时针的顺序排序，这样 $(r_{Bk} - r_{Ak}) \times (r_{Ck} - r_{Ak})/|(r_{Bk} - r_{Ak}) \times (r_{Ck} - r_{Ak})|$ 计算的面元法向矢量指向目标的外面。利用式(3.1)~式(3.3)给出的面元坐标系下三角形区域表面积分的凸体距离分辨激光雷达截面如下：

$$\begin{cases} U(Z_i) = 4\pi \sum_{k=1}^{m} \iint_{\Delta A_k B_k C_k} f_r(\beta_k) \dfrac{\left(\cos\beta_k + |\cos\beta_k|\right)^2}{4} \delta\big(Z(x,y) - Z_i\big) \mathrm{d}x\mathrm{d}y \\ \cos\beta_k = -\left[(r_{Bk} - r_{Ak}) \times (r_{Ck} - r_{Ak}) / \left|(r_{Bk} - r_{Ak}) \times (r_{Ck} - r_{Ak})\right|\right] \cdot k_i \end{cases} \tag{3.48}$$

式中，k_i 为激光入射方向在目标坐标系下的单位矢量。

根据式(3.1)～式(3.3)和式(3.22)有

$$\begin{cases} P(Z_t) = 4\pi \sum_{k=1}^{m} \iint_{\Delta A_k B_k C_k} K(r(x,y)) P_i(z_t') f_r(\beta_k) \dfrac{\left(\cos\beta_k + |\cos\beta_k|\right)^2}{4} \mathrm{d}x\mathrm{d}y \\ \cos\beta_k = -\left[(r_{Bk} - r_{Ak}) \times (r_{Ck} - r_{Ak}) / \left|(r_{Bk} - r_{Ak}) \times (r_{Ck} - r_{Ak})\right|\right] \cdot k_i \end{cases} \tag{3.49}$$

式中，$z_t' = 2z_t / c - (\rho_0 + \rho) / c - 2k_i \cdot r(x,y) / c$。

类似式(3.33)和式(3.34)计算底面的贡献。

3.4.2　仿真算例

1. 距离分辨激光雷达散射截面

对一个圆柱进行三角形面元建模，垂直于轴均匀取 50 个点。给出视线角为 45°的圆柱的距离分辨激光雷达散射截面两种方法的对比，从图 3.11 可以看出两种方法吻合得很好。

下面给出朗伯立方体的距离分辨激光雷达散射截面。立方体的边长 a 为 2.5cm，中心轴线为 z 轴，一个面的中心点为原点，x 轴和 y 轴分别平行立方体的边(图 3.12)。

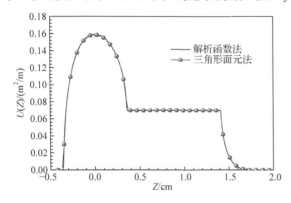

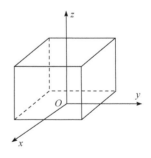

图 3.11　圆柱的三角形面元法和解析函数法的　　　　图 3.12　立方体坐标系框架
　　　　　　 RRLRCS 对比

入射场方向的天顶角 $\theta_0 = 0°$，即沿着 z 轴正向入射，朗伯立方体目标 RRLRCS 如图 3.13(a)所示。入射场入射方向的方位角 $\varphi_0 = 90°$，天顶角 θ_0 分别由 20°到 45°变化，步长为 5°的朗伯立方体目标的 RRLRCS 如图 3.13(b)所示。

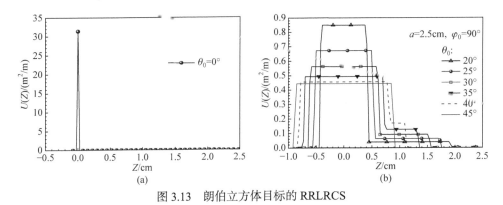

图 3.13　朗伯立方体目标的 RRLRCS

入射场的方向沿着图 3.14 给出的坐标系 z 轴正向，正方体只有在 $z=0$ 位置存

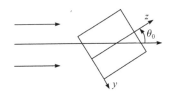

图 3.14　入射场沿着方位角 $\varphi_0=90°$ 方向
的二维示意图

在散射面元，因此这时立方体目标的 RRLRCS 为一个在距离 0 点的狄拉克函数，正如图 3.13(a)所示。当激光沿着图 3.12 给出的坐标系的 $\varphi_0=90°$ 入射，即光的入射方向平行 yOz 平面，二维示意图如图 3.14 所示，此时 RRLRCS 只有两个值，即为两条直线，正如图 3.13(b)所示。当 $0°<\theta_0\leqslant$ 45°时，随着 θ_0 的增加，两个面同时起作用的距离变宽，一个面起作用的距离变窄，即随着 θ_0 的增加，高值的部分变宽，低值的部分变窄，到 $\theta_0=45°$ 时只剩下一个值(图 3.13(b))。

2. 激光一维距离像

图 3.15 给出了一个边长为 2.5cm 的朗伯立方体在不同脉冲宽度下的一维距离

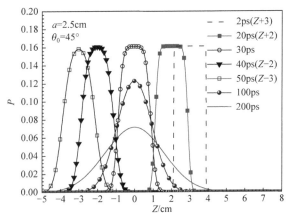

图 3.15　边长为 2.5cm 的朗伯立方体在不同脉冲宽度下的一维距离像

像，当激光沿着图 3.14 给出的坐标系的 $\varphi_0 = 90°$、$\theta_0 = 45°$ 入射，脉冲宽度分别为 200ps、100ps、50ps、40ps、30ps、20ps 和 2ps，其中 50ps、40ps 的激光一维距离像分别向左移动 3cm 和 2cm，20ps 和 2ps 的激光一维距离像分别向右移动了 2cm 和 3cm。从图 3.15 可以看出，随着脉冲宽度的减小，激光一维距离像曲线的形状趋近目标的 RRLRCS。

3.5　复杂目标距离分辨激光雷达散射截面与激光一维距离像

3.5.1　回转二次曲面复合体距离分辨激光雷达散射截面

1. 建模方法

对于 m 个二次曲面复合体的表面方程可以写成下面的式子，其中，h_k 为前 k 个二次曲面的高度和($h_0 = 0$)：

$$x^2 + y^2 = A_k z^2 + B_k z + C_k, \quad 1 \leqslant k \leqslant m, \quad z_0 + h_{k-1} \leqslant z \leqslant z_0 + h_{k-1} + h_k \tag{3.50}$$

根据式(3.28)有

$$\cos \beta_k = \frac{-\sin\theta_0(Y\cos\theta_0 + Z\sin\theta_0) + \cos_0 f_k(Z\cos\theta_0 - Y\sin\theta_0)f_k'(Z\cos\theta_0 - Y\sin\theta_0)}{|f_k(Z\cos\theta_0 - Y\sin\theta_0)|\sqrt{1 + [f_k'(Z\cos\theta_0 - Y\sin\theta_0)]^2}} \tag{3.51}$$

$$f_k(z) = A_k z^2 + B_k z + C_k \tag{3.52}$$

$$f_k'(z) = 2A_k z + B_k \tag{3.53}$$

$$U_1(Z_i) = \sum_{k=1}^{m} \iint_{C_k} f_r(\beta_k)\cos\beta_k \mathrm{sxf}(r, \theta_0, \varphi_0)\delta(Z_i - Z)\mathrm{d}X\mathrm{d}Y \tag{3.54}$$

式中，C_k 为第 k 个二次曲面区域；$\mathrm{sxf}(r, \theta_0, \varphi_0)$ 为利用射线跟踪得到的单站遮蔽函数：

$$\mathrm{sxf}(r, \theta_0, \varphi_0) = \begin{cases} 1, & \text{点} r \text{不遮挡} \\ 0, & \text{点} r \text{遮挡} \end{cases} \tag{3.55}$$

对于凸体，把式(3.54)中的 $\mathrm{sxf}(r, \theta_0, \varphi_0)$ 去掉即可。

利用射线跟踪可以设计遮蔽函数。对于目标上的一个点 $P(x, y, z)$，从其沿着入射场的反方向发出一条射线，如果与目标相交，则遮挡，否则不遮挡。射线发射方向的天顶角 $\theta = \pi - \theta_0$，方位角 $\varphi = \pi + \varphi_0$。通过解下面的以 l 为未知数的二次方程可以确定射线是否与目标相交。$\mathrm{sxf}(r, \theta_0, \varphi_0)$ 的计算要把式(3.54)中的 X、Y、Z 通过式(3.26)变换为 x、y、z 的函数得到：

$$(x + l\sin\theta\cos\varphi)^2 + (y + l\sin\theta\sin\varphi)^2 = A_k(z + l\cos\theta)^2 + B_k(z + l\cos\theta) + C_k \tag{3.56}$$

如果式(3.56)至少存在 1 个大于 0 的根，同时交点在复合目标的第 k 个二次曲面上，则射线与目标相交，这点被遮挡，否则不遮挡。式(3.56)只是判断点是否被侧面遮挡。不被侧面遮挡还需要判断是否被各个分段二次曲面的上下底面遮挡，如果二次曲面之间是连续连接，只需判断是否被第一个分段二次曲面的下底面和第 m 个分段二次曲面的上底面遮挡的问题。利用式(3.33)和式(3.34)计算底面的 RRLRCS，$r_1 = f_1(z_0)$，$r_2 = f_2(z_0 + h_m)$。

2. 算例

1) 朗伯三锥体的距离分辨激光雷达散射截面

下面计算一个三锥体的例子，这个复合目标是由圆锥、圆柱(半锥角为 0° 的圆台)和圆台组合而成。三锥体的圆锥、圆柱、圆台长度分别为 $L_1 = 3.5\text{cm}$、$L_2 = 4\text{cm}$ 和 $L_3 = 2.5\text{cm}$，半锥角分别为 20°、0° 和 25°，如图 3.16 所示。

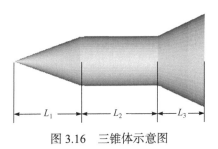

图 3.16　三锥体示意图

用二次曲面复合体的方法计算的这个朗伯三锥体的距离分辨激光雷达散射截面如图 3.17 所示，图 3.17(a)~(d)的视线角分别为 0°、10°、20°、30°，用凸回转体的方法计算(不考虑部件之间的遮挡)这个三锥体的 RRLRCS。

这里视线角为 0° 的距离分辨激光雷达散射截面，同文献[137]是一致的。文献[133]没有给出三锥体其他视线角的距离分辨激光雷达散射截面。视线角为 0° 时可以当凸体对待，这时与凸体方法计算的结果一致。视线角为 10° 时两者之间存

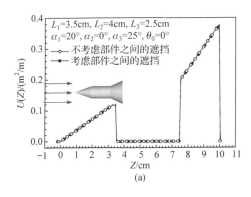

(a)

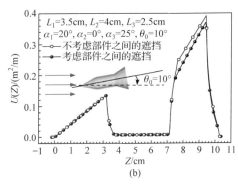

(b)

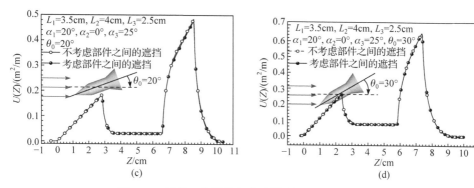

图 3.17　朗伯三锥体的距离分辨激光雷达散射截面

在差异，这时不能当凸体看待，从图 3.17(b)可以看出，在距离开始阶段两种方法计算结果基本一致，在这段距离上的三锥体为凸体。后面的距离上圆台部分受到圆锥和圆柱的遮挡，因此比按照凸体来算小，正如图 3.17(b)所示。视线角为 20°时两者之间存在差异，比 10°时小。当视线角从 0°到 30°变化时，目标面元处本地入射角在增加，其距离分辨激光雷达散射截面的峰值增加，但是目标在入射场方向的视线投影距离在减小，目标距离分辨激光雷达散射截面宽度在减小。

2) 非朗伯体的距离分辨激光雷达散射截面

对于一些材料，后向 BRDF 对入射角正切满足高斯分布[252]：

$$f_T(\beta) = \frac{\sec^2 \beta}{4\pi s^2} \exp\left(-\frac{\tan^2 \beta}{s^2}\right) |R(0)|^2 \tag{3.57}$$

式中，s 为粗糙面的均方根斜率；$R(0)$ 为垂直入射时的菲涅耳反射系数。图 3.18 给出图 3.17 所计算的三锥体具有 $s = \tan 30°$ 的 BRDF 对入射角正切满足高斯分布表面的距离分辨激光雷达散射截面。这里 $|R(0)|^2$ 取为 1，视线角从 0°到 50°变化。

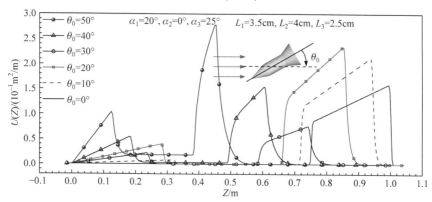

图 3.18　高斯形式 BRDF 三锥体的 RRLRCS

由式(3.57)给出高斯形式的 BRDF，当本地入射角增加时其迅速减小，当视线角从 0°到 50°变化时，同朗伯情况相比，其 RRLRCS 的峰值增加，目标的 RRLRCS 宽度在减小。

3.5.2 基于三角形面元的复杂目标距离分辨激光雷达散射截面

1. 建模方法

在面元坐标系上计算，对于复杂目标，利用射线跟踪进行目标上点的消隐。由式(3.48)得

$$
\begin{cases}
U(Z_i) = 4\pi \sum_{k=1}^{m} \iint_{\Delta_k} f_r(\beta_k) \dfrac{\left(\cos\beta_k + |\cos\beta_k|\right)^2}{4} \delta\left(Z(x,y) - Z_i\right) \mathrm{sxf}\left(\boldsymbol{r}(x,y), \theta_0, \varphi_0\right) \mathrm{d}x\mathrm{d}y \\
\cos\beta_k = -\left[\left(\boldsymbol{r}_{Bk} - \boldsymbol{r}_{Ak}\right) \times \left(\boldsymbol{r}_{Ck} - \boldsymbol{r}_{Ak}\right) / \left|\left(\boldsymbol{r}_{Bk} - \boldsymbol{r}_{Ak}\right) \times \left(\boldsymbol{r}_{Ck} - \boldsymbol{r}_{Ak}\right)\right|\right] \cdot \boldsymbol{e}_i
\end{cases}
$$

$$(3.58)$$

式中，$\mathrm{sxf}\left(\boldsymbol{r}(x,y), \theta_0, \varphi_0\right)$ 为式(3.55)给出的遮蔽函数；$\boldsymbol{e}_i$ 为入射场的入射方向的单位矢量。

2. 算例

一个 5 层台阶式目标如图 3.19(a)所示，台阶相邻之间的高度差为 1cm，厚度为 1cm，每层的宽度为 1cm，坐标系框架如图 3.19(b)所示。

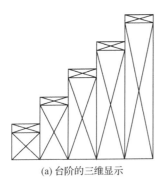
(a) 台阶的三维显示

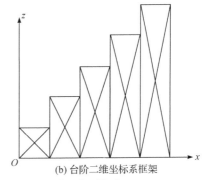
(b) 台阶二维坐标系框架

图 3.19 一个 5 层台阶式目标及其坐标系框架

激光沿着 z 轴反方向入射和沿着 x 轴入射的 RRLRCS 如图 3.20 所示。

从图 3.20 可以看出，当激光沿着 x 方向照射时，台阶目标只有 5 个距离位置有散射截面，因此这时 RRLRCS 为 5 个冲激函数，由于台阶的高度、宽度和厚度是一样的，因此这 5 个冲激函数是等间隔的，并且是等幅度的，当计算的距离间隔向 0 逼近时，冲激函数向狄拉克函数逼近。

按照图 3.19(b)所示的坐标系框架进行这个台阶式目标的 RRLRCS 计算。激光入射方向的天顶角为 45°，方位角为 0°，入射场和目标的位置关系如图 3.21 所示。

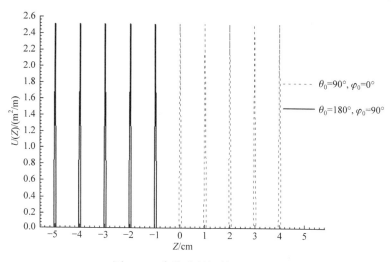

图 3.20　台阶式目标的 RRLRCS

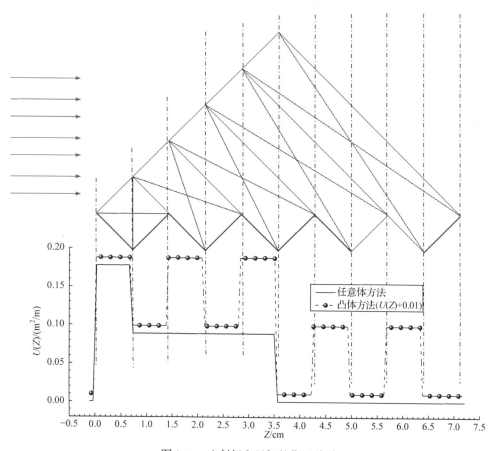

图 3.21　入射场和目标的位置关系

从图 3.21 可以看出台阶式目标在天顶角为 45°、方位角 0°时的 RRLRCS。证明任意体的距离分辨激光雷达散射截面分析模型能正确地给出台阶目标的 RRLRCS。图 3.21 中把这个台阶目标当成凸体进行计算,即利用凸体方法进行计算,为了看清楚两条曲线的差异,把凸体方法计算的 RRLRCS 向上平移了 0.01m²/m。凸体方法出现了 5 个等宽度的峰值,3 个高的,2 个低的。对于后 4 个峰值,当把台阶按照凸体计算时,有的位置是不可见的,按照可见的计算,而实际上是不可见的。

3.5.3　复杂目标激光一维距离像

1. 建模方法

1) 回转二次曲面复合体

根据式(3.37)得

$$\begin{cases} P(z_t) = \sum_{k=1}^{m} \iint_{C_k} K(\boldsymbol{r}) P_i(z_t') f_r(\beta_k) \cos\beta_k \, \text{sxf}(\boldsymbol{r}, \theta_0, \varphi_0) \mathrm{d}X\mathrm{d}Y & \text{(侧面)} \\ P(z_t) = 4\pi \iint_{C_{\text{crbe}}} K(\boldsymbol{r}) P_i(z_t') f_r(\beta) \cos\beta \, \mathrm{d}X\mathrm{d}Y & \text{(底面)} \end{cases} \tag{3.59}$$

式中,$\cos\beta_k$ 由式(3.51)给出;$z_t' = 2z_t/c - (\rho_0 + \rho)/c - 2Z/c$;$K(\boldsymbol{r})$ 由式(3.23)给出;m 为复合二次曲面的个数;$\text{sxf}(\cdot)$ 为由式(3.55)给出的遮蔽函数。

2) 目标面元坐标系

对于复杂目标,利用射线跟踪进行目标上点的消隐。由式(3.49)得

$$\begin{cases} P(Z_t) = \sum_{k=1}^{m} \iint_{\Delta_k} K(\boldsymbol{r}(x,y)) P_i(z_t') f_r(\beta_k) \dfrac{(\cos\beta_k + |\cos\beta_k|)^2}{4} \text{sxf}(\boldsymbol{r}(x,y), \theta_0, \varphi_0) \mathrm{d}x\mathrm{d}y \\ \cos\beta_k = -\left[(\boldsymbol{r}_{Bk} - \boldsymbol{r}_{Ak}) \times (\boldsymbol{r}_{Ck} - \boldsymbol{r}_{Ak}) / |(\boldsymbol{r}_{Bk} - \boldsymbol{r}_{Ak}) \times (\boldsymbol{r}_{Ck} - \boldsymbol{r}_{Ak})| \right] \cdot \boldsymbol{e}_i \end{cases} \tag{3.60}$$

式中,$\text{sxf}(\cdot)$ 为由式(3.55)给出的遮蔽函数;$\boldsymbol{e}_i$ 为脉冲激光入射方向的单位矢量。

2. 算例

1) 台阶式目标

按照图 3.19(b)所示的台阶式目标坐标系框架计算这个台阶式目标的一维距离像。激光入射方向天顶角为 45°、方位角为 0°的朗伯台阶式目标的激光一维距离像如图 3.22 所示。激光的脉冲宽度分别为 200ps、100ps、50ps、40ps、30ps、20ps、2ps,为了清晰给出曲线,这 7 条曲线分别向左平移 0cm、3cm、2cm、1cm、0cm、−2cm、−4cm。

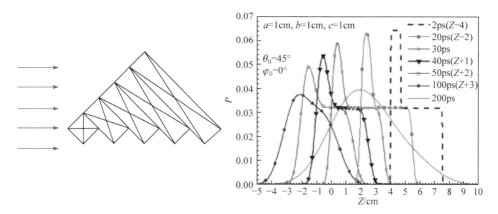

图 3.22　不同脉冲宽度的台阶式目标激光一维距离像

从图 3.22 可以看出随着脉冲宽度的减小，目标的激光一维距离像的形状趋近目标距离分辨激光雷达散射截面。

2) 仿"战斧"巡航导弹

以"战斧"巡航导弹为算例，它是美国海军中一项先进的全天候、亚音速、多用途导弹。因为"战斧"导弹截面积小，飞行高度低，所以雷达很难发现这种长翼式导弹。图 3.23 给出了某型号"战斧"巡航导弹的公开模型照片。根据公开的实体照片的有关信息，可以画出如图 3.24 所示建模用的巡航导弹模型。假定此导弹模型长约为 6.79m，最大翼展约为 2.62m，弹体直径约为 0.52m，用 $v=1.381$ 时的超椭球几何体来近似导弹头。

图 3.23　某型号"战斧"巡航导弹模型照片

由图 3.24 所示假定的尺寸，进行某型号导弹 A 的三角形网格几何建模的结果如图 3.25 所示。

假想某型号导弹 A 的目标坐标系如图 3.24 所示，激光入射方向的方位角和天顶角分别为 180°和 90°，激光一维距离像如图 3.26 和图 3.27 所示，激光脉冲

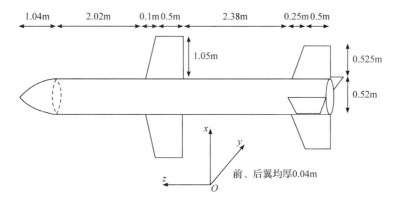

图 3.24　某导弹 A 建模假定的导弹尺寸及其目标坐标系

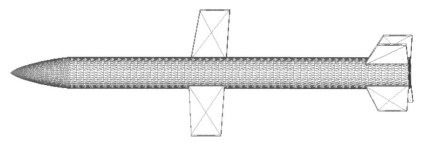

图 3.25　某型号导弹 A 的三角形网格几何建模

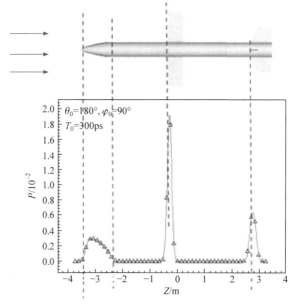

图 3.26　沿导弹轴入射时表面为理想朗伯面的某型号导弹 A 的激光一维距离像

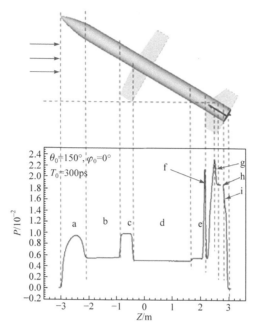

图 3.27　表面为理想朗伯面的某型号导弹 A 的激光一维距离像

宽度为 300ps。激光入射方向分别为天顶角为 180°、方位角为 90°，天顶角为 150°、方位角为 0°。

图 3.26 中激光是沿着导弹的轴入射，三个峰值位置分别对应导弹的弹头、前翼和尾翼，其他部分为弹体部分。图 3.27 中 a 部分为弹头引起的；b 部分为弹体引起的；c 部分为前翼加弹体引起的，比 b 部分的值大；d 部分为弹体，这部分弹体有些地方被前翼遮挡，因此比 b 部分的值小；e 部分为弹体，这部分没有受到前翼的遮挡，因此其值和 b 部分的值相等；f 部分为一个峰，对应尾翼前沿，这部分的本地入射角小，因此这个峰值较高；g 部分的峰值是其中两个尾翼及其前沿引起的；h 部分为尾翼的平板部分，不包括前沿；i 部分为脉冲稍离开弹体时尾部散射。

3) 某型号坦克

某型号坦克的三角形面元模型和目标坐标系如图 3.28 所示，其实体图由图 3.29 给出，坦克长度为 2.37m。激光入射方向为天顶角为 90°、方位角为 90° 的激光一维距离像如图 3.30(a)和(b)所示，脉冲宽度分别为 300ps 和 50ps。激光入射方向为天顶角为 90°、方位角为 0°，脉冲宽度为 50ps 的激光一维距离像如图 3.31 所示。

从图 3.30 可以看出，随着脉冲宽度的减小，目标激光一维距离像的距离分辨率升高。图 3.30(b)从左边数第一个峰是炮口引起的，第二个小峰是炮筒前面一个小突出的边沿引起的，第三个峰是履带上面部分前端引起的，第四个峰是坦克履

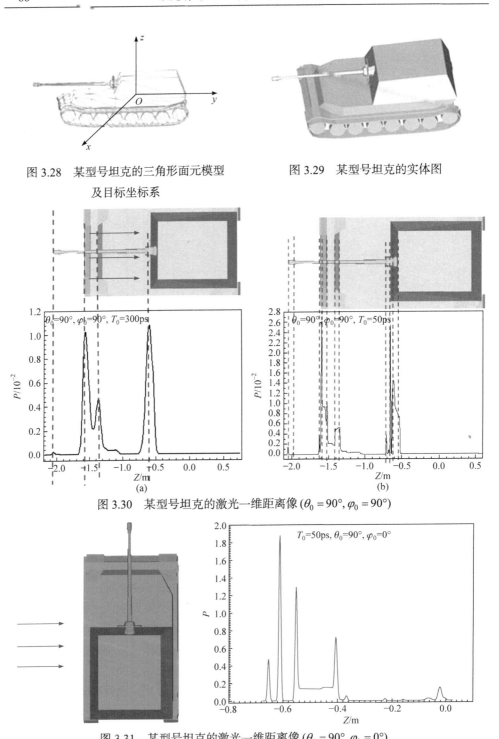

图 3.28　某型号坦克的三角形面元模型　　　　图 3.29　某型号坦克的实体图
　　　　　及目标坐标系

图 3.30　某型号坦克的激光一维距离像 ($\theta_0 = 90°$, $\varphi_0 = 90°$)

图 3.31　某型号坦克的激光一维距离像 ($\theta_0 = 90°$, $\varphi_0 = 0°$)

带引起的(图 3.29)，第五个峰是坦克前端凹下部分的后沿引起的，第六个峰是坦克前面的一个斜面引起的，这个峰是一小段线段，第七、八个峰是坦克炮的底座引起的，第九个峰是坦克驾驶舱的前沿引起的。

4) 某型号飞机

某型号飞机的三角形面元几何模型和目标坐标系如图 3.32 所示，其实体图由图 3.33 给出，飞机长度为 20m。其脉冲宽度为 300ps 的激光一维距离像由图 3.34(a)和(b)显示，激光入射方向分别为天顶角 90°、方位角 150°，天顶角 90°、方位角 330°。

从图 3.34 可以看出，基于三角形面元的复杂目标的激光一维距离像仿真计算

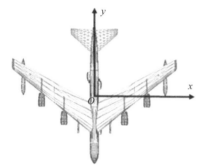

图 3.32　某型号飞机的三角形面元几何模型和目标坐标系

图 3.33　某型号飞机的实体图

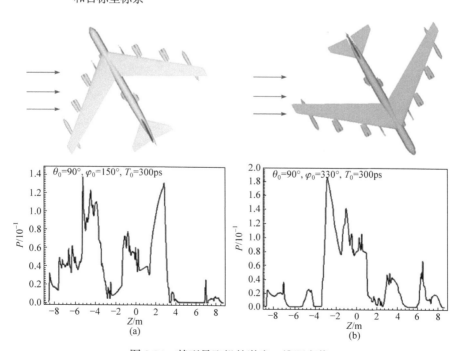

(a)

(b)

图 3.34　某型号飞机的激光一维距离像

模型能仿真出飞机的激光一维距离像，飞机不同姿态的激光一维距离像存在一定的差异。

从台阶式目标、导弹、坦克和飞机这几种目标的激光一维距离像的显示与分析，可以得出，基于三角形面元的复杂目标的激光一维距离像仿真计算模型，能够仿真复杂目标的激光一维距离像，能够体现部件之间的相互遮挡，设计的射线跟踪消隐算法可以实现消隐。

3.6 本 章 小 结

本章研究基于入射场坐标系的目标距离分辨激光雷达截面分析模型，建立了凸回转体的目标距离分辨激光雷达截面和激光一维距离像的分析模型。给出了具有朗伯表面的圆柱、圆锥、回转椭球和复杂目标的激光距离分辨激光雷达截面和激光一维距离像。最后讨论了目标材料、激光发射脉冲宽度、目标姿态对目标激光一维距离像的影响。

第 4 章　目标的激光后向二维散射强度像

4.1　引　　言

目标激光散射特性在目标识别、制导和引信中有着重要的作用。复杂目标激光散射特性的计算，首要的任务是对复杂目标进行几何建模，几何建模常用的四种方法为部件法、二次曲面法、自由曲面网格法和三角形面元法。这里采用三角形面元法建模。目标的激光雷达散射截面反映目标的整体散射特性，其平面波照射下激光二维散射强度像包含的信息比散射强度更丰富，随着 CCD 技术的发展，对二维散射强度像的研究就更迫切。本章研究的是复杂目标的后向二维散射强度像的仿真。成像面上像素点的灰度值，由目标上面元的后向散射截面、成像设备的增益、成像设备的空间分辨率、环境因素以及入射激光强度等因素决定。复杂目标的激光后向二维散射强度像的仿真，需要计算目标上微元在成像单元上散射强度的累加，要对目标表面进行表面积分运算。对于复杂目标存在的部件之间相互遮挡的问题，利用射线跟踪解决部件之间相互遮挡的消隐问题。本章设计基于面元坐标系三角形区域的表面积分方法，结合射线跟踪消隐，设计基于三角形面元法建模任意目标的激光后向二维散射强度像的仿真计算算法，三角形区域的表面积分方法和射线跟踪消隐为后面的工作奠定一定的基础。

4.2　目标表面三角形面元划分

任意复杂的目标可以用三角形面元进行几何建模，计算复杂目标的激光雷达散射截面需要判断目标上的面元是否被遮挡和在散射方向上是否可见。对于凸体上的一个面元，可以利用此面元处的法线(方向指向目标的外面)与入射光线反方向和散射方向的夹角来判断是否被遮挡和可见，如果两个夹角都小于 90°，则此面元可照射和可见。对于凹体满足这两个条件是必要的，但不是充分的，利用射线跟踪可以判断是否可照射和可见，即双站消隐。

对于任意形状的目标，可以采用三角形面元模拟其表面形状，它的表面形状可以用一定数量的三角形面元近似替代。图 4.1 给出了三角形面元逼近圆环体表面的过程。

 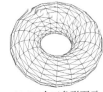  

(a) 162个三角形面元　　(b) 648个三角形面元　　(c) 1800个三角形面元　　(d) 7200个三角形面元

图 4.1　三角形面元逼近圆环体表面的过程

从图 4.1 给出圆环体的三角形面元可以看出，随着三角形面元数量的增多，圆环体的三角形面元可以越来越逼近圆环体的真实表面形状。目标的每个三角形面元用其三个顶点的位置矢量来表征，根据三个顶点的位置矢量可以计算出此三角形面元的单位法向矢量和面积。

图 4.2 和图 4.3 分别给出某型号坦克和某型号飞机的三角形面元模型。

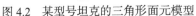　　

图 4.2　某型号坦克的三角形面元模型　　　图 4.3　某型号飞机的三角形面元模型

从图 4.2 和图 4.3 可以看出，三角形面元模型可以很逼真地建立复杂目标的几何模型。

对于复杂目标的激光散射计算需要进行三角形区域的表面积分，关键是如何在三角形区域内进行积分。可以在三角形面元坐标系下进行表面积分，把空间区域的表面积分变换为二重积分。ΔABC 三个顶点的位置矢量分别为 r_A、r_B、r_C，建立面元坐标系 $Ax'y'z'$，面元坐标系的原点在 A 点，在目标坐标系下，z' 轴的单位方向矢量 $\hat{z}' = (r_B - r_A) \times (r_C - r_A) / |(r_B - r_A) \times (r_C - r_A)|$，$x'$ 轴的单位方向矢量 $\hat{x}' = (r_B - r_A) / |(r_B - r_A)|$。在面元坐标系下，$\Delta ABC$ 的三个顶点在 $x'Ay'$ 平面内，这时 A、B、C 三点的坐标分别为 $(0, 0, 0)$、$(x'_B, 0, 0)$、$(x'_C, y'_C, 0)$，并且 $x'_B > 0$，$y'_C > 0$，根据点 C 和点 B 的相对位置关系分为三种情况：一是 $0 \leqslant x'_C \leqslant x'_B$，如图 4.4(a)所示；二是 $x'_C > x'_B$，如图 4.4(b)所示；三是 $x'_C < 0$，如图 4.4(c)所示。

把目标坐标系下的表面积分变换到面元坐标系下进行积分。面元上的点，在目标坐标系的位置矢量 r 变换到面元坐标系的坐标为 $(x', y', 0)$，用变换函数 T' 表示，即 $r = T'(x', y')$，对任意函数 $F(r)$ 有

$$\int_{\Delta ABC} F(r)\mathrm{d}S = \int_0^{x'_C} \int_0^{\frac{y'_C}{x'_C}x'} F(T'(x',y'))\mathrm{d}y'\mathrm{d}x' + \int_{x'_C}^{x'_B} \int_0^{\frac{y'_C(x'-x'_B)}{x'_C-x'_B}} F(T'(x,y))\mathrm{d}y'\mathrm{d}x', \quad 0 \leqslant x'_C \leqslant x'_B$$

(4.1)

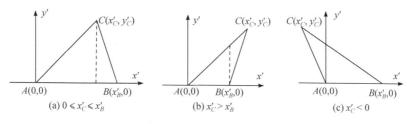

图 4.4　面元坐标系示意图

$$\int_{\triangle ABC}F(\boldsymbol{r})\mathrm{d}S=\int_0^{x'_B}\int_0^{\frac{y'_C}{x'_C}x'}F(T'(x',y'))\mathrm{d}y'\mathrm{d}x'+\int_{x'_B}^{x'_C}\int_{\frac{y'_C(x'-x'_B)}{x'_C-x'_B}}^{\frac{y'_C}{x'_C}x'}F(T'(x',y'))\mathrm{d}y'\mathrm{d}x',\quad x'_C>x'_B$$

(4.2)

$$\int_{\triangle ABC}F(\boldsymbol{r})\mathrm{d}S=\int_{x'_C}^0\int_{\frac{y'_C}{x'_C}x'}^{\frac{y'_C(x'-x'_B)}{x'_C-x'_B}}F(T'(x',y'))\mathrm{d}y'\mathrm{d}x'+\int_0^{x'_B}\int_0^{\frac{y'_C(x'-x'_B)}{x'_C-x'_B}}F(T'(x',y'))\mathrm{d}y'\mathrm{d}x',\quad x'_C<0$$

(4.3)

式(4.1)～式(4.3)中，函数 $F(\boldsymbol{r})$ 为空间位置的任意函数，可以是常数，也可以是粗糙面的单位面积雷达散射截面。

4.3　基于面元坐标系复杂目标激光后向二维散射强度像

4.3.1　坐标系的建立

计算目标的激光后向二维散射强度像，需要计算在成像面上对应接收单元处的后向激光散射强度，建立观测坐标系，把目标坐标系变换到观测坐标系。目标二维散射强度像的坐标系如图 4.5 所示。目标坐标系为 $Oxyz$，在目标坐标系下，入射光入射方向的反方向方位角和天顶角分别为 θ_i 和 φ_i，散射方向的方位角和天顶角分别为 θ_s 和 φ_s。观测坐标系 $OX'Y'Z'$ 建立如下：散射方向为 Z' 轴，Z' 轴在目标坐标系下的单位矢量为 $\boldsymbol{Z}'=(\sin\theta_s\cos\varphi_s,\sin\theta_s\sin\varphi_s,\cos\theta_s)$，选与 Z' 轴垂直的一个方向为 Y' 轴，Y' 轴在目标坐标系下的单位矢量 $\boldsymbol{Y}'=(-\sin\varphi_s,\cos\varphi_s,0)$，$X'$ 轴在目标坐标系下的单位矢量为 $\boldsymbol{X}'=(\cos\theta_s\cos\varphi_s,\cos\theta_s\sin\varphi_s,-\sin\theta_s)$，则目标坐标系到观测坐标系的坐标变换如下：

$$\begin{pmatrix}X'\\Y'\\Z'\end{pmatrix}=\begin{pmatrix}\cos\theta_s\cos\varphi_s&\cos\theta_s\sin\varphi_s&-\sin\theta_s\\-\sin\varphi_s&\cos\varphi_s&0\\\sin\theta_s\cos\varphi_s&\sin\theta_s\sin\varphi_s&\cos\theta_s\end{pmatrix}\begin{pmatrix}x\\y\\z\end{pmatrix}$$

(4.4)

在后向探测条件下散射角和入射角满足 $\theta_s=\theta_i$，$\varphi_s=\varphi_i$。

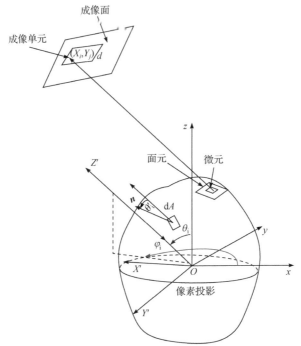

图 4.5　目标二维散射强度像的坐标系

4.3.2　基于面元坐标系复杂目标激光后向二维散射强度像建模

设目标由 m 个三角形面元组成，第 k 个三角形三个顶点的位置矢量分别为 $\boldsymbol{r}_{A_k}$、$\boldsymbol{r}_{B_k}$、$\boldsymbol{r}_{C_k}$。顶点的顺序按照从目标的外面往目标看，A_k、B_k、C_k 按照逆时针的顺序，这样由 $(\boldsymbol{r}_{B_k}-\boldsymbol{r}_{A_k})\times(\boldsymbol{r}_{C_k}-\boldsymbol{r}_{A_k})\big/\big|(\boldsymbol{r}_{B_k}-\boldsymbol{r}_{A_k})\times(\boldsymbol{r}_{C_k}-\boldsymbol{r}_{A_k})\big|$ 计算的面元法向矢量指向目标的外面。

目标上每一个可见微元的散射强度表示为

$$\mathrm{d}I = G_{\mathrm{r}}I_0 4\pi f_{\mathrm{r}}(\theta_{\mathrm{i}}',\theta_{\mathrm{s}}',\varphi_{\mathrm{s}}'-\varphi_{\mathrm{i}}')\cos\theta_{\mathrm{i}}'\cos\theta_{\mathrm{s}}'\mathrm{d}A \tag{4.5}$$

式中，G_{r} 为成像设备增益；I_0 为入射光的光强；$\mathrm{d}A$ 为目标上微元的面积；f_{r} 为目标表面的双向反射分布函数；θ_{i}' 为目标微元处的本地入射角，即激光入射方向的反方向与微元处法线(指向目标的外面)的夹角；θ_{s}' 为微元处的本地散射角，即散射方向与微元处法线(指向目标的外面)的夹角，即微元可见的必要条件是 $\cos\theta_{\mathrm{i}}'>0$，$\cos\theta_{\mathrm{s}}'>0$，因此式(4.5)改为

$$\mathrm{d}I = G_{\mathrm{r}}I_0 4\pi f_{\mathrm{r}}(\theta_{\mathrm{i}}',\theta_{\mathrm{s}}',\varphi_{\mathrm{s}}'-\varphi_{\mathrm{i}}')\,\mathrm{sxf}\,(r,\theta_{\mathrm{i}},\varphi_{\mathrm{i}},\theta_{\mathrm{s}},\varphi_{\mathrm{s}})$$
$$\times\frac{(\cos\theta_{\mathrm{k}}'+|\cos\theta_{\mathrm{i}}'|)}{2}\frac{(\cos\theta_{\mathrm{s}}'+|\cos\theta_{\mathrm{s}}'|)}{2}\mathrm{d}A \tag{4.6}$$

式中，$\mathrm{sxf}(r,\theta_{\mathrm{i}},\varphi_{\mathrm{i}},\theta_{\mathrm{s}},\varphi_{\mathrm{s}})$ 为利用射线跟踪得到的双站遮蔽函数：

$$\mathrm{sxf}(\boldsymbol{r},\theta_i,\varphi_i,\theta_s,\varphi_s) = \begin{cases} 1, & \boldsymbol{r}\text{不遮挡} \\ 0, & \boldsymbol{r}\text{遮挡} \end{cases} \tag{4.7}$$

根据式(4.6)和式(4.1)~式(4.3)，对于任意目标，在面元坐标系下总散射强度 I_t 如下：

$$I_t = 4\pi G_r I_0 \sum_{k=1}^{m}\left[\frac{(\cos\theta'_{i_k}+|\cos\theta'_{i_k}|)}{2}\frac{(\cos\theta'_{s_k}+|\cos\theta'_{s_k}|)}{2}f_r(\theta'_{i_k},\theta'_{s_k},\varphi'_{i_k}-\varphi'_{s_k})\right.$$
$$\left.\times\iint_{\Delta A_k B_k C_k}\mathrm{sxf}(\boldsymbol{r},\theta_i,\varphi_i,\theta_s,\varphi_s)\mathrm{d}x'\mathrm{d}y'\right] \tag{4.8}$$

式中，$\mathrm{sxf}(\boldsymbol{r},\theta_i,\varphi_i,\theta_s,\varphi_s)$ 为式(4.7)给出的双站遮蔽函数；θ'_{i_k}、φ'_{i_k} 分别为第 k 个三角形面元的本地入射天顶角、方位角；θ'_{s_k}、φ'_{s_k} 分别为第 k 个三角形面元的本地散射天顶角、方位角；$\boldsymbol{r}$ 为面元坐标系上点 $(x',y',0)$ 在目标坐标系上的位置矢量。

对于后向二维散射强度像，需要计算成像面内任意成像单元(图 4.5)上目标散射过来的强度。设成像设备的空间分辨率为 d，成像单元中心的坐标为 (X_i,Y_j)，投影到目标上的区域为面元，如图 4.5 所示，在这个面元内的微元映射到以 (X_i,Y_j) 为中心的成像单元内，面元内微元散射强度的累加即成像单元对应的散射强度，对于每个三角形面元，三角形区域的积分可以采用式(4.1)~式(4.3)给出，在面元坐标系下进行。根据式(4.8)，在成像面上成像单元 (X_i,Y_j) 的后向散射强度 $I(i,j)$，对于后向，$\theta'_{s_k}=\theta'_{i_k}$、$\varphi'_{s_k}=\varphi'_{i_k}$，这里引入矩形函数 Rect：

$$I(i,j) = G_s\pi I_0\sum_{k=1}^{m}[(\cos\theta'_{i_k}+|\cos\theta'_{i_k}|)^2 f_s(\theta'_{i_k},\theta'_{i_k},0)$$
$$\times\iint_{\Delta A_k B_k C_k}\mathrm{sxf}(\boldsymbol{r},\theta_i,\varphi_i,\theta_i,\varphi_i)\mathrm{Rect}\left(\frac{X-X_i}{d}\right)\mathrm{Rect}\left(\frac{Y-Y_j}{d}\right)\mathrm{d}x'\mathrm{d}y'] \tag{4.9}$$

式中，d 为成像设备的空间分辨率；G_s 为成像设备增益；I_0 为入射光的光强；$\mathrm{Rect}(\cdot)$ 为矩形函数，具体的定义见式(3.15)；$\mathrm{sxf}(\cdot)$ 为由式(4.7)给出的遮蔽函数；$X_i=(X_{\min}+id)$，$Y_j=(Y_{\min}+id)$，$X_{\min}$、$Y_{\min}$ 分别为目标在观测坐标系下 X、Y 的最小值，$i=1,2,\cdots,M$，$j=1,2,\cdots,N$，M 和 N 分别为大于 $\dfrac{X_{\max}-X_{\min}}{d}$ 和 $\dfrac{Y_{\max}-Y_{\min}}{d}$ 的最小整数，$X_{\max}$、$Y_{\max}$ 分别为目标在观测坐标下 X、Y 的最大值。

对于凸体，把式(4.9)中的 $\mathrm{sxf}(\boldsymbol{r},\theta_i,\varphi_i,\theta_i,\varphi_i)$ 去掉即可。式(4.9)中的 θ'_{i_k} 用下面的式子计算：

$$\begin{cases} \cos\theta'_{i_k} = -\boldsymbol{k}_i\cdot\boldsymbol{n}_k \\ \boldsymbol{n}_k = (\boldsymbol{r}_{B_k}-\boldsymbol{r}_{A_k})\times(\boldsymbol{r}_{C_k}-\boldsymbol{r}_{A_k})/|(\boldsymbol{r}_{B_k}-\boldsymbol{r}_{A_k})\times(\boldsymbol{r}_{C_k}-\boldsymbol{r}_{A_k})| \end{cases} \tag{4.10}$$

式中，$\boldsymbol{k}_i$ 为激光入射方向的单位矢量，公式如下：

$$k_{\mathrm{i}} = -(\sin\theta_i\cos\varphi_i, \sin\theta_i\sin\varphi_i, \cos\theta_i) \tag{4.11}$$

4.3.3　仿真算例

1. 球体的激光后向二维散射强度像

把一个半径为 1m 的球进行三角形面元建模，球的三角形面元网格如图 4.6 所示，图 4.7 给出这个球的面元显示，面元显示和网格显示都是通过 C++调用 OpenGL 函数显示。图 4.8 给出这个球的后向二维散射强度像，其表面为朗伯面。空间分辨率 d 为 15mm。图 4.7 给出的球由三角形面元组成，不是严格意义上的球，可以近似看作球。

从图 4.8 可以看出二维图像的中心强度最强，由中心向外灰度值逐渐降低，这是因为球中心位置的本地入射角最小，由中心向外本地入射角逐渐增加。

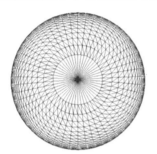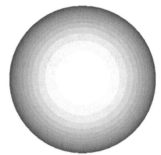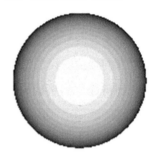

图 4.6　OpenGL 显示的球的　　　　图 4.7　OpenGL 渲染的球的　　　　图 4.8　计算出来的朗伯球
　　　　三角形面元网格　　　　　　　　　　面元显示　　　　　　　　　的后向二维散射强度像

2. 三锥体的激光后向二维散射强度像

下面计算一个由圆锥、圆柱和圆台复合的三锥体例子，圆锥、圆柱和圆台的长度分别为 L_1、L_2 和 L_3，圆锥半锥角为 α_1，圆台的半锥角为 α_2，如图 4.9 所示。目标坐标系 $Oxyz$，这个三锥体的轴为 z 轴，圆锥的顶点为原点(图 4.10)。三锥体的圆锥、圆柱、圆台长度分别为 $L_1 = 35\text{cm}$、$L_2 = 40\text{cm}$ 和 $L_3 = 25\text{cm}$，半锥角 $\alpha_1 = 20°$、$\alpha_2 = 30°$。

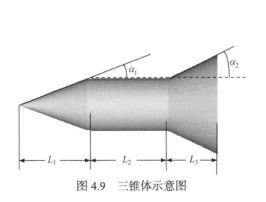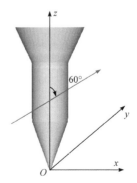

图 4.9　三锥体示意图　　　　　　　　图 4.10　三锥体目标坐标系框架

激光入射方向的天顶角为 60°，方位角为 0°(图 4.10)，这个朗伯三锥体的激光后向二维散射强度像由图 4.11 给出，成像的空间分辨率 d 分别为 30mm、20mm、10mm、5mm 和 3mm，分别由图 4.11(a)~(e)给出。从图 4.11 可以看出，随着空间分辨率的提高，激光后向二维散射强度像越清晰。

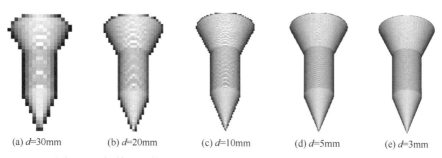

(a) d=30mm　　　(b) d=20mm　　　(c) d=10mm　　　(d) d=5mm　　　(e) d=3mm

图 4.11　朗伯三锥体不同空间分辨率的激光后向二维散射强度像

4.3.4　表面材料对激光后向二维散射强度像的影响

在 4.3.3 小节的计算算例中给出的是朗伯表面目标的二维散射强度像，本小节将给出表面为非朗伯面的像。对于一些表面材料，其后向 BRDF 可以近似表示成随入射角正切的增加按照高斯形式衰减[252]：

$$f_r(\theta_i', \theta_i', 0) = \frac{\sec^2 \theta_i'}{4\pi s^2} \exp\left(-\frac{\tan^2 \theta_i'}{s^2}\right) |R(0)|^2 \tag{4.12}$$

式中，s^2 为二维粗糙面的斜率均方根值；$R(0)$ 为垂直入射时的菲涅耳反射系数；θ_i' 为面元的本地入射角。图 4.12(a)给出一个半径为 1m 的朗伯球激光后向二维散射强度像，图 4.12(b)所示为由式(4.12)给出的后向 BRDF 为高斯形式表面的球的激光后向二维散射强度像，这里像的空间分辨率都是 5mm。图 4.12(b)给出的后向 BRDF 为高斯形式的像灰度值从中心向外的下降比朗伯表面的下降更迅速，这是因为球从像的中心位置向外面的本地入射角逐渐减小，而后向 BRDF 为高斯形式的表面的 BRDF 随入射角增加的下降比朗伯表面迅速。

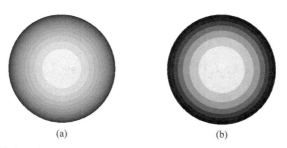

(a)　　　　　　　　　　　(b)

图 4.12　朗伯球和高斯形式后向 BRDF 激光后向二维散射强度像的对比(d = 5mm)

4.4　朗伯锥柱复合体的激光后向二维散射成像

本节研究朗伯锥柱复合体的激光后向二维散射成像算法，这里的锥柱是指由圆柱和圆锥组成的复合目标，圆锥的底面半径和圆柱的半径相等，圆锥的底面和圆柱的一个底面重合，圆锥和圆柱的轴线重合(图 4.13)。

图 4.13　朗伯锥柱复合体的示意图

目标二维散射成像主要思路是由目标的激光雷达方程出发，建立朗伯锥柱的激光后向二维散射成像算法。

4.4.1　锥柱复合体目标的激光后向二维散射光强

对于凸目标的任意面元，本地入射角 β 为锥柱复合体上任意点指向外面的外法线方向的单位矢量 $\boldsymbol{n}$ 与入射方向的反方向的夹角，由激光雷达方程得目标面元处的光强 ΔI 为[253]

$$\Delta I = KI_0 f_r(\beta)\left(\frac{|\cos\beta|+\cos\beta}{2}\right)^2 \mathrm{d}A \tag{4.13}$$

式中，K 为一常量；$\mathrm{d}A$ 为锥柱复合体上面元的面积；$f_r(\beta)$ 为目标表面在后向方向上的双向反射分布函数。对朗伯锥柱复合体 $f_r(\beta)=k_L=\rho_r/\pi$，其中，$\rho_r$ 为朗伯表面在整个半球空间方向上的反射率，对于特定的朗伯表面是一个常数，对于理想朗伯表面，这里的 $\rho_r=1$，对于非理想的表面材料，ρ_r 小于 1。由式(4.13)得

$$\Delta I = KI_0 k_L\left(\frac{|\cos\beta|+\cos\beta}{2}\right)^2 / |\cos\gamma_y|\mathrm{d}x\mathrm{d}z \tag{4.14}$$

式中，γ_y 为面元法线与 y 轴的夹角，$\cos\gamma_y=\boldsymbol{n}\cdot(0,1,0)$，也可以表示为式(4.15)：

$$\Delta I = KI_0 k_L\left(\frac{|\cos\beta|+\cos\beta}{2}\right)^2 / |\cos\gamma_x|\mathrm{d}y\mathrm{d}z \tag{4.15}$$

式中，γ_x 为面元法线与 x 轴的夹角，$\cos\gamma_x = \boldsymbol{n} \cdot (1,0,0)$。本地入射角 β 用式(4.16)计算：

$$\cos\beta = \boldsymbol{n} \cdot (-\boldsymbol{e}) \tag{4.16}$$

已知目标的表面方程 $F(x,y,z)$，目标表面的指外面法线方向的单位矢量 $\boldsymbol{n}$ 由下式给出：

$$\boldsymbol{n} = \left(\frac{\partial F(x,y,z)}{\partial x}, \frac{\partial F(x,y,z)}{\partial y}, \frac{\partial F(x,y,z)}{\partial z} \right) \bigg/ \sqrt{ \left(\frac{\partial F(x,y,z)}{\partial x} \right)^2 + \left(\frac{\partial F(x,y,z)}{\partial y} \right)^2 + \left(\frac{\partial F(x,y,z)}{\partial z} \right)^2 } \tag{4.17}$$

以圆柱的底面中心为原点，锥柱的轴线为 z 轴建立目标坐标系，椎柱的表面方程由式(4.18)给出：

$$\begin{cases} F(x,y,z) = x^2 + y^2 - r^2 = 0, & 0 \leqslant z \leqslant h_1 \\ F(x,y,z) = x^2 + y^2 - r^2(h_1 + h_2 - z)^2 / h_2^2 = 0, & h_1 \leqslant z \leqslant h_1 + h_2 \\ F(x,y,z) = z = 0, & x^2 + y^2 \leqslant r^2 \end{cases} \tag{4.18}$$

式中，h_1 为圆柱的高度；h_2 为圆锥的高度；r 为圆柱的半径。根据式(4.18)得椎柱侧面和底面的外法线方向的单位矢量 $\boldsymbol{n}$ 为

$$\begin{cases} \boldsymbol{n} = (x,y,0) / r, & 0 \leqslant z \leqslant h_1 \\ \boldsymbol{n} = (x,y,m) / R, & h_1 \leqslant z \leqslant h_1 + h_2 \\ \boldsymbol{n} = (0,0,-1), & z = 0, x^2 + y^2 \leqslant r^2 \end{cases} \tag{4.19}$$

式中，$m = (h_1 + h_2 - z) r^2 / h_2^2$；$R = \sqrt{x^2 + y^2 + m^2}$。

$\boldsymbol{e}$ 为激光入射方向的单位矢量，目标坐标系为 $Oxyz$，激光入射方向的反方向在目标坐标系下的天顶角为 θ，这里称为入射天顶角；激光入射方向的反方向在目标坐标系下的方位角为 φ，这里称为入射方位角，$\boldsymbol{e}$ 由式(4.20)给出：

$$\boldsymbol{e} = -(\sin\theta\cos\varphi, \sin\theta\sin\varphi, \cos\theta) \tag{4.20}$$

根据式(4.16)、式(4.19)和式(4.20)得

$$\begin{cases} \cos\beta = (x\sin\theta\cos\varphi + y\sin\theta\sin\varphi) / r, & 0 \leqslant z \leqslant h_1 \\ \cos\beta = (x\sin\theta\cos\varphi + y\sin\theta\sin\varphi, m\cos\theta) / R, & h_1 \leqslant z \leqslant h_1 + h_2 \\ \cos\beta = -\cos\theta, & z = 0, x^2 + y^2 \leqslant r^2 \end{cases} \tag{4.21}$$

根据式(4.19)得

$$\begin{cases} \cos\gamma_y = y / r, & 0 \leqslant z \leqslant h_1 \\ \cos\gamma_y = y / R, & h_1 \leqslant z \leqslant h_1 + h_2 \end{cases} \quad \begin{cases} \cos\gamma_x = x / r, & 0 \leqslant z \leqslant h_1 \\ \cos\gamma_x = x / R, & h_1 \leqslant z \leqslant h_1 + h_2 \end{cases} \tag{4.22}$$

根据式(4.14)、式(4.21)和式(4.22)得椎柱复合体的激光后向散射光强：

$$I = KI_0 k_{\mathrm{L}} \int_0^{h_1} \int_{-r}^{r} \left(\frac{\cos\beta + |\cos\beta|}{2} \right)^2 r / |y| \, \mathrm{d}x\mathrm{d}z$$

$$+ KI_0 k_{\mathrm{L}} \left[\int_{h_1}^{h_1+h_2} \int_{\frac{(h_1+h_2-z)r}{h_2}}^{\frac{(h_1+h_2-z)r}{h_2}} \left(\frac{\cos\beta + |\cos\beta|}{2} \right)^2 R / |y| \, \mathrm{d}x\mathrm{d}z + \int_{-r}^{r} \int_{-\sqrt{r^2-y^2}}^{\sqrt{r^2-y^2}} \left(\frac{|\cos\theta| - \cos\theta}{2} \right)^2 \mathrm{d}x\mathrm{d}y \right]$$

$$\tag{4.23}$$

式(4.23)中分母有 y 的积分部分是椎柱的侧面，当 $y=0$ 时，计算时要舍掉，这样会存在舍入误差，式(4.23)给出的椎柱侧面都是对 $\mathrm{d}x\mathrm{d}z$ 积分，对于 $y=0$ 或者接近 0 时，采用 $\mathrm{d}y\mathrm{d}z$ 积分，把式(4.23)改为下面的形式：

$$I = KI_0 k_{\mathrm{L}} \int_0^{h_1} \int_{-r/\sqrt{2}}^{r/\sqrt{2}} \left(\frac{\cos\beta + |\cos\beta|}{2} \right)^2 r / |y| \, \mathrm{d}x\mathrm{d}z$$

$$+ KI_0 k_{\mathrm{L}} \int_{h_1}^{h_1+h_2} \int_{-\frac{(h_1+h_2-z)r}{\sqrt{2}h_2}}^{\frac{(h_1+h_2-z)r}{\sqrt{2}h_2}} \left(\frac{\cos\beta + |\cos\beta|}{2} \right)^2 R / |y| \, \mathrm{d}x\mathrm{d}z$$

$$+ KI_0 k_{\mathrm{L}} \int_0^{h_1} \int_{-r/\sqrt{2}}^{r/\sqrt{2}} \left(\frac{\cos\beta + |\cos\beta|}{2} \right)^2 r / |x| \, \mathrm{d}y\mathrm{d}z \tag{4.24}$$

$$+ KI_0 k_{\mathrm{L}} \int_{h_1}^{h_1+h_2} \int_{-\frac{(h_1+h_2-z)r}{\sqrt{2}h_2}}^{\frac{(h_1+h_2-z)r}{\sqrt{2}h_2}} \left(\frac{\cos\beta + |\cos\beta|}{2} \right)^2 R / |x| \, \mathrm{d}y\mathrm{d}z$$

$$+ KI_0 k_{\mathrm{L}} \int_{-r}^{r} \int_{-\sqrt{r^2-y^2}}^{\sqrt{r^2-y^2}} \left(\frac{|\cos\theta| - \cos\theta}{2} \right)^2 \mathrm{d}x\mathrm{d}y$$

式(4.23)中椎柱复合体的侧面采用 $\mathrm{d}x\mathrm{d}z$ 一种积分形式，而式(4.24)采用 $\mathrm{d}x\mathrm{d}z$ 和 $\mathrm{d}y\mathrm{d}z$ 两种积分形式，把式(4.23)给出的方法称为统一积分法，把式(4.24)给出的方法称为差异积分法。

4.4.2　成像公式

为了计算在激光入射方向后向方向上二维激光强度像，需要获得锥柱在激光入射方向后向接收单元处的强度值，用于仿真激光后向二维散射强度像，选择成像坐标系，把目标坐标系的面元映射到成像坐标系。目标坐标系为 $Oxyz$，成像坐标系 $OXYZ$ 选择如下：Z 轴为激光入射方向的反方向，在目标坐标系的 Z 轴的单位矢量 $\boldsymbol{Z} = (\sin\theta\cos\varphi, \sin\theta\sin\varphi, \cos\theta)$。成像坐标系 X 轴和 Y 轴的单位矢量由式(4.25)给出：

$$\begin{cases} \boldsymbol{X} = \boldsymbol{Y} \times \boldsymbol{Z} = (\cos\theta\cos\varphi, \cos\theta\sin\varphi, -\sin\theta) \\ \boldsymbol{Y} = (-\sin\varphi, \cos\varphi, 0) \end{cases} \tag{4.25}$$

为了获得成像坐标系下观测单元处的激光强度，引入矩形函数 Rect：

$$\text{Rect}(x) = \begin{cases} 1, & |x| \leqslant \dfrac{1}{2} \\ 0, & |x| > \dfrac{1}{2} \end{cases} \tag{4.26}$$

将矩形函数添加到式(4.23)和式(4.24)的每个分式里可得锥柱每个成像点的光强强度公式。

1. 统一积分法

统一积分法的成像公式如下：

$$
\begin{aligned}
I(i,j,d) = {} & KI_0 k_{\mathrm{L}} \int_0^h \int_{-r}^r \text{Rect}\left(\frac{X - (X_{\min} + id)}{d}\right) \text{Rect}\left(\frac{Y - (Y_{\min} + jd)}{d}\right) \left(\frac{\cos\beta + |\cos\beta|}{2}\right)^2 r/|y|\,\mathrm{d}x\mathrm{d}z \\
& + KI_0 k_{\mathrm{L}} \int_{h_1}^{h_1+h_2} \int_{\frac{(h_1+h_2-z)r}{h_2}}^{\frac{(h_1+h_2-z)r}{h_2}} \text{Rect}\left(\frac{X - (X_{\min} + id)}{d}\right) \text{Rect}\left(\frac{Y - (Y_{\min} + jd)}{d}\right) \left(\frac{\cos\beta + |\cos\beta|}{2}\right)^2 R/|y|\,\mathrm{d}x\mathrm{d}z \\
& + KI_0 k_{\mathrm{L}} \int_{-r}^r \int_{-\sqrt{r^2-y^2}}^{\sqrt{r^2-y^2}} \text{Rect}\left(\frac{X - (X_{\min} + id)}{d}\right) \text{Rect}\left(\frac{Y - (Y_{\min} + jd)}{d}\right) \left(\frac{|\cos\theta| - \cos\theta}{2}\right)^2 \mathrm{d}x\mathrm{d}y
\end{aligned}
\tag{4.27}
$$

式(4.27)中图像像素点的序号 $i = 0,1,2,\cdots,M$，$j = 0,1,2,\cdots,N$，其中 M 和 N 分别为横向和纵向的像素点个数，M 为大于 $\dfrac{X_{\max} - X_{\min}}{d}$ 的最小整数，N 为大于 $\dfrac{Y_{\max} - Y_{\min}}{d}$ 的最小整数；$X = (x,y,z) \cdot \boldsymbol{X}$；$Y = (x,y,z) \cdot \boldsymbol{Y}$；$X_{\min}$、$Y_{\min}$ 分别为目标表面坐标 X、Y 的最小值，$X_{\max}$、$Y_{\max}$ 分别为目标表面坐标 X、Y 的最大值。

图 4.14 给出分辨率 $d = 5\text{mm}$，圆柱高度 $h_1 = 1\text{m}$，圆锥高度 $h_2 = 1\text{m}$，半径 $r = 0.5\text{m}$，天顶角 $\theta = 135°$ 时，朗伯锥柱在不同方位角下的激光后向二维激光强度像仿真结果。

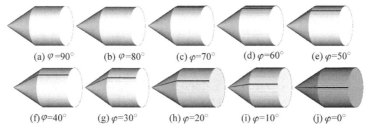

(a) $\varphi = 90°$　　(b) $\varphi = 80°$　　(c) $\varphi = 70°$　　(d) $\varphi = 60°$　　(e) $\varphi = 50°$

(f) $\varphi = 40°$　　(g) $\varphi = 30°$　　(h) $\varphi = 20°$　　(i) $\varphi = 10°$　　(j) $\varphi = 0°$

图 4.14　朗伯锥柱在不同 φ 下的激光后向二维激光强度像仿真结果（$h_1 = 1\text{m}$，$h_2 = 1\text{m}$，$r = 0.5\text{m}$，$\theta = 135°$）

从图 4.14 的成像结果可以看出，随着入射方位角变化，二维像是不同的，然而，因为锥柱复合目标是回转体，以中心轴线为 z 轴建立目标坐标系，所以方位角变化时，二维图像应该是一样的，可以发现入射方位角小于 $80°$ 时存在一条黑线，原因是在统一积分法的算法中 y 为分母。当方位角为 $90°$ 时，边界的 y 分量为 0，边界的光照强度也为 0，因此不影响成像效果。当 $\theta=135°$、$\varphi=0°$ 时观测方向如图 4.15 所示，此时成像中间部分的 y 为 0，需要舍去，因此图像中间出现一条黑线，实际上是光照强度最强的。

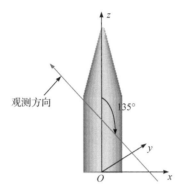

图 4.15　激光入射天顶角 $\theta=135°$，入射方位角 $\varphi=0°$ 时的入射示意图

由图 4.15 可以看出，$\varphi=0°$ 时图 4.14(j)中黑线部分不应是黑线，这时黑线对应部分的激光照射最强。图像存在差异是统一积分法的算法引起的，这是统一积分法的算法的缺陷。

2. 差异积分法

差异积分法的成像公式如下：

$$
\begin{aligned}
I(i,j,d) = {} & KI_0 k_L \int_0^{h_1} \int_{-r/\sqrt{2}}^{r/\sqrt{2}} \mathrm{Rect}\left(\frac{X-(X_{\min}+id)}{d}\right) \mathrm{Rect}\left(\frac{Y-(Y_{\min}+jd)}{d}\right) \left(\frac{\cos\beta+|\cos\beta|}{2}\right)^2 r/|y|\,\mathrm{d}x\mathrm{d}z \\
& + KI_0 k_L \int_{h_1}^{h_1+h_2} \int_{\frac{(h_1+h_2-z)}{\sqrt{2}h_2}}^{\frac{(h_1+h_2-z)}{\sqrt{2}h_2}} \mathrm{Rect}\left(\frac{X-(X_{\min}+id)}{d}\right) \mathrm{Rect}\left(\frac{Y-(Y_{\min}+jd)}{d}\right) \left(\frac{\cos\beta+|\cos\beta|}{2}\right)^2 R/|y|\,\mathrm{d}x\mathrm{d}z \\
& + KI_0 k_L \int_0^{h_1} \int_{-r/\sqrt{2}}^{r/\sqrt{2}} \mathrm{Rect}\left(\frac{X-(X_{\min}+id)}{d}\right) \mathrm{Rect}\left(\frac{Y-(Y_{\min}+jd)}{d}\right) \left(\frac{\cos\beta+|\cos\beta|}{2}\right)^2 r/|x|\,\mathrm{d}y\mathrm{d}z \\
& + KI_0 k_L \int_{h_1}^{h_1+h_2} \int_{\frac{(h_1+h_2-z)r}{\sqrt{2}h_2}}^{\frac{(h_1+h_2-z)r}{\sqrt{2}h_2}} \int \mathrm{Rect}\left(\frac{X-(X_{\min}+id)}{d}\right) \mathrm{Rect}\left(\frac{Y-(Y_{\min}+jd)}{d}\right) \left(\frac{\cos\beta+|\cos\beta|}{2}\right)^2 R/|x|\,\mathrm{d}y\mathrm{d}z \\
& + KI_0 k_L \int_{-r}^{r} \int_{-\sqrt{r^2-y^2}}^{\sqrt{r^2-y^2}} \mathrm{Rect}\left(\frac{X-(X_{\min}+id)}{d}\right) \mathrm{Rect}\left(\frac{Y-(Y_{\min}+jd)}{d}\right) \left(\frac{\cos\theta|-\cos\theta|}{2}\right)^2 \mathrm{d}x\mathrm{d}y
\end{aligned}
$$

(4.28)

关于锥柱后向二维激光散射成像的结果与讨论，本节推导了统一积分法和差异积分法的成像公式，下面给出差异积分法的仿真计算结果，并进行讨论与分析。

图 4.16 为分辨率 $d = 5\text{mm}$，圆柱高度 $h_1 = 2\text{m}$，圆锥高度 $h_2 = 2\text{m}$，半径 $r = 1\text{m}$，入射天顶角 $\theta = 135°$ 时，朗伯锥柱在不同入射方位角下由差异积分法计算的激光后向二维散射像仿真结果。

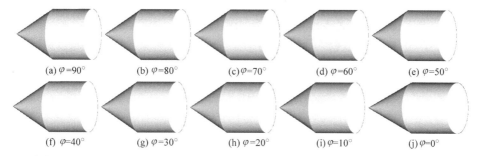

图 4.16　差异积分法的朗伯锥柱不同入射方位角的激光后向二维散射像仿真结果

从图 4.16 中可以看出，不同 φ 下仿真图像的差别看不出来，这是因为没有舍入误差，采用差异积分法不存在分母为 0 的情况。

本节研究锥柱的激光后向二维散射成像仿真算法，锥柱的表面材料是朗伯面，研究不同成像算法对仿真结果的影响。根据激光雷达方程得到光强公式，通过表面积分和矩形函数可得到成像单元的强度，重点分析两种积分方法的成像结果和差异。其中，统一积分法中，由于算法公式的影响，成像会有一条黑线，但其实这条黑线部分的光照强度不是 0，差异积分法避免了统一积分法的缺陷。

4.5　朗伯双球的激光后向二维散射成像

4.5.1　坐标系的建立

1. 本地坐标系

本节研究朗伯双球激光后向二维散射成像的仿真计算，需要建立坐标系，在图 4.17 软件界面中，设球 1 的半径为 R_1，球 2 的半径为 R_2，球之间的距离为 S，设球最近的两点之间的中点为坐标原点，球的球心连线为 x 轴，建立直角坐标系。球 1 的球心坐标为 $(-R_1 - S/2, 0, 0)$，球 2 的球心坐标为 $(R_2 + S/2, 0, 0)$。两球的球心距离为 $|R_1 + R_2 + S|$。

S 可以是负值，$R_1 = 2\text{m}$，$R_2 = 1\text{m}$，$S = -1\text{m}$ 的建模结果如图 4.18 所示，从图 4.18 可以看出，$R_1 = 2\text{m}$，$R_2 = 1\text{m}$，$S = -1\text{m}$ 时，两个球互相重叠了。$R_1 = 1\text{m}$，$R_2 = 2\text{m}$，$S = 2\text{m}$ 时的建模结果如图 4.19 所示。球 1 的球心坐标为 $(-2, 0, 0)$，球 2 的球心坐标为 $(3, 0, 0)$。从图 4.19 可以看出，球 2 在 x 轴的正半轴。

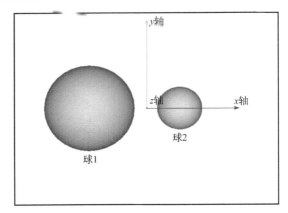

图 4.17　本地坐标系

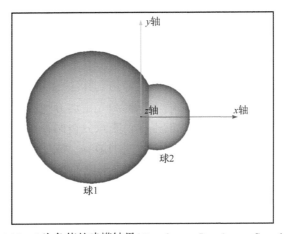

图 4.18　S 为负值的建模结果（$R_1 = 2\text{m}$，$R_2 = 1\text{m}$，$S = -1\text{m}$）

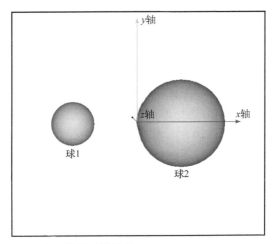

图 4.19　S 为正值的建模结果（$R_1 = 1\text{m}$，$R_2 = 2\text{m}$，$S = 2\text{m}$）

2. 成像坐标系

为了获得双球在激光照射方向后向的二维散射强度像，这里观测方向就是激光照射方向的反方向，为了得到激光后向二维散射强度像，就要计算在成像面各个成像单元处激光强度，需要建立另外一个坐标系，这个坐标系在本节称为成像坐标系。对目标激光后向二维散射强度成像仿真时，需要把本地坐标系变换到成像坐标系。设本地坐标系用 $Oxyz$ 表示，在本地坐标系下，激光入射方向的天顶角和方位角分别为 θ_i、φ_i。建立如下成像坐标系 $OX'Y'Z'$：成像坐标系的 z 轴在本地坐标系的单位矢量为 $\boldsymbol{Z}' = (\sin\theta_i\cos\varphi_i, \sin\theta_i\sin\varphi_i, \cos\theta_i)$，选与 $\boldsymbol{Z}'$ 轴垂直的一个方向为 Y' 轴，Y' 轴的单位矢量 $\boldsymbol{Y}' = (-\sin\varphi_i, \cos\varphi_i, 0)$，$X'$ 轴的单位矢量为 $\boldsymbol{X}' = \boldsymbol{Y}' \times \boldsymbol{Z}' = (-\sin\varphi_i, \cos\varphi_i, 0) \times (\sin\theta_i\cos\varphi_i, \sin\theta_i\sin\varphi_i, \cos\theta_i) = (\cos\theta_i\cos\varphi_i, \cos\theta_i \cdot \sin\varphi_i, -\sin\theta_i)$，则本地坐标系到成像坐标系的变换矩阵为

$$\begin{pmatrix} X' \\ Y' \\ Z' \end{pmatrix} = \begin{pmatrix} \cos\theta_i\cos\varphi_i & \cos\theta_i\sin\varphi_i & -\sin\theta_i \\ -\sin\varphi_i & \cos\varphi_i & 0 \\ \sin\theta_i\cos\varphi_i & \sin\theta_i\sin\varphi_i & \cos\theta_i \end{pmatrix} \begin{pmatrix} x \\ y \\ z \end{pmatrix} \tag{4.29}$$

4.5.2　散射强度像

为了获得双球激光后向二维散射强度像，需要获取双球的整体激光后向散射强度，利用两个矩形函数和激光雷达方程计算成像单元的激光后向散射强度。

1. 激光雷达方程

对于一个激光雷达接收系统，接收强度表达式为

$$P = KP_t \frac{\sigma}{4\pi} \tag{4.30}$$

式中，P_t 为发射器的发射功率；$K = G_r A_r / (4\pi r_t^2 R^2)$，其中，$A_r$ 为激光探测器的有效接收孔径的面积，G_r 为激光接收器的增益，r_t、R 分别为目标到发射激光、接收激光的距离，计算激光后向二维散射强度像时二者相等，即 $r_t = R$；σ 为目标的激光雷达散射截面。

2. 朗伯双球表面面元的激光后向散射强度

双球上表面面元的激光后向散射截面为

$$\sigma = 4\pi f_r(\beta)\Delta A \cos^2\beta \tag{4.31}$$

式中，$f_r(\beta)$ 为双球上表面材料的后向双向反射分布函数(BRDF)，依赖于双球上

的表面材料，是双球上面元的本地入射角 β 的函数；ρ 为激光入射方向的反方向与双球上面元的法线的夹角，双球上面元的法线有两个方向，一个指向球的里面，另一个指向球的外面，这里的法线是指向外面；ΔA 为面元的面积。

计算平面波激光的后向二维散射强度像，发射的激光功率 P_t 为常数。把式(4.31)代入式(4.30)得双球的可照射面元的激光后向散射强度公式：

$$\Delta I = K P_t f_r(\beta) \Delta A \cos^2 \beta \tag{4.32}$$

计算朗伯双球的激光后向二维散射强度像，当双球上表面材料为朗伯表面，$f_r(\beta)$ 是一个常数，$f_r(\beta) = k_L = \rho_r / \pi$，其中，$\rho_r$ 是朗伯表面材料在整个半球空间的反射率，与朗伯表面的具体材料有关。对于凸目标，满足 $\cos\beta > 0$ 的点就可以被照射到，否则为 0。

3. 双球的激光后向散射强度

在每个球的目标坐标系下计算，球的目标坐标系的原点为球的球心，把成像坐标系的坐标原点平移到球的球心，由式(4.32)得面元散射强度：

$$dI = K P_t f_r(\beta) \cos^2 \beta \frac{dX dY}{|n_z|} \tag{4.33}$$

式中，n_z 为 n 在目标坐标系下的 z 轴分量，n 为双球表面面元的法线指向外面方向的单位矢量。

球在目标坐标系的方程由式(4.34)给出：

$$X^2 + Y^2 + Z^2 - R^2 = 0 \tag{4.34}$$

式中，R 为球的半径。在目标坐标系下球表面面元的 n 为

$$n = (X, Y, Z)/R \tag{4.35}$$

激光的入射方向为目标坐标系的 Z 轴，即 $e = (0, 0, 1)$，$\cos\beta = (-e) \cdot n = -Z/R$。将 $n_z = Z/R$ 代入式(4.33)得球的面元散射强度计算公式，由式(4.36)给出：

$$dI = K P_t f_r(\beta) \frac{-Z}{R} dX dY \tag{4.36}$$

因为 $\cos\beta = -Z/R > 0$ 的面元可照射，计算球的后向激光散射强度，把式(4.36)在球的表面 $Z < 0$ 区域积分：

$$I = K P_t \int_{-R}^{R} \int_{-\sqrt{R^2 - Y^2}}^{\sqrt{R^2 - Y^2}} f_r(\beta) \frac{\sqrt{R^2 - X^2 - Y^2}}{R} dX dY \tag{4.37}$$

4. 双球的激光后向二维散射强度像的计算公式

由式(4.37)，引入矩形函数 $\text{Rect}(\cdot)$，球 1 的二维成像公式为

$$I_1(i,j) = KP_t \int_{-R_1}^{R_1} \int_{-\sqrt{R_1^2-Y^2}}^{\sqrt{R_1^2-Y^2}} V(X,Y) f_r(\beta) \mathrm{Rect}\left(\frac{X'-(x_{\min}+id)}{d}\right)$$

$$\times \mathrm{Rect}\left(\frac{Y'-(y_{\min}+jd)}{d}\right) \frac{\sqrt{R_1^2-X^2-Y^2}}{R_1} \mathrm{d}X\mathrm{d}Y \tag{4.38}$$

式中，i、j 为成像素点的行、列位置；X'、Y' 为球 1 的面元在成像坐标系的 x、y 坐标；$V(X,Y)$ 为利用射线跟踪判断两球之间是否遮挡的函数，遮挡为 0，否则为 1。通过式(4.29)计算，球 1 的球心在本地坐标系的坐标为 $(-R_1-S/2,0,0)$，球 1 的球心在成像坐标系的坐标为 $(-(R_1+S/2)\cos\theta_i\cos\varphi_i,(R_1+S/2)\sin\varphi_i+(R_1+S/2)\sin\theta_i\cos\varphi_i)$，则式(4.38)中 X'、Y' 由式(4.39)给出：

$$X' = X-(R_1+S/2)\cos\theta_i\cos\varphi_i, \quad Y' = Y+(R_1+S/2)\sin\varphi_i \tag{4.39}$$

球 2 的二维成像公式为

$$I_2(i,j) = KP_t \int_{-R_2}^{R_2} \int_{-\sqrt{R_2^2-Y^2}}^{\sqrt{R_2^2-Y^2}} V(X,Y) f_r(\beta) \mathrm{Rect}\left(\frac{X'-(x_{\min}+id)}{d}\right)$$

$$\times \mathrm{Rect}\left(\frac{Y'-(y_{\min}+jd)}{d}\right) \frac{\sqrt{R_2^2-X^2-Y^2}}{R_2} \mathrm{d}X\mathrm{d}Y \tag{4.40}$$

式中，X'、Y' 为球 2 的面元在成像坐标系的 x、y 坐标。通过式(4.29)计算，球 2 的球心在本地坐标系的坐标为 $(R_2+S/2,0,0)$，球 2 的球心在成像坐标系的坐标为 $((R_2+S/2)\cos\theta_i\cos\varphi_i, -(R_2+S/2)\sin\varphi_i,(R_2+S/2)\sin\theta_i\cos\varphi_i)$，则式(4.40)中 X'、Y' 由式(4.41)给出：

$$X' = X+(R_2+S/2)\cos\theta_i, \quad Y' = Y-(R_2+S/2)\sin\varphi_i \tag{4.41}$$

式(4.38)和式(4.40)中的 d 为成像分辨率。$x_{\min}$、$y_{\min}$、$x_{\max}$、$y_{\max}$ 分别用式(4.42)～式(4.45)给出：

$$x_{\min} = \min(-(R_1+S/2)\cos\theta_i\cos\varphi_i-R_1, (R_2+S/2)\cos\theta_i\cos\varphi_i-R_2)-10d \tag{4.42}$$

$$y_{\min} = \min((R_1+S/2)\sin\varphi_i-R_1, -(R_2+S/2)\sin\varphi_i-R_2)-10d \tag{4.43}$$

$$x_{\max} = \max(-(R_1+S/2)\cos\theta_i\cos\varphi_i+R_1, (R_2+S/2)\cos\theta_i\cos\varphi_i+R_2)+10d$$

$$\tag{4.44}$$

$$y_{\max} = \max((R_1+S/2)\sin\varphi_i+R_1, -(R_2+S/2)\sin\varphi_i+R_2)+10d \tag{4.45}$$

4.5.3　朗伯双球激光后向二维成像仿真结果与讨论

通过 4.5.2 小节讨论和分析，得到了成像算法。双球成像 $I(i,j) = I_1(i,j)+I_2(i,j)$。通过编程仿真得到仿真图，进而分析分辨率、激光入射方向和目标尺寸对成像的影响。

1. 分辨率的影响

成像时的 R_1、R_2、S、θ_i、φ_i 固定，通过比较不同分辨率时的仿真图像，可以很明显地看出，成像分辨率越小，成像就越清晰，也越接近成像目标。

$R_1 = 1\text{m}$，$R_2 = 2\text{m}$，$S = 1\text{m}$，$\theta_i = 0°$，$\varphi_i = 0°$，d 分别为 100mm、80mm、60mm、40mm、20mm、10mm、5mm、2mm 时的成像仿真图如图 4.20 所示。

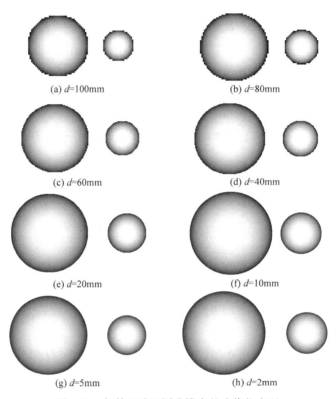

(a) d=100mm　　　　　　　　　(b) d=80mm

(c) d=60mm　　　　　　　　　(d) d=40mm

(e) d=20mm　　　　　　　　　(f) d=10mm

(g) d=5mm　　　　　　　　　(h) d=2mm

图 4.20　朗伯双球不同分辨率的成像仿真图

2. 激光入射方向的影响

(1) θ_i 的影响(不考虑遮挡)。

把式(4.38)和式(4.40)中 $V(X,Y)$ 去掉就是不考虑遮挡。当 R_1、R_2、S、φ_i、d 固定，θ_i 不同时，可以从不同的入射天顶角反映目标的特性。图 4.21 是 $R_1 = 1\text{m}$，$R_2 = 2\text{m}$，$S = 1\text{m}$，$d = 10\text{mm}$，$\varphi_i = 0°$ 时的朗伯双球不同 θ_i 的激光后向二维散射图像仿真。

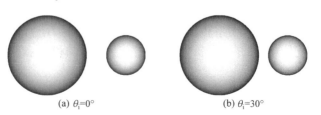

(a) θ_i=0°　　　　　　　　　(b) θ_i=30°

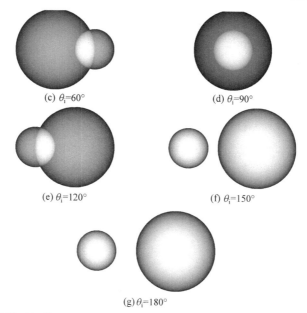

(c) $\theta_i=60°$　　　　　　　　(d) $\theta_i=90°$

(e) $\theta_i=120°$　　　　　　　　(f) $\theta_i=150°$

(g) $\theta_i=180°$

图 4.21　不考虑遮挡时朗伯双球不同 θ_i 的激光后向二维散射图像仿真($R_1=1\text{m}$ ， $R_2=2\text{m}$ ，

$S=1\text{m}$ ， $d=10\text{mm}$ ， $\varphi_i=0°$)

从图 4.21 可以看出，随着 θ 的不同，即入射激光从不同的照射方向进行成像，其成像有明显的区别，成像可以用来反映目标的各个方向状态特征。从图 4.21 (c)、(d)、(e)可以看出，成像存在很明显的阴影，即存在遮挡的部分。

2) θ_i 的影响(考虑遮挡和不考虑遮挡的对比)。

R_1 、 R_2 、 S 、 φ_i 、 d 固定， θ_i 不同。 $R_1=1\text{m}$ ， $R_2=2\text{m}$ ， $S=1\text{m}$ ， $d=10\text{mm}$ ， $\varphi_i=0°$ 时的朗伯双球不同 θ_i 的激光后向二维散射图像仿真如图 4.22 所示。

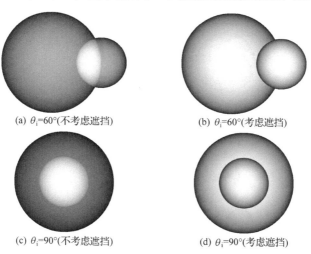

(a) $\theta_i=60°$(不考虑遮挡)　　　　　　　(b) $\theta_i=60°$(考虑遮挡)

(c) $\theta_i=90°$(不考虑遮挡)　　　　　　　(d) $\theta_i=90°$(考虑遮挡)

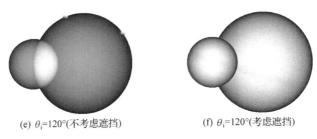

(e) $\theta_i=120°$(不考虑遮挡)　　　　　　　　(f) $\theta_i=120°$(考虑遮挡)

图 4.22　考虑遮挡和不考虑遮挡时朗伯双球不同 θ_i 的激光后向二维散射图像仿真($R_1=1\text{m}$ ，
$R_2=2\text{m}$ ， $S=1\text{m}$ ， $d=10\text{mm}$ ， $\varphi_i=0°$)

图 4.22(a)、(c)、(e)为不考虑遮挡时的成像，图 4.22(b)、(d)、(f)为考虑遮挡时的成像，通过图 4.22 中图的对比可以看出考虑遮挡后实现了遮挡，成像更能体现出目标的特征。

3) φ_i 的影响

当 R_1 、 R_2 、 S 、 θ 、 d 固定而 φ_i 角度不同时，可以从不同的入射方向的方位角反映目标的特性。 $R_1=1\text{m}$ ， $R_2=2\text{m}$ ， $S=1\text{m}$ ， $d=10\text{mm}$ ， $\theta_i=0°$ 时朗伯双球不同 φ_i 的激光后向二维散射图像仿真如图 4.23 所示。

从图 4.23 可以看出，随着 φ_i 的不同，因为 $\theta_i=0°$ ，激光沿着本地坐标系的 z 轴入射，入射方向与 φ_i 无关，图 4.23 的图像只是同一个图像旋转不同的角度，这是算法所致。

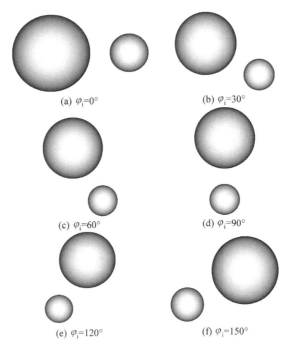

(a) $\varphi_i=0°$　　　　　　　　　　(b) $\varphi_i=30°$

(c) $\varphi_i=60°$　　　　　　　　　　(d) $\varphi_i=90°$

(e) $\varphi_i=120°$　　　　　　　　　　(f) $\varphi_i=150°$

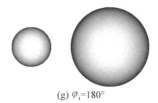

(g) $\varphi_i = 180°$

图 4.23 朗伯双球不同 φ_i 的激光后向二维散射图像仿真($R_1 = 1m$ ， $R_2 = 2m$ ， $S = 1m$ ，

$d = 10mm$ ， $\theta_i = 0°$)

3. 目标尺寸对散射成像仿真的影响

1) 球体半径 R_1 的变化影响

给出 $\theta_i = 0°$ ， $\varphi_i = 0°$ ， $d = 10mm$ ， $S = 1m$ ， $R_2 = 2m$ ， R_1 不同时朗伯双球的后向激光散射成像， R_1 分别为 1m、1.2m、1.4m、1.6m、1.8m 和 2m 时的朗伯双球的激光后向二维散射图像仿真如图 4.24 所示。

从图 4.24 可以看出， $R_2 = 2m$ 固定不变， R_1 从 1m 逐渐增加到 2m，增加到与 R_2 相同，第 1 个球(右边的球)的二维仿真图像的尺寸逐渐变大。

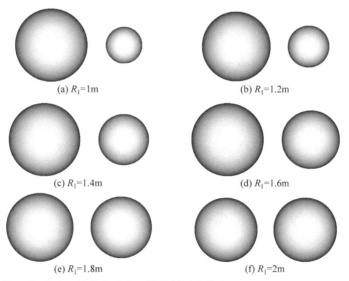

(a) $R_1 = 1m$

(b) $R_1 = 1.2m$

(c) $R_1 = 1.4m$

(d) $R_1 = 1.6m$

(e) $R_1 = 1.8m$

(f) $R_1 = 2m$

图 4.24 朗伯双球不同 R_1 的激光后向二维散射图像仿真($R_2 = 2m$ ， $S = 1m$ ， $d = 10mm$ ，

$\varphi_i = 0°$ ， $\theta_i = 0°$)

2) 球体半径 R_2 的变化影响

给出 θ_i 为 0° ， φ_i 为 0° ， $d = 10mm$ ， $S = 1m$ ， $R_1 = 1m$ ， R_2 不同时朗伯双球的后向激光散射成像， R_2 分别为 1m、1.2m、1.4m、1.6m、1.8m 和 2m 时的朗伯双球的激光后向二维散射图像仿真如图 4.25 所示。

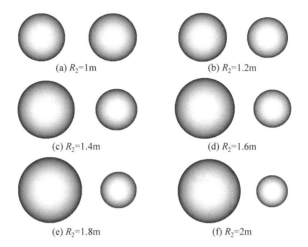

(a) $R_2=1$m　　　　　　　　(b) $R_2=1.2$m

(c) $R_2=1.4$m　　　　　　　　(d) $R_2=1.6$m

(e) $R_2=1.8$m　　　　　　　　(f) $R_2=2$m

图 4.25　朗伯双球不同 R_2 的激光后向二维散射图像仿真($R_1=1$m , $S=1$m , $d=10$mm , $\varphi_i=0°$, $\theta_i=0°$)

从图 4.25 可以看出，$R_1=1$m 固定不变，R_2 从 1m 逐渐增加到 2m，增加到 R_1 的 2 倍，第 2 个球(左边的球)的二维仿真图像的尺寸逐渐变大。

4. 双球体间距对散射成像仿真的影响

给出 θ_i 为 30°，φ_i 为 30°，$d=10$mm，$R_2=2$m，$R_1=1$m，S 不同的朗伯双球的激光后向散射成像，S 分别为 0.4m、0.6m、0.8m、1.0m、1.2m、1.4m、1.6m、1.8m、2.0m 时朗伯双球的激光后向二维散射图像仿真如图 4.26 所示。

图 4.26 给出的是其他参数固定，S 逐渐增加的激光后向二维散射图像的仿真，从图 4.26 可以看出，仿真成像的结果是双球之间的距离增大了。

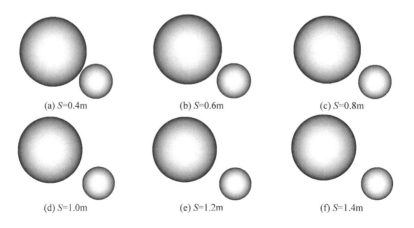

(a) $S=0.4$m　　　　　　(b) $S=0.6$m　　　　　　(c) $S=0.8$m

(d) $S=1.0$m　　　　　　(e) $S=1.2$m　　　　　　(f) $S=1.4$m

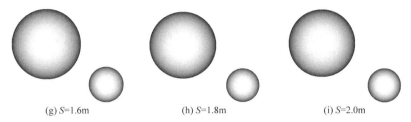

(g) S=1.6m　　　　　　(h) S=1.8m　　　　　　(i) S=2.0m

图 4.26　朗伯双球不同 S 的激光后向二维散射图像仿真($R_1 = 1m$ ， $R_2 = 2m$ ， $d = 10mm$ ，

$\varphi_i = 30°$ ， $\theta_i = 30°$)

本节研究了朗伯双球激光后向二维散射成像特性,建立了成像理论计算模型。一共建立三个坐标系，分别是本地坐标系、目标坐标系和成像坐标系，先经过坐标变换，将球所在的目标坐标系变换到成像面上的成像坐标系，根据目标坐标系上目标的几何尺寸范围，变换到成像坐标系，确定其在成像面上的投影范围，在投影范围内仿真成像强度。运用激光雷达方程，得到光强方程。根据入射激光的入射方向与面元处的法线，可以计算本地入射角，通过表面积分和引进的矩形函数可得到在成像面上成像单元处的强度，进而得到朗伯双球的激光后向二维散射成像仿真模型。本节根据仿真结果详细分析了 d、θ_i、φ_i、R_1、R_2、S 对成像仿真结果的影响。d 越小，成像结果越清晰，目标的特征越明显；d 越大，成像结果越模糊，目标的特征也不能很好地反映出来。对不同的 θ_i 和不同的 φ_i，仿真得出的目标的图像会有细微的差别，不同大小的朗伯双球的图像也会有差别，d、θ_i、φ_i 固定时，R_1、R_2 越大，成像越清晰。从给出的结果以及对结果的分析可以看出，本节的朗伯双球的激光后向二维散射成像仿真模型结果正确。

4.6　复杂目标的激光后向二维散射强度像

利用式(4.9)可以计算复杂目标的二维散射成像仿真。下面给出几个复杂目标的激光后向二维散射成像仿真的例子。

4.6.1　复合目标建模

计算由朗伯平板、圆柱和球组成的复合目标的激光后向二维散射强度像，三个目标的表面都是朗伯面。三个目标的具体尺寸如下，朗伯平板：0.75m×0.5m，厚度为 5mm；圆柱：半径为 0.125m，高度为 0.25m；球：半径为 0.125m。

朗伯平板、圆柱和球复合目标的坐标系框架和三者的位置关系如图 4.27 所示，z 轴与平板表面垂直，原点在朗伯平板的一个表面的长方形对角线的交点上，轴的正向由原点所在的表面指向原点不在的面上，圆柱和球放在平板表面上。激

光入射方向天顶角为 160°，方位角为 0° 的激光后向二维散射强度像由图 4.28(a)
给出，这个像由式(4.9)计算，用射线跟踪对目标上的面元进行消隐，图 4.28(b)所
示二维图像没有利用射线跟踪进行消隐。

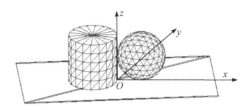

图 4.27　朗伯平板、圆柱和球复合目标的坐标系框架和三者的位置关系

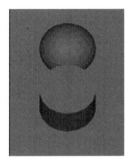

(a) 考虑部件之间的遮挡　　　　　　　　　　(b) 不考虑部件之间的遮挡

图 4.28　朗伯平板、圆柱和球复合目标的激光后向二维散射强度像

从图 4.28(a)可以看出，球有一部分被圆柱遮挡了，由于圆柱的上表面与平板
平行，两者本地入射角相等，因此圆柱上表面与平板下表面的灰度值相等，如
图 4.28(a)所示。图 4.28(b)是把这个复合目标当作凸体进行计算的激光后向二维散
射强度像，是个假想的像，即只要目标上面元的法线与激光入射方向的夹角大于
90°即可以参与成像，这个复合目标由三个凸体组成，认为这三个凸体之间不存在
相互遮挡，图中球和圆柱的灰度值比较大，这是因为被球和圆柱遮挡的平板上表
面也计算在内。其中，图 4.28(b)中球和圆柱的交界处一小部分最亮，这是因为这
部分是由球、圆柱和平板三者共同作用的结果。从以上分析及图 4.28(a)和(b)的对
比，利用射线跟踪消隐算法能够实现目标上的微小面元的消隐，可以得到复杂目
标激光后向二维散射强度像。

4.6.2　朗伯表面坦克成像仿真

某型号坦克几何模型和目标坐标系 $Oxyz$ 如图 4.29 所示。激光入射方向在目
标坐标系 $Oxyz$ 的天顶角和方位角分别为 θ、φ，尺寸缩小到 2.72m，成像分辨率
$d = 2\text{mm}$。

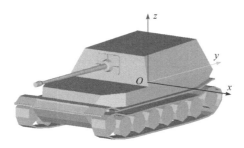

图 4.29　某型号坦克几何模型和目标坐标系

在 $\theta = 90°$、$\varphi = 90°$ 的情况下, 表面是朗伯表面的某型号坦克(图 4.29)的激光后向二维散射成像在考虑遮挡和不考虑遮挡情况下的仿真结果分别如图 4.30(a)和(b)所示。

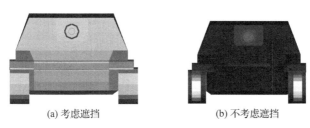

(a) 考虑遮挡　　　　　　　　　　　　(b) 不考虑遮挡

图 4.30　$\theta = 90°$、$\varphi = 90°$ 的情况下朗伯表面某型号坦克激光后向二维散射成像

从图 4.30 可见, 在 $\theta = 90°$、$\varphi = 90°$ 的情况下, 坦克的后轮是被前轮遮挡的, 在不考虑遮挡时(图 4.30(b))后轮和前轮成像叠加, 成像出现重合。利用射线跟踪可以实现遮挡判断, 给出正确的仿真成像结果(图 4.30(a))。

在 $\theta = 160°$、$\varphi = 0°$ 的情况下, 表面是朗伯表面的某类型坦克(图 4.29)的激光后向二维散射成像在考虑遮挡和不考虑遮挡情况下的仿真结果分别如图 4.31(a)和(b)所示。

(a) 考虑遮挡　　　　　　　　　　　　(b) 不考虑遮挡

图 4.31　$\theta = 160°$、$\varphi = 0°$ 的情况下朗伯表面某型号坦克激光后向二维散射成像

从图 4.31 可知, 设计的基于三角形面元的任意形状目标的激光二维成像算法可以仿真某型号坦克的激光二维成像, 坦克一侧的车轮在不考虑遮挡时参与了成像, 出现图像重叠现象(图 4.31(b)), 图 4.31(a)给出正确的成像。

4.6.3　朗伯表面飞机成像仿真

某型号飞机 A 的几何模型和目标坐标系 $Oxyz$ 如图 4.32 所示。从另外角度看某型号飞机 A 如图 4.32(b)所示。激光入射方向在目标坐标系 $Oxyz$ 的天顶角和方位角分别为 θ、φ，目标尺寸缩小到 4.50m，成像分辨率 $d = 4\text{mm}$。

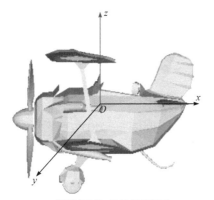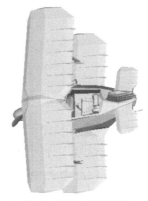

(a) 某型号飞机A的目标坐标系　　　　　(b) 从另外角度看某型号飞机 A

图 4.32　某型号飞机 A 的几何模型和目标坐标系

在 $\theta = 90°$、$\varphi = 0°$ 的情况下，表面是朗伯表面的某类型飞机 A(图 4.32(a))的激光后向二维散射成像在考虑遮挡和不考虑遮挡情况下的仿真结果分别如图 4.33(a) 和(b)所示。

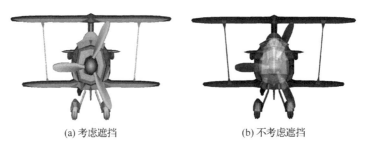

(a) 考虑遮挡　　　　　　　　　　(b) 不考虑遮挡

图 4.33　$\theta = 90°$、$\varphi = 0°$ 的情况下朗伯表面飞机 A 激光后向二维散射成像

由图 4.33 可见，在 $\theta = 90°$、$\varphi = 0°$ 的情况下，飞机驾驶舱里面的座椅(图 4.32(b)) 是看不到的，在不考虑遮挡时(图 4.33(b))座椅和飞机的螺旋桨存在成像叠加，成像出现重合。进一步证明任意形状目标的激光二维成像算法是有效的，如图 4.33(a)所示。

某型号飞机 B 几何模型和目标坐标系 $Oxyz$ 如图 4.34 所示。激光入射方向在目标坐标系 $Oxyz$ 的天顶角和方位角分别为 θ、φ，目标尺寸缩小到 6.33m，成像分辨率 $d = 2\text{mm}$。

在 $\theta = 150°$、$\varphi = 90°$ 的情况下，表面是朗伯表面的某型号飞机 B(图 4.34)的激光后向二维散射成像在考虑遮挡和不考虑遮挡情况下的仿真结果分别如图 4.35(a)和(b) 所示。

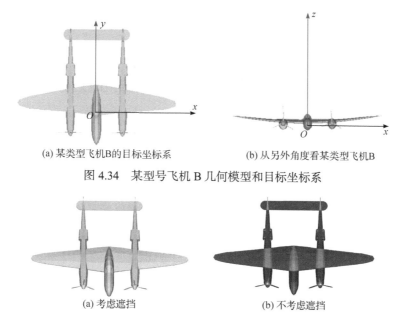

(a) 某类型飞机B的目标坐标系　　　　(b) 从另外角度看某类型飞机B

图 4.34　某型号飞机 B 几何模型和目标坐标系

(a) 考虑遮挡　　　　　　　　　(b) 不考虑遮挡

图 4.35　$\theta=150°$、$\varphi=90°$的情况下朗伯表面飞机 B 激光后向二维散射成像

从图 4.35 可见，在 $\theta=150°$、$\varphi=90°$的情况下，在不考虑遮挡时(图 4.35(b))存在成像叠加，成像出现重合。进一步证明设计的任意形状目标的激光二维成像算法是有效的，如图 4.35(a)所示。

从图 4.27～图 4.35 可知，设计的基于三角形面元的任意形状目标的激光二维成像算法可以仿真任意形状目标的激光后向二维散射成像。

4.7　本　章　小　结

本章给出了基于面元坐标系的三角形区域积分方法。利用射线跟踪判断部件之间的遮挡，结合三角形区域积分方法，给出了粗糙目标激光后向二维散射强度像计算模型。数值计算了一个球、三锥体简单目标激光后向二维散射强度像。以球为例分析表面材料对成像的影响，不同材料所成的像存在差异。计算朗伯表面的双球激光后向二维散射强度像。最后计算了复合目标(一个球体、一个圆柱和平板组成)、某类型坦克、某类型飞机 A、某类型飞机 B 的激光后向二维散射强度像，并给出了仿真结果。

第5章　粗糙目标激光脉冲后向散射特性

5.1　引　　言

第 3 章和第 4 章分别研究了距离分辨激光雷达截面、激光一维距离像和粗糙目标的激光后向二维散射强度像。一维距离像计算的是脉冲激光传播到空间不同位置时目标的后向散射回波功率。第 4 章研究了复杂目标平面波照射下的激光后向二维散射强度像，计算的是目标上每一个微元处平面波激光照射下的后向散射功率，把平面波换成脉冲激光，可以计算脉冲激光传播到空间任意位置时目标上每一个微元处后向脉冲散射回波功率，这个功率与脉冲激光传播的位置有关，是二维强度像加一维距离像，对于运动目标还包含多普勒信息，对于运动目标的激光脉冲散射包含空间位置加强度的四维信息，再加上多普勒信息，构成五维信息。本章主要讨论粗糙目标激光脉冲后向散射特性，研究目标激光二维距离像，分别给出凸回转体、凸体和任意体的二维距离像的计算公式，同时给出数值计算结果。

5.2　粗糙目标的二维距离像仿真

1. 凸回转体二维距离像

由于回转体旋转对称性，对于任意的激光照射方向，只要入射方向与回转体轴的夹角确定，回转体的二维距离像就相同。鉴于此种情况，图 5.1 给出建立的二维距离像的坐标系框架，目标坐标系 $Oxyz$ 的 z 轴为回转体的轴，选一个与 z 轴垂直的轴为 x 轴，脉冲激光入射方向在目标坐标系下的天顶角为 θ_0、方位角为 $0°$。建立成像坐标系 $OXYZ$，入射方向为 Z 轴，目标坐标系 y 轴为 Y 轴(图 5.1)，则两个坐标系的变换关系如下：

$$\begin{pmatrix} x \\ y \\ z \end{pmatrix} = \begin{pmatrix} \cos\theta_0 & 0 & \sin\theta_0 \\ 0 & 1 & 0 \\ -\sin\theta_0 & 0 & \cos\theta_0 \end{pmatrix} \begin{pmatrix} X \\ Y \\ Z \end{pmatrix} \tag{5.1}$$

根据式(5.1)得

$$\begin{pmatrix} X \\ Y \\ Z \end{pmatrix} = \begin{pmatrix} \cos\theta_0 & 0 & -\sin\theta_0 \\ 0 & 1 & 0 \\ \sin\theta_0 & 0 & \cos\theta_0 \end{pmatrix} \begin{pmatrix} x \\ y \\ z \end{pmatrix} \tag{5.2}$$

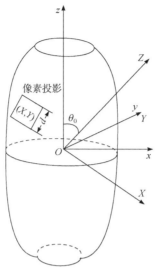

图 5.1　凸回转体二维距离像坐标系框架

根据式(3.37)，对于凸回转体的侧面，二维距离像为

$$G_1(z_t,i,j) = 4\pi \iint_{C_{\mathrm{erbi}}} K(\boldsymbol{r}) P_{\mathrm{i}}(z_t') f_{\mathrm{r}}(\beta) \cos\beta \, \mathrm{Rect}\left(\frac{X-X_i}{d}\right) \mathrm{Rect}\left(\frac{Y-Y_j}{d}\right) \mathrm{d}X \mathrm{d}Y$$

(5.3)

式中，C_{erbi} 由式(3.29)确定；β 是由式(3.28)给出的目标表面微元的本地入射角；$f_{\mathrm{r}}(\beta)$ 为目标表面后向 BRDF；d 为像素的空间分辨率；$\mathrm{Rect}(\cdot)$ 为矩形函数，定义见式(3.15)；$X_i = X_{\min} + id$，$Y_j = Y_{\min} + jd$，i、j、$X_{\min}$、$Y_{\min}$ 与式(4.27)中一致。

对于下底面，如果 $0 \leqslant \theta_0 \leqslant \pi/2$，则

$$G_2(z_t,i,j) = \iint_{x^2+y^2 \leqslant f^2(z_0)} \mathrm{Rect}\left(\frac{X-X_i}{d}\right) \mathrm{Rect}\left(\frac{Y-Y_j}{d}\right) K(\boldsymbol{r}) \cdot P_{\mathrm{i}}(z_t') f_{\mathrm{r}}(\theta_0) \cos^2\theta_0 \mathrm{d}x \mathrm{d}y$$

(5.4)

对于上底面，如果 $\pi \geqslant \theta_0 \geqslant \pi/2$，则

$$G_2(z_t,i,j) = \iint_{x^2+y^2 \leqslant f^2(z_0+h)} \mathrm{Rect}\left(\frac{X-X_i}{d}\right) \mathrm{Rect}\left(\frac{Y-Y_j}{d}\right) K(\boldsymbol{r}) P_{\mathrm{i}}(z_t') f_{\mathrm{r}}(\pi-\theta_0) \cos^2\theta_0 \mathrm{d}x \mathrm{d}y$$

(5.5)

如果 $\theta_0 = \pi/2$，则

$$G_2(z_t,i,j) = 0$$

(5.6)

式中，X、Y 通过式(5.2)由 x、y、z 给出。

2. 凸体二维距离像

凸体二维距离像的坐标系如图 5.2 所示，设目标坐标系为 $Oxyz$，对目标坐标

系而言,脉冲激光入射方向的方位角和天顶角分别为 θ_0、φ_0。成像坐标系为 $OXYZ$,脉冲激光入射方向为 Z 轴, Z 轴在目标坐标系的单位矢量为 $Z = (\sin\theta_0\cos\varphi_0, \sin\theta_0\sin\varphi_0, \cos\theta_0)$,选与 Z 轴垂直的一个方向为 Y 轴, Y 轴的单位矢量 $Y = (0,0,1)\times (\sin\theta_0\cos\varphi_0, \sin\theta_0\sin\varphi_0, \cos\theta_0)/|\,(0,0,1)\times(\sin\theta_0\cos\varphi_0, \sin\theta_0\sin\varphi_0, \cos\theta_0)\,|= (-\sin\varphi_0, \cos\varphi_0, 0)$, 坐标系 X 轴的单位矢量为 $X = (\cos\theta_0\cos\varphi_0, \cos\theta_0\sin\varphi_0, -\sin\theta_0)$, X、Z、Y 与 x、y、z 的关系为

$$\begin{pmatrix} X \\ Y \\ Z \end{pmatrix} = \begin{pmatrix} \cos\theta_0\cos\varphi_0 & \cos\theta_0\sin\varphi_0 & -\sin\theta_0 \\ -\sin\varphi_0 & \cos\varphi_0 & 0 \\ \sin\theta_0\cos\varphi_0 & \sin\theta_0\sin\varphi_0 & \cos\theta_0 \end{pmatrix} \begin{pmatrix} x \\ y \\ z \end{pmatrix} \tag{5.7}$$

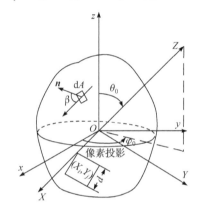

图 5.2　目标的二维距离像坐标系框架

根据式(3.49)得

$$\begin{cases} G(z_t, X_i, Y_j) = \pi \sum_{k=1}^{m} \iint_{\Delta A_k B_k C_k} K(\boldsymbol{r}(x,y)) P_i(z_t') f_r(\beta_k)(\cos\beta_k + |\cos\beta_k|)^2 \\ \qquad\qquad \times \mathrm{Rect}\left(\dfrac{X-X_i}{d}\right) \mathrm{Rect}\left(\dfrac{Y-Y_j}{d}\right) \mathrm{d}x\mathrm{d}y \\ \cos\beta_k = -[(\boldsymbol{r}_{Bk}-\boldsymbol{r}_{Ak})\times(\boldsymbol{r}_{Ck}-\boldsymbol{r}_{Ak})/|\,(\boldsymbol{r}_{Bk}-\boldsymbol{r}_{Ak})\times(\boldsymbol{r}_{Ck}-\boldsymbol{r}_{Ak})\,|]\cdot\boldsymbol{k}_i \end{cases} \tag{5.8}$$

式中, $z_t' = 2z_t/c - (\rho_0+\rho)/c + \boldsymbol{e}\cdot\boldsymbol{r}(x,y)/c$; $X_i = X_{\min}+id$, $Y_j = Y_{\min}+jd$, $X_{\min}$、$Y_{\min}$ 分别为目标在成像坐标系中 X、Y 的最小值, $X_{\max}$ 、 $Y_{\max}$ 分别为目标在成像坐标系中 X、Y 的最大值, $i = 1,2,\cdots,M$, $j = 1,2,\cdots,N$, M、N 分别为大于 $\dfrac{X_{\max}-X_{\min}}{d}$ 、 $\dfrac{Y_{\max}-Y_{\min}}{d}$ 的最小整数, d 为成像分辨率。

3. 任意体二维距离像

由式(5.8)得

$$
\begin{cases}
G(z_t, X_i, Y_j) = \pi \sum_{k=1}^{m} \iint_{\triangle A_k B_k C_k} K(\mathbf{r}(x,y)) P_i(z_t') f_r(\beta_k)(\cos\beta_k + |\cos\beta_k|)^2 \\
\qquad\qquad \times \mathrm{sxf}(\mathbf{r}(x,y)) \mathrm{Rect}\left(\dfrac{X - X_i}{d}\right) \mathrm{Rect}\left(\dfrac{Y - Y_j}{d}\right) dxdy \\
\cos\beta_k = -[(\mathbf{r}_{Bk} - \mathbf{r}_{Ak}) \times (\mathbf{r}_{Ck} - \mathbf{r}_{Ak}) / |(\mathbf{r}_{Bk} - \mathbf{r}_{Ak}) \times (\mathbf{r}_{Ck} - \mathbf{r}_{Ak})|] \cdot \mathbf{k}_i
\end{cases}
\tag{5.9}
$$

式中，$z_t' = 2z_t/c - (\rho_0 + \rho)/c + \mathbf{e} \cdot \mathbf{r}(x,y)/c$；$\mathrm{sxf}(\mathbf{r}(x,y))$ 为由式(3.55)给出的遮蔽函数。

5.3　算　　例

二维距离像距离 Z_t 规定如下：目标坐标系的原点为距离零点，激光入射方向为距离的正向，距离绝对值越小，离光源越近。脉冲激光入射方向在目标坐标系的天顶角为 θ_0，方位角为 φ_0。

5.3.1　钝头锥二维距离像

计算式(5.10)给出的钝头锥(三维示意图见图 5.3)的二维距离像：

$$
f(z) = \begin{cases}
\sqrt{-z^2 + 2rz}, & 0 \leqslant z < r(1 - \sin\alpha) \\
(z - r + r\sin\alpha)\tan\alpha + r\cos\alpha, & r(1 - \sin\alpha) \leqslant z \leqslant h
\end{cases}
\tag{5.10}
$$

式中，$f(z)$ 为钝头锥的母线方程。

钝头锥目标坐标系见图 5.4。钝头锥的几何参数：$h = 1.0\mathrm{m}$、$\alpha = 9.5°$、底面半径 $r_b = 0.2\mathrm{m}$，则 $r = 0.038576\mathrm{m}$。脉冲宽度为 300ps，$\theta_0 = 0°$，$\varphi_0 = 0°$ 的一维距离像由图 5.5 给出，图 5.6(a)给出此时钝头锥的平面波二维像。钝头锥的二维距离像由图 5.6(b)~(h)给出，距离分别为−4mm、320mm、500mm、581mm、680mm、941mm 和 995mm。$\theta_0 = 30°$，$\varphi_0 = 0°$ 时钝头锥的一维距离像由图 5.7 给出，图 5.8(a)给出 $\theta_0 = 30°$，$\varphi_0 = 0°$ 时钝头锥的平面波二维像，二维距离像由图 5.8(b)~(h)给出，距离分别为−5mm、318mm、498mm、579mm、678mm、723mm 和 786mm。

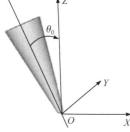
图 5.3　钝头锥成像坐标系

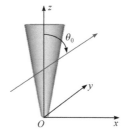
图 5.4　钝头锥激光在目标坐标系下的入射方向

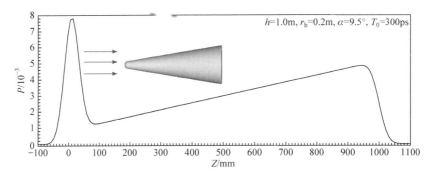

图 5.5　$\theta_0 = 0°$，$\varphi_0 = 0°$ 时钝头锥的一维距离像($T_0 = 300\text{ps}$)

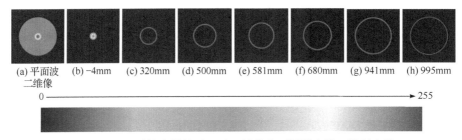

(a) 平面波　　(b) −4mm　　(c) 320mm　　(d) 500mm　　(e) 581mm　　(f) 680mm　　(g) 941mm　　(h) 995mm
二维像

0 ——————————————————————→ 255

图 5.6　$\theta_0 = 0°$，$\varphi_0 = 0°$ 时钝头锥的平面波二维像和不同距离处二维距离像($T_0 = 300\text{ps}$)

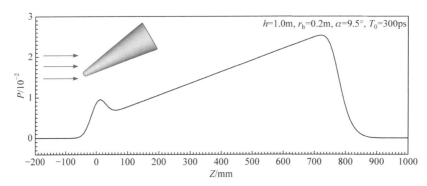

图 5.7　$\theta_0 = 30°$，$\varphi_0 = 0°$ 时钝头锥的一维距离像($T_0 = 300\text{ps}$)

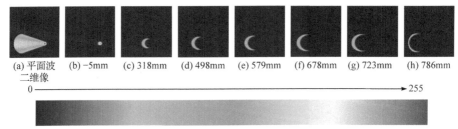

(a) 平面波　　(b) −5mm　　(c) 318mm　　(d) 498mm　　(e) 579mm　　(f) 678mm　　(g) 723mm　　(h) 786mm
二维像

0 ——————————————————————→ 255

图 5.8　$\theta_0 = 30°$，$\varphi_0 = 0°$ 时钝头锥的平面波二维像和不同距离处二维距离像($T_0 = 300\text{ps}$)

当激光的视线角为 0°时，激光沿着钝头锥的轴线入射，距离为-4mm 时，脉冲距离钝头锥球的部分很近，成像为一个圆形的图像，随着距离的增加，到钝头锥的锥部分时，所形成的图像为钝头锥垂直轴的横截面形状，即圆形。当视线角为 30°入射时，由图 5.4 所示的目标坐标系可以看出，脉冲激光是从钝头锥的球冠入射，由于目标关于 XOZ 面对称，因此二维距离像关于 X 轴方向成轴对称。从图 5.6 和图 5.8 可以看出，目标的二维距离像能反映目标的二维距离像信息。

5.3.2　立方体二维距离像

这里计算一个朗伯立方体的二维距离像，边长为 1m，建立如下目标坐标系：原点在一个面的中心处，立方体的一个中心轴线为 z 轴，x 轴和 y 轴分别与立方体的两个边平行(图 5.9)。$\theta_0 = 30°$，$\varphi_0 = 0°$ 入射时成像坐标系如图 5.10 所示。脉冲激光的入射方向的天顶角 $\theta_0 = 0°$，也就是激光垂直于图 5.9 所示的下底面入射，一维距离像如图 5.11 所示，二维距离像如图 5.12 所示，图 5.12(a)给出平面波的二维像，图 5.12(b)～(f)的距离分别为-4mm、5mm、41mm、50mm、59mm，由于激光垂直于正方形平板照射，因此所成的二维距离像为正方形，但是像的灰度有所不同。由图 5.11 可知，距离为-10～10mm 时，立方体的后向激光散射强度强于其他距离位置。由图 5.12 可知，距离-4mm、5mm 处二维距离像的灰度值高于距离 41mm、50mm 处，这与立方体在-4mm、5mm 的后向激光散射强度比在 41mm、50mm 处强的结果是吻合的，在激光后向散射强度大的距离处，激光二维距离像的灰度值也高。激光二维距离像就是脉冲激光传播过程中，在不同时刻形成的二维图像，时刻换算成距离。距离的绝对值表示脉冲激光与照射面的距离，随着距离的增加，所成像的灰度值减小，正如图 5.12(b)～(f)所示。

脉冲激光入射方向的天顶角 $\theta_0 = 30°$，方位角 $\varphi_0 = 0°$，成像坐标系 $OXYZ$ 的示意图由图 5.10 给出，二维距离像的成像面与 XOY 平面平行，立方体的一维距离像如图 5.13 所示。图 5.14(a)给出其平面波的二维像，图 5.14(b)～(h)为距离分别为-251mm、-125mm、1mm、127mm、253mm、352mm、613mm 时的二维距离像。图 5.10 中虚线代表三个不同的分段距离位置，图中的 Z_1、Z_2 和 Z_3 分别为-250mm、250mm 和 616.03mm，因此距离在-250mm 到 250mm 内脉冲的中心同时照射正方体的两个面，从而距离在-250mm 到 250mm 内二维距离像有两条线，在-250mm 处这两条线重合，随着距离的增加，这两条线距离也增加。253mm 的位置处还存在两条线，随着距离的进一步增加，右边那条线的强度逐渐减弱，直到消失，当剩下一条线，距离再增加时，这条线逐渐向外移动，距离在 616.03mm 以后，这条线不再向左移动，强度逐渐减弱，直到消失。以上分析的结果可以由图 5.14 看出。

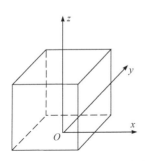

图 5.9 立方体目标坐标系框架

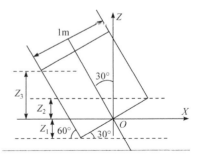

图 5.10 $\theta_0 = 30°$，$\varphi_0 = 0°$ 入射时成像坐标系示意图

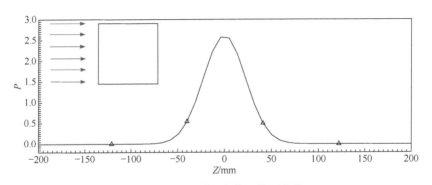

图 5.11 $\theta_0 = 0°$，$\varphi_0 = 0°$ 时立方体一维距离像($T_0 = 300\text{ps}$)

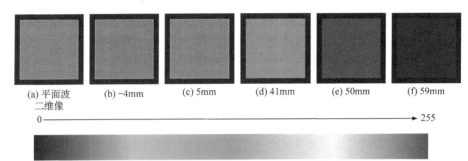

(a) 平面波二维像   (b) −4mm   (c) 5mm   (d) 41mm   (e) 50mm   (f) 59mm

0 ————————————————————————→ 255

图 5.12 边长为 1m 的立方体平面波二维像和二维距离像($\theta_0 = 0°$，$\varphi_0 = 0°$，$T_0 = 300\text{ps}$)

由图 5.13 可知，立方体在距离−200mm 到 200mm 处的一维距离像是一条直线，图 5.14 中距离−125mm、1mm、127mm 处二维距离像只是两条线之间的距离不同，两条线相同。

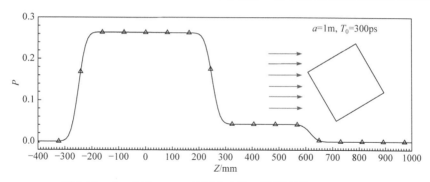

图 5.13　$\theta_0 = 30°$，$\varphi_0 = 0°$ 时立方体一维距离像（$T_0 = 300\text{ps}$）

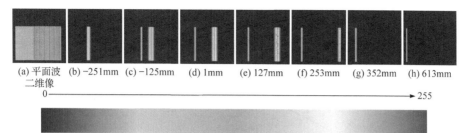

图 5.14　边长为 1m 的立方体平面波二维像和二维距离像（$\theta_0 = 30°$，$\varphi_0 = 0°$，$T_0 = 300\text{ps}$）

5.3.3　三锥体二维距离像

计算由式(5.11)给出的三锥体的二维距离像，目标坐标系如图 5.15 所示。

$$f(z) = \begin{cases} z \tan\alpha_1, & 0 \leqslant z < L_1 \\ (z - L_1)\tan\alpha_2 + L_1\tan\alpha_1, & L_1 \leqslant z < L_1 + L_2 \\ (z - L_1 - L_2)\tan\alpha_3 + L_2\tan\alpha_2 + L_1\tan\alpha_1, & L_1 + L_2 \leqslant z < L_1 + L_2 + L_3 \end{cases}$$

$$(5.11)$$

三锥体的尺寸：$L_1 = 0.35\text{m}$、$L_2 = 0.3\text{m}$、$L_3 = 0.35\text{m}$、底面半径 $r_b = 0.2\text{m}$、$\alpha_1 = 15°$ 和 $\alpha_2 = 0°$，则 $\alpha_3 = 16.881962°$。$\varphi_0 = 0°$ 成像坐标系 $OXYZ$：原点为目标坐标系的原点，Z 轴正向为激光入射方向，Y 轴为目标坐标系的 y 轴(图 5.16)。脉冲宽度为 300ps 的一维距离像由图 5.17 给出，图 5.18(a)给出 $\theta_0 = 0°$、$\varphi_0 = 0°$ 时三锥体的平面波二维像。三维体的二维距离像由图 5.18(b)～(h)给出，距离分别为 0mm、200mm、400mm、600mm、800mm、1000mm 和 1100mm。图 5.19 给出 $\theta_0 = 30°$，$\varphi_0 = 0°$ 时三锥体的一维距离像，平面波二维像由图 5.20(a)给出，二维距离像由图 5.20(b)～(h)给出，距离分别为−3mm、204mm、402mm、501mm、600mm、798mm 和 996mm。

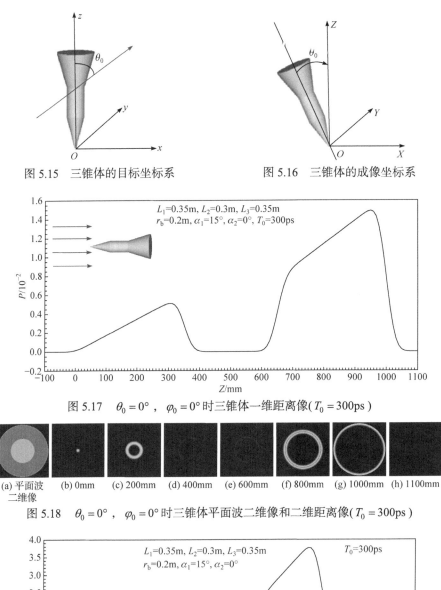

图 5.15　三锥体的目标坐标系　　　　　图 5.16　三锥体的成像坐标系

图 5.17　$\theta_0 = 0°$，$\varphi_0 = 0°$ 时三锥体一维距离像（$T_0 = 300\text{ps}$）

(a) 平面波　(b) 0mm　(c) 200mm　(d) 400mm　(e) 600mm　(f) 800mm　(g) 1000mm　(h) 1100mm
二维像

图 5.18　$\theta_0 = 0°$，$\varphi_0 = 0°$ 时三锥体平面波二维像和二维距离像（$T_0 = 300\text{ps}$）

图 5.19　$\theta_0 = 30°$，$\varphi_0 = 0°$ 时三锥体一维距离像

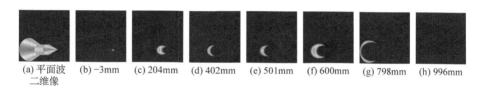

(a) 平面波　　(b) −3mm　　(c) 204mm　　(d) 402mm　　(e) 501mm　　(f) 600mm　　(g) 798mm　　(h) 996mm
二维像

图 5.20　　$\theta_0 = 0°$，$\varphi_0 = 0°$ 时三锥体平面波二维像和二维距离像

5.4　激光二维距离像影响因素分析

激光二维距离像与脉冲宽度有关系，下面给出图 5.18 的三锥体的不同脉冲宽度的二维距离像，$\theta_0 = 0°$，$\varphi_0 = 0°$，几何参数也与图 5.18 的三锥体相同，只是脉冲宽度不同，脉冲宽度分别为 200ps、100ps、50ps 和 20ps。一维距离像如图 5.21 所示，其中 200ps、100ps、50ps 的一维距离像分别向上平移了 1.5 个单位、1 个单位、0.5 个单位。脉冲宽度为 200ps、100ps、50ps、20ps 的三锥体二维距离像分别如图 5.22～图 5.25 的(b)～(h)所示，距离分别为 0mm、200mm、400mm、600mm、800mm、1000mm 和 1100mm，图 5.22～图 5.25 的(a)为平面波二维像。

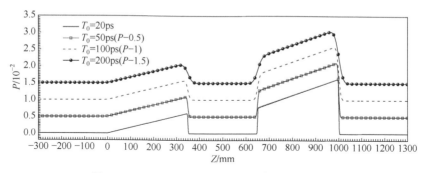

图 5.21　　$\theta_0 = 0°$，$\varphi_0 = 0°$ 时三锥体一维距离像

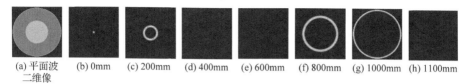

(a) 平面波　　(b) 0mm　　(c) 200mm　　(d) 400mm　　(e) 600mm　　(f) 800mm　　(g) 1000mm　　(h) 1100mm
二维像

图 5.22　　$\theta_0 = 0°$，$\varphi_0 = 0°$ 时三锥体平面波二维像和二维距离像($T_0 = 200\text{ps}$)

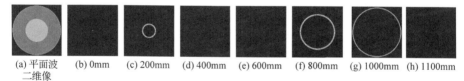

(a) 平面波　　(b) 0mm　　(c) 200mm　　(d) 400mm　　(e) 600mm　　(f) 800mm　　(g) 1000mm　　(h) 1100mm
二维像

图 5.23　　$\theta_0 = 0°$，$\varphi_0 = 0°$ 时三锥体平面波二维像和二维距离像($T_0 = 100\text{ps}$)

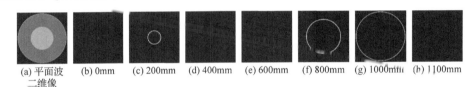

(a) 平面波 (b) 0mm (c) 200mm (d) 400mm (e) 600mm (f) 800mm (g) 1000mm (h) 1100mm
二维像

图 5.24 $\theta_0 = 0°$，$\varphi_0 = 0°$ 时三锥体平面波二维像和二维距离像（$T_0 = 50\text{ps}$）

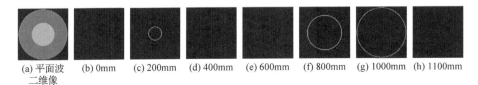

(a) 平面波 (b) 0mm (c) 200mm (d) 400mm (e) 600mm (f) 800mm (g) 1000mm (h) 1100mm
二维像

图 5.25 $\theta_0 = 0°$，$\varphi_0 = 0°$ 时三锥体平面波二维像和二维距离像（$T_0 = 20\text{ps}$）

由图 5.22～图 5.25 可知，随着脉冲宽度的减小，二维距离像中的圆越窄。

5.5 本 章 小 结

本章在激光后向二维散射强度像和激光一维距离像的基础上研究目标在脉冲激光照射下后向二维散射强度像，这个像与脉冲传播的位置有关，借用一维距离像的概念称其为激光二维距离像。给出了凸回转体、凸体和任意体的激光二维距离像分析模型。凸回转体分析模型基于母线方程，给出了分析模型。凸体和任意体的分析模型，基于其三角形面元模型，利用三角形区域积分公式，对目标上的每一个三角形面元进行微小面元分割，投影到成像面的对应位置。数值仿真了钝头锥、立方体和三锥体的激光二维距离像，从结果可以看出，此计算模型能给出粗糙目标的二维距离像。

第6章 旋转目标激光后向多普勒成像

6.1 引　言

激光多普勒测速仪(LDV)由于与传统的电子测速仪相比具有非接触性，具有很大的优势[200]。LDV 有提供纵向速度分量的能力[201]。LDV 由于能获得振动装置的速度信息而被广泛使用[202-204]。目标的缺陷，如裂缝能够被探测，LDV 通过连续扫描可以确定缺陷的位置[205]。激光测速仪可以测量流动液体的局部速度[188]。LDV 可以快速直接测量血液的绝对速度[191]。如果一个绕轴转动的凸回转体被激光照射，激光被扩束，使得整个目标都被照射到，那么照射到目标的激光可以看成平面波，转动目标由于多普勒效应频率被展宽，多普勒展宽在一些雷达中得到应用。多普勒展宽能通过外差法进行测量[212]。利用多普勒效应能够对旋转目标的形状和振动进行测量[199]，Bankman[220]给出绕轴转动的圆柱和圆锥的后向多普勒功率谱分析模型，这里把其推广到凸二次曲面回转体，圆柱和圆锥只是特例。Bankman[220]的分析模型计算公式较为复杂，而且圆柱的轴和入射光束垂直时计算出现奇异值问题。当激光入射方向和圆锥轴的夹角与半锥角互余时，也会出现类似圆柱的问题，当然在接近这两种姿态的情况也会存在计算的问题。提出全局坐标系下与 Bankman[220]的分析模型不同的积分方法的后向凸二次回转体的多普勒谱分析模型的表达式，消除了 Bankman[220]的分析模型中的奇异值问题。Mcmillan 等[217]记录了圆锥的多普勒观测谱。Bankman[220]把多普勒观测谱和模拟的谱进行了比较。通过比较可以看出，模拟谱和观测谱两者比较吻合，模型谱能反映目标的特征。这对于弹道导弹的识别具有一定的军事意义。本章的多普勒谱分析模型分析给出回转体几何参量、表面粗糙度以及视线角对多普勒谱的影响。二次回转体的多普勒谱分析模型对于激光多普勒测速仪以及激光雷达具有一定贡献。

6.2　旋转凸二次回转体激光后向多普勒成像仿真

6.2.1　旋转目标的激光后向多普勒成像仿真

一个凸二次回转体在全局笛卡儿坐标系，其绕自身的轴旋转，轴在 yOz 平面内(图 6.1)，目标被波长 λ 平面波激光全部照射，入射方向沿着 z 轴正向，从目标

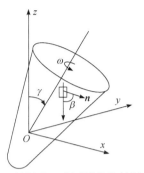

图 6.1 旋转凸二次回转体绕轴转动的
全局笛卡儿坐标系框架

的底部照射。视线角 γ 指目标的轴与 z 轴的夹角。目标上每一个点的后向散射强度依赖于目标面元处的本地入射角 β，这个角是激光入射方向反方向与在此点的法线 $\boldsymbol{n}$(指向目标的外面)的夹角(图 6.1)。

目标的转动角速度是 ω，转动方向如图 6.1所示。本章研究目标的激光后向散射多普勒谱，下面根据图 6.1 给出目标表面上每一个点的多普勒展宽。假定角速度的转动方向为目标的底部沿着轴的方向观测为顺时针，则角速度矢量 $\boldsymbol{\Omega} = \omega(0, \sin\gamma, \cos\gamma)$。对于目标上每一个 $\boldsymbol{r} = (x, y, z)$ 的点，它的线速度 $\boldsymbol{v}$ 如下：

$$\boldsymbol{v} = \boldsymbol{\Omega} \times \boldsymbol{r} = \omega(0, \sin\gamma, \cos\gamma) \times (x, y, z) = \omega(z\sin\gamma - y\cos\gamma, x\cos\gamma, -x\sin\gamma) \quad (6.1)$$

激光沿着 z 方向入射，其入射方向的单位矢量为 $\boldsymbol{e} = (0, 0, 1)$，多普勒频移 Δf 如下：

$$\Delta f = -\frac{2(\boldsymbol{v} \cdot \boldsymbol{e})}{\lambda} = -\frac{2\omega(z\sin\gamma - y\cos\gamma, x\cos\gamma, -x\sin\gamma) \cdot (0,0,1)}{\lambda} = \frac{2x\omega\sin\gamma}{\lambda} \quad (6.2)$$

根据式(6.2)，有

$$x = \frac{\lambda\Delta f}{2\omega\sin\gamma} \quad (6.3)$$

如果目标转动方向与如图 6.1 所示的方向相反，则 $x = -\lambda\Delta f / (2\omega\sin\gamma)$。

6.2.2 旋转凸二次回转体激光后向多普勒谱分析模型

目标表面上每个微元的后向散射功率由下面的激光雷达方程给出：

$$\Delta P(\beta) = K f_{\mathrm{r}}(\beta)\Delta A \cos^2\beta \quad (6.4)$$

式中，$K = (P_{\mathrm{t}} G_{\mathrm{r}} A_{\mathrm{r}}) / (4\pi r_{\mathrm{t}}^2 R^2)$，其中，$A_{\mathrm{r}}$ 是探测器的接收孔径，P_{t} 是传输功率，G_{r} 是增益函数，r_{t} 和 R 分别是目标与发射器和接收器的距离；β 是本地入射角；$f_{\mathrm{r}}(\beta)$ 为目标表面材料后向双向反射分布函数(BRDF)。对于一个凸体，目标微元处满足 $\cos\beta > 0$ 被照射，否则不被照射。目标被全部照射的后向散射功率的计算是利用式(6.4)对目标表面上所有可照射微元进行积分。

研究凸二次回转体的侧面的散射功率，当 $\gamma = 0°$ 时 z 轴为目标的轴，则此时的凸二次回转体侧面方程为

$$x^2 + y^2 = Az^2 + Bz + c, \quad z_0 \leqslant z \leqslant z_0 + h \quad (6.5)$$

式中，h 为目标的高度，如果 $\gamma \neq 0°$，凸二次回转体的轴在 yOx 平面，γ 是目标的

轴沿着 x 轴负方向看逆时针旋转与 z 轴所形成的夹角，那么这时目标的表面方程为

$$F(x,y,z) = x^2 + (y\cos\gamma - z\sin\gamma)^2 - A(y\sin\gamma + z\cos\gamma)^2 - B(y\sin\gamma + z\cos\gamma) - C = 0$$

(6.6)

为了利用式(6.4)计算功率，须利用目标表面上的微元在 xOz 平面的投影面积 $\Delta x\Delta z$ 来计算微元的面积，其中 Δx 和 Δz 为微元处 x 和 z 的微小增量，则可照射微元处的后向散射功率为

$$\Delta P(\beta) = K\Delta A f_{\mathrm{r}}(\beta)\cos^2\beta = K\frac{\Delta x\Delta z}{|\cos\xi|}f_{\mathrm{r}}(\beta)\cos^2\beta$$

(6.7)

式中，ξ 为微元处法向矢量 $\boldsymbol{n}$ 与 y 轴的夹角。根据式(6.6)可以计算 $\boldsymbol{n}$：

$$\boldsymbol{n} = (F_x^2 + F_y^2 + F_z^2)^{-1/2}(F_x, F_y, F_z)$$

(6.8)

式(6.8)中的变量 y 可以通过式(6.6)表达成 x 和 z 的函数，代入进去消掉，如果 $\cos^2\gamma - A\sin^2\gamma \neq 0$，那么有

$$y = \frac{B\sin\gamma + (1+A)z\sin(2\gamma) \pm \sqrt{B^2\sin^2\gamma + 4(C - x^2)(\cos^2\gamma - A\sin^2\gamma) + 4Az^2 + 4Bz\cos\gamma}}{2(\cos^2\gamma - A\sin^2\gamma)}$$

(6.9)

如果 $\cos^2\gamma - A\sin^2\gamma = 0$，那么有

$$y = \frac{z^2\sin^2\gamma - Az^2\cos^2\gamma - Bz\cos\gamma + x^2 - C}{[B + 2(1+A)z\cos\gamma]\sin\gamma}$$

(6.10)

根据式(6.6)和式(6.8)有

$$|\cos\xi| = |n_y| = \left|\frac{2\cos\gamma(y\cos\gamma - z\sin\gamma) - \sin\gamma(2Ay\sin\gamma + 2Az\cos\gamma + B)}{l(x,z)}\right|$$

(6.11)

式中，

$$l(x,z) = \sqrt{4x^2 + 4(y\cos\gamma - z\sin\gamma)^2 + (2Ay\sin\gamma + 2Az\cos\gamma + B)^2}$$

(6.12)

β 由式(6.13)给出：

$$\cos\beta = -n_z = \frac{2\sin\gamma(y\cos\gamma - z\sin\gamma) + \cos\gamma(2Ay\sin\gamma + 2Az\cos\gamma + B)}{l(x,z)}$$

(6.13)

根据式(6.9)和式(6.10)，$|\cos\zeta|$ 和 $\cos\beta$ 能被表达成 x 和 z 的函数，把式(6.11)和式(6.13)代入式(6.7)，可得用 x 和 z 表示的功率谱：

$$\Delta P(x,z) = K\frac{\Delta x\Delta f_{\mathrm{r}}(\beta)[2\sin\gamma(y\cos\gamma - z\sin\gamma) + \cos\gamma(2Ay\sin\gamma + 2A\cos\gamma + B)]^2}{|2\cos\gamma(y\cos\gamma - z\sin\gamma) - \sin\gamma(2Ay\sin\gamma + 2Az\cos\gamma + B)|l(x,z)}$$

(6.14)

根据式(6.14)，目标全部被照射的侧面后向散射功率 $P(x)$ 由式(6.15)给出：

$$P(x) = K\Delta x \int_{z\in C} \frac{f_r(\beta)[2\sin\gamma(y\cos\gamma - z\sin\gamma) + \cos\gamma(2Ay\sin\gamma + 2Az\cos\gamma + B)]^2}{|2\cos\gamma(y\cos\gamma - z\sin\gamma) - \sin\gamma(2Ay\sin\gamma + 2Az\cos\gamma + B)| l(x,z)} dz$$

(6.15)

这里的积分区域 C 为

$$C: \begin{cases} \cos\beta = \dfrac{2\sin\gamma(y\cos\gamma - z\sin\gamma) + \cos\gamma(2Ay\sin\gamma + 2Az\cos\gamma + B)}{l(x,z)} > 0 \\ z_0 \leqslant y\sin\gamma + z\cos\gamma \leqslant z_0 + h \end{cases}$$

(6.16)

把式(6.3)代入式(6.15)，给定 ω、λ、γ、z_0、h、K、$f(z)$ 和 $f_r(\beta)$，可以把 $P(x)$ 表达为 Δf 的函数。凸二次回转体的激光后向多普勒谱通过把式(6.16)、式(6.12)、式(6.9)或式(6.10)和式(6.3)代入式(6.15)得到。

6.2.3　典型旋转目标多普勒成像仿真算例

1. 典型目标激光后向多普勒成像的建模

对于一个圆柱，有 $\gamma = 0°$，$x^2 + y^2 = c^2$。根据式(6.5)得

$$A = 0, \quad B = 0, \quad C = c^2$$

(6.17)

式中，c 为圆柱的半径。如果 $\cos\gamma \neq 0$，那么圆柱侧面的多普勒分析模型通过式(6.15)~式(6.17)、式(6.12)、式(6.9)和式(6.3)得到。如果 $\cos\gamma = 0$，那么不能把 y 通过式(6.9)或式(6.10)表达成 x 和 z 的函数，这时圆柱的侧面方程由式(6.18)给出：

$$x^2 + z^2 = c^2, \quad y_0 \leqslant y \leqslant y_0 + h$$

(6.18)

在圆柱表面上每一个点的法线 n 为

$$n = \left(\frac{x}{c}, 0, \frac{\pm\sqrt{c^2 - x^2}}{c}\right)$$

(6.19)

每一个可照射点处 $\cos\beta = -n_z = \sqrt{c^2 - x^2}/c > 0$，因此有

$$\Delta P(x,y) = Kf_r(\beta)\frac{\Delta x\Delta y}{|n_z|}n_z^2 = Kf_r\left(\arccos\sqrt{1 - \frac{x^2}{c^2}}\right)\Delta x\Delta y\sqrt{c^2 - x^2}/c$$

(6.20)

根据式(6.20)和式(6.18)，有

$$P(x) = K\Delta x h f_r \left(\arccos\sqrt{1 - \frac{x^2}{c^2}} \right)\sqrt{1 - \frac{x^2}{c^2}} \tag{6.21}$$

如果 $\cos\gamma = 0$，那么圆柱的多普勒谱由式(6.21)和式(6.3)给出。

对于一个圆锥，如果 $\gamma = 0°$，那么有 $x^2 + y^2 = \tan^2\alpha z^2$ ($0 \leqslant z \leqslant h$)。因此，对于圆柱，有

$$A = \tan^2\alpha, \quad B = 0, \quad C = 0, \quad 0 \leqslant z \leqslant h \tag{6.22}$$

式中，α 是圆锥的半锥角，圆锥的后向多普勒谱由式(6.15)、式(6.16)、式(6.22)、式(6.12)、式(6.9)或式(6.10)和式(6.3)得到。

对于一个回转抛物面，如果 $\gamma = 0°$，$x^2 + y^2 = p^2 z$，$0 \leqslant z \leqslant h$，其中 h 为回转抛物面的高度，那么有

$$A = 0, \quad B = p^2, \quad C = 0 \tag{6.23}$$

回转抛物面的多普勒谱分析模型由式(6.15)、式(6.16)、式(6.23)、式(6.12)、式(6.9)或式(6.10)和式(6.3)给出。

钝头锥由球和圆台复合而成，其中球冠和圆台的连接部分圆台母线与球冠所在的球相切(图6.2)。

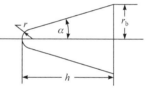

图 6.2 钝头锥二维示意图

如果 $\gamma = 0°$，钝头锥的侧面方程如下：

$$x^2 + y^2 = \begin{cases} -z^2 + 2rz, & 0 \leqslant z < r(1 - \sin\alpha) \\ (z\tan\alpha + r\sec\alpha - r\tan\alpha)^2, & r(1 - \sin\alpha) \leqslant z \leqslant h \end{cases} \tag{6.24}$$

式中，r、α 和 h 分别是球的半径、圆台的半锥角和高度。r_b 为钝头锥的底面半径，满足 $r = (r_b\cos\alpha - h\sin\alpha)/(1 - \sin\alpha)$，因此对于钝头锥有

$$\begin{cases} A = -1, \quad B = 2r, \quad C = 0, & 0 \leqslant z < r(1 - \sin\alpha) \\ \left.\begin{array}{l} A = \tan^2\alpha, \quad B = 2r\tan\alpha(\sec\alpha - \tan\alpha) \\ C = r^2(\sec\alpha - \tan\alpha)^2 \end{array}\right\} & r(1 - \sin\alpha) \leqslant z \leqslant h \end{cases} \tag{6.25}$$

钝头锥的激光后向多普勒谱由式(6.3)、式(6.9)或式(6.10)、式(6.12)、式(6.15)或式(6.16)和式(6.25)给出。

2. 朗伯目标的激光多普勒谱仿真算例

对于目标表面为朗伯表面的情况，其后向 BRDF 为

$$f_r(\beta) = k_L \tag{6.26}$$

计算时把 $K_L = Kk_L$ 归一化为 1，选择 $\omega = 1\text{rad}/\text{s}$、$h = 1\text{m}$ 来计算目标的后向

多普勒谱。

利用式(6.15)计算，取步长 $\Delta x = 5\text{mm}$，$\lambda = 1\mu\text{m}$。半径 $c = 0.2\text{m}$ 的圆柱 6 个不同视线角的多普勒谱由图 6.3(a)给出。γ 从 $10°\sim60°$ 变化，变换间隔为 $10°$。半径 $c = 0.1\text{m}$ 的 $50°$ 和 $60°$ 视线角的多普勒谱由图6.3(a)给出。图6.3(a)还给出了文献[220] 中半径为 0.2m、视线角为 $60°$ 时圆柱的多普勒谱，同上文计算的完全相同。圆柱的 多普勒谱与文献[220]完全一致。这表明本书的分析模型能分析圆柱的多普勒谱。当 γ 小时，多普勒频移低，这可以由式(6.3)给出证明。圆柱的半径减半，其多普勒频 移宽度也减半，正如图 6.3(a)所示，这也能由式(6.3)给出证明。在给定视线角的情 况下，对于高度一定的圆柱，其多普勒谱的高度保持为常数，正如图 6.3(a)所示。

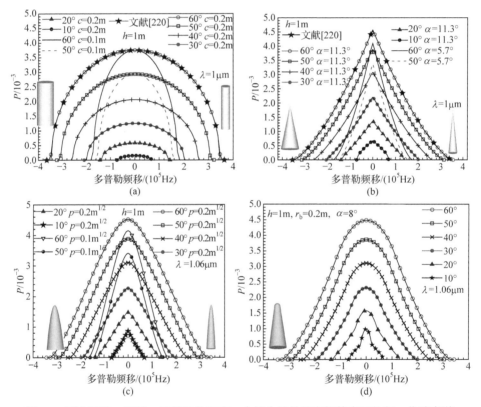

图 6.3　两个圆柱、圆锥、回转抛物面和一个钝头锥的具有朗伯表面的归一化功率谱

(a) 半径为 0.2m 的圆柱(γ 从 $10°\sim60°$ 变化，步长为 $10°$)和半径为 0.1m 的圆柱($\gamma = 50°$ 和 $60°$)；(b) 半锥角为 11.3° 的圆锥(γ 从 $10°\sim60°$ 变化，步长为 $10°$)和半锥角为 5.7° 的圆锥($\gamma = 50°$ 和 $60°$)；(c) $p = 0.2\text{m}^{1/2}$ 的回转抛物面(γ 从 $10°\sim60°$ 变化，步长为 $10°$) 和 $p = 0.1\text{m}^{1/2}$ 的回转抛物面($\gamma = 50°$ 和 $60°$)；(d) $r_b = 0.2\text{m}$、$h = 1\text{m}$、$\alpha = 8°$ 的钝头锥 (γ 从 $10°\sim60°$ 变化，步长为 $10°$)

对于一个圆锥，h 为 1m，$K_L = Kk_L = 1$。图 6.3(b)给出半锥角 $\alpha = 11.3°$ 的圆 锥的多普勒谱，这个圆锥的底部半径 $r_b = 0.2\text{m}$，其中 $\lambda = 1\mu\text{m}$。视线角的变化同

图 6.3(a)中半径为 0.2m 的圆柱。图 6.3(b)给出半锥角 $\alpha = 5.7°$ 的圆锥在 $\gamma = 50°$ 和 60°的多普勒谱，底面半径 $r_b = 0.1m$。图 6.3(b)还给出了文献[220]中视线角为 60°、半锥角为 11.3°的圆锥的多普勒谱，与上文计算的完全相同。圆锥的多普勒谱与文献[220]完全一致。这表明分析模型能分析圆锥的多普勒谱。

在视线角给定的情况下，半径为 0.2m 的圆柱和半锥角为 11.3°的圆锥的最大多普勒频移相同，正如图 6.3(a)和(b)所示，这是因为它们表面上点最大的 x 是相同的。对于圆柱和圆锥在 $x = 0$ 的窄带上，根据式(6.3)，在这条窄带上多普勒频移为 0，如果 $0° \leqslant \gamma \leqslant 90°$，圆锥上这些点的本地入射角 $\beta = 90° - \gamma$，圆锥的 $\beta = |90° - \gamma - \alpha|$，同时对于圆柱和圆锥来说，此处的本地入射角比其他地方入射角小，投影面积还大，因此在多普勒频移 0 处功率最高。如果 $0° \leqslant \gamma \leqslant 90° - \alpha$，在一个给定的视线角 γ 和给定的高度 h 下，圆锥的多普勒谱高度比圆柱的高，正如图 6.3(a)和(b)所示。

图 6.3(c)给出 $h = 1m$、$p = 0.2m^{1/2}$ 的回转抛物面的多普勒谱，这个回转抛物面的底部半径 $r_b = 0.2m$，其中 $\lambda = 1.06\mu m$。视线角的变化同图 6.3(a)中半径为 0.2m 的圆柱。同圆柱比，回转抛物面对于高频贡献的点少，同圆锥比反而多，因此其多普勒谱从中心下降得比圆柱迅速，比圆锥慢。图 6.3(c)还给出 $h = 1m$、$p = 0.1m^{1/2}$、底部半径 $r_b = 0.1m$ 的回转抛物面在 $\gamma = 50°$ 和 60°的多普勒谱。底部半径减半，其多普勒频移宽度减半，这可由式(6.3)给出证明。

图 6.3(d)给出 $h = 1m$、$r_b = 0.2m$、$\alpha = 8°$ 的钝头锥的多普勒谱，这个钝头锥的底部半径 $r_b = 0.2m$，其中 $\lambda = 1.06\mu m$。视线角的变化同图 6.3(a)中半径为 0.2m 的圆柱。钝头锥是由球冠和圆台组成的，此钝头锥低频部分的多普勒谱与圆锥的不同，但高频部分与圆锥的类似，此多普勒谱体现了球冠和圆台的复合特性。

图 6.3 显示随着波长的增加，多普勒频移宽度降低，这可由式(6.3)给出证明。

3. 两种非朗伯目标表面多普勒谱仿真算例

对于一些非朗伯目标的表面材料，其双向反射分布函数(BRDF)可以近似表示成随着本地入射角正切按照高斯形式给出[252]：

$$f_r(\beta) = \frac{\sec^2 \beta}{4\pi s^2} \exp\left(-\frac{\tan^2 \beta}{s^2}\right) |R(0)|^2 \tag{6.27}$$

式中，s 为二维粗糙面的斜率均方根值；$R(0)$ 为垂直入射时菲涅耳反射系数。

图 6.4 给出两个圆柱、圆锥、回转抛物面和一个钝头锥的高斯形式 BRDF 的多普勒谱，其中 $K_G = K|R(0)|^2 = 1$，$s = \tan 30°$，$\lambda = 1.06\mu m$，$\omega = 1rad/s$，$h = 1m$。

对于半径为 0.2m 的圆柱，其 $\gamma = 10°$、20°和 30°的多普勒谱在图 6.4(a)没有显示出来。这是因为在这些视线角圆柱表面处所有微元的本地入射角大，对于这个高斯形式的 BRDF 与其他情况相比其后向散射很小。对于半锥用 $\alpha = 11.3°$ 的圆锥，$\gamma = 10°$、$20°$ 时也没有显示在图 6.4(b)中，这与圆柱中没有显示出来的情况具有相同的原因。对于回转抛物面和钝头锥，其 6 个视线角的功率谱都显示出来，这是因为这两种目标的表面上微元处本地入射角不都是很大。同朗伯情况相比，高斯形式 BRDF 的多普勒谱从中心零频移下降更迅速。这种区别可以用来通过多普勒谱实现对目标表面材料的识别。

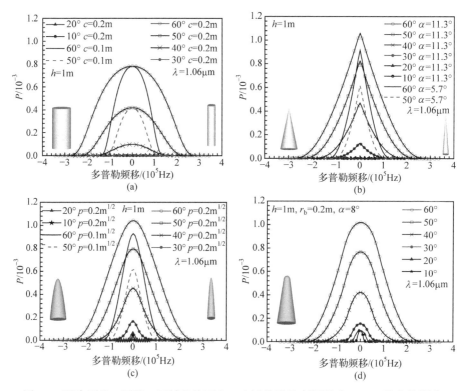

图 6.4 两个圆柱、圆锥、回转抛物面和一个钝头锥的高斯形式 BRDF 的多普勒谱

(a) 半径为 0.2m 的圆柱(γ 从 $10°\sim60°$ 变化，步长为 $10°$)和半径为 0.1m 的圆柱($\gamma = 50°$ 和 $60°$)；(b) 半锥角为 $11.3°$ 的圆锥(γ 从 $10°\sim60°$ 变化，步长为 $10°$)和半锥角为 $5.7°$ 的圆锥($\gamma = 50°$ 和 $60°$)；(c) $p = 0.2m^{1/2}$ 的回转抛物面(γ 从 $10°\sim60°$ 变化，步长为 $10°$)和 $p = 0.1m^{1/2}$ 的回转抛物面($\gamma = 50°$ 和 $60°$)；(d) $r_b = 0.2m$、$h = 1m$、$\alpha = 8°$ 的钝头锥(γ 从 $10°\sim60°$ 变化，步长为 $10°$)

对于一些非朗伯目标的表面材料，其双向反射分布函数(BRDF)可以近似表示成随着本地入射角正切按照指数形式给出[252]：

$$f_{\mathrm{r}}(\beta) = \frac{3\sec^6\beta}{4\pi s^2}\exp\left(-\frac{\sqrt{6}\tan\beta}{s}\right)|R(0)|^2 \tag{6.28}$$

式中，s 为二维粗糙面的斜率均方根值；$R(0)$ 为垂直入射时的非涅耳反射系数。

图 6.5 显示两个圆柱、圆锥、回转抛物面和一个钝头锥的指数形式 BRDF 的多普勒谱，其中 $K_E = K|R(0)|^2 = 1$，$s = \tan 30°$，$\lambda = 1.06\mu m$，$\omega = 1 rad/s$，$h = 1m$。c、α、p、r、r_b 的值与图 6.3 中对应的目标相同。

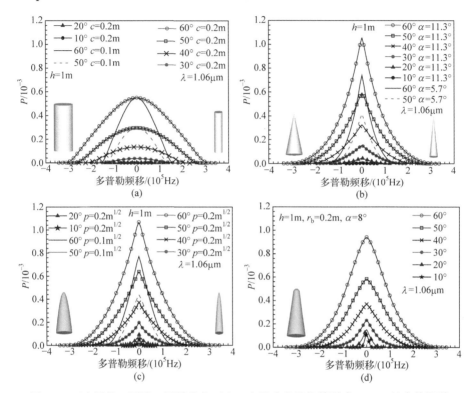

图 6.5　两个圆柱、圆锥、回转抛物面和一个钝头锥的指数形式 BRDF 的多普勒谱
(a) 半径为 0.2m 的圆柱(γ 从 10°～60°变化，步长为 10°)和半径为 0.1m 的圆柱(γ 为 50°和 60°)；(b) 半锥角为 11.3° 的圆锥(γ 从 10°～60°变化，步长为 10°)和半锥角为 5.7°的圆锥(γ 为 50°和 60°)；(c) $p = 0.2m^{1/2}$ 的回转抛物面(γ 从 10°～60°变化，步长为 10°)和 $p = 0.1m^{1/2}$ 的回转抛物面(γ 为 50°和 60°)；(d) $r_b = 0.2m$、$h = 1m$、$\alpha = 8°$ 的钝头锥 (γ 从 10°～60°变化，步长为 10°)

对一些视线角，圆柱和圆锥的指数形式 BRDF 的多普勒谱在图 6.5 中没有显示出来，和高斯形式 BRDF 具有相同的原因。随着视线角 γ 的增大，指数形式的后向散射功率增加比朗伯表面更迅速，这种区别可以用来通过多普勒谱实现对目标表面材料的识别。

图 6.6 显示 $K|R(0)|^2 = 1$ 具有高斯形式 BRDF 的表面材料在 $h = 1m$、$r_b = 0.2m$、$\alpha = 8°$ 的钝头锥在波长 $\lambda = 1.06\mu m$、$1.315\mu m$、$3.8\mu m$、$10.06\mu m$ 下的多普勒谱，从图 6.6 可以看出，随着波长的增加，多普勒频移宽度降低，这可由式(6.3)给出证明。

这里给出的是凸二次回转体绕轴旋转的后向多普勒谱分析模型，圆柱、圆锥、回转抛物面和钝头锥等的分析模型仅是特殊情况。从给出的圆柱、圆锥、回转抛物

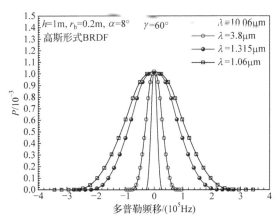

图 6.6　具有高斯形式 BRDF 的表面材料的钝头锥在不同波长下的多普勒谱

面和钝头锥的数值计算结果可看出，该分析模型能够分析目标的几何尺寸、形状、目标姿态和表面材料对多普勒谱的影响。测量和理论相结合，应用这个分析模型能探测弹道导弹等目标的特征。这个分析模型对 LDV 和雷达应用具有一定的价值。

6.3　任意旋转目标激光后向散射多普勒成像建模

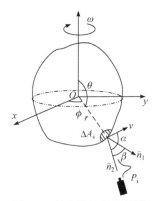

图 6.7　任意旋转凸目标的激光多普勒散射特征

为了讨论任意旋转目标的激光多普勒散射问题，做如下两点假设：①目标在飞行的速度可以分解成两部分，即转动和平动；②当激光入射目标后，目标为凸体，表面不存在二次散射。

考虑激光照射旋转的任意凸目标如图 6.7 所示。在目标坐标系，坐标原点位于目标质心，目标绕着目标坐标系 z 轴以角速度 ω 旋转，设激光器位于 y 正半轴空间，激光照射光功率为 P_i，且满足单站后向探测条件，探测器观测方向与面元 ΔA_s 的夹角为 β，面元 ΔA_s 瞬时速度 v 与探测器的夹角为 α，面元 ΔA_s 上接收到的光功率为 ΔP_s [249]：

$$\Delta P_\mathrm{s} = \frac{P_\mathrm{i} T_{\mathrm{A}1} \eta_\mathrm{t}}{\pi \phi^2 \rho_0^2} \pi w_0^2 \exp\left[-\frac{2 g_0(\boldsymbol{r}')}{\phi^2 \rho_0^2} \right] \sigma(\boldsymbol{r}') \frac{T_{\mathrm{A}2}}{4\pi \rho_0^2} \frac{\pi D^2 \eta_\mathrm{r}}{4} \Delta A_s \tag{6.29}$$

式中，$\sigma(\boldsymbol{r}') = \sigma_c(\boldsymbol{r}') + \sigma_p^0(\boldsymbol{r}')$，$\sigma_c(\boldsymbol{r}') = |R(0)|^2 |\chi(-2k_0)|^2 \sigma_g \delta(\boldsymbol{r}' - \boldsymbol{r}_0')$，探测器接收的功率是目标照射区域内各点散射功率之和，在镜像点处散射功率包含相干与非

相干分量，而在其他点则只有非相干散射功率。目标表面的双向反射分布函数 f_r 和单位面积激光雷达散射截面 σ^0 之间的关系[254]为

$$\sigma^0 = 4\pi f_r \cos\theta_i \cos\theta_s \tag{6.30}$$

式中，θ_i 和 θ_s 分别表示在单站条件下激光入射角和散射角，将式(6.30)的关系代入式(6.29)得

$$\Delta P_s = \frac{P_i T_{A1} \eta_t}{\pi \phi^2 \rho_0^2} \pi w_0^2 \exp\left[-\frac{2g_0(r')}{\phi^2 \rho_0^2}\right] \frac{T_{A2}}{4\pi \rho_0^2} \frac{\pi D^2 \eta_r}{4} \Delta A_s 4\pi f_r \cos\theta_i \cos\theta_s \tag{6.31}$$

设在目标坐标系下，目标表面满足方程：

$$f(x,y,z) = f(r\sin\theta\cos\phi, r\sin\theta\sin\phi, r\cos\phi) = 0 \tag{6.32}$$

目标在目标坐标系中绕 z 轴旋转时，面元 ΔA_s 点处的多普勒频移为

$$\Delta f = \frac{2\omega r \cos\theta \cos\alpha}{\lambda} \tag{6.33}$$

式中，ω 表示凸体旋转角频率；λ 表示入射光波长；θ 表示面元 ΔA_s 瞬时线速度与探测器方向之间的夹角；r 表示点矢量半径。由简单的几何关系，可以推导出目标的旋转矢量 r，坐标 x 满足如下关系：

$$x = \pm\frac{\lambda\Delta f}{2\omega\sin\lambda} \tag{6.34}$$

对探测器有贡献的面元，必须满足条件 $\cos\beta \geqslant 0$，在直角坐标系下有

$$\begin{cases} n = \dfrac{1}{(f_x^2 + f_y^2 + f_z^2)^{1/2}}(f_x, f_y, f_z) \\[3mm] \cos\beta = \dfrac{f_z^2}{(f_x^2 + f_y^2 + f_z^2)^{1/2}} \\[3mm] \cos\eta = \left|\dfrac{f_y}{(f_x^2 + f_y^2 + f_z^2)^{1/2}}\right| \end{cases} \tag{6.35}$$

式中，$f_x = \dfrac{\partial f(x,y,z)}{\partial x}$，$f_y = \dfrac{\partial f(x,y,z)}{\partial y}$，$f_z = \dfrac{\partial f(x,y,z)}{\partial z}$。

将式(6.31)中的面元 ΔA_s 用 Δx、Δz 表示，并对 x、y 满足的关系为 $\Delta A_s = \Delta x \Delta z / \cos\eta$，角度 η 表示的是面元 ΔA_s 法线与 y 轴的夹角，可表示为

$$g(x,z) = \frac{1}{|\cos\eta|} = \left|\frac{(f_x^2 + f_y^2 + f_z^2)^{1/2}}{f_y}\right| \tag{6.36}$$

因此，旋转目标的激光脉冲波束多普勒散射信号功率满足：

$$P_s = \frac{P_i T_{A1} \eta_t}{\pi \phi^2 \rho_0^2} \pi w_0^2 \exp\left[-\frac{2g_0(\mathbf{r}')}{\phi^2 \rho_0^2}\right] \frac{T_{A2}}{4\pi\rho_0^2} \frac{\pi D^2 \eta_r}{4} \left|\frac{(f_x^2 + f_y^2 + f_z^2)^{1/2}}{f_y}\right| \qquad (6.37)$$
$$\cdot 4\pi f_r \cos\theta_i \cos\theta_s \Delta x \Delta z$$

在远场散射条件下，可以将脉冲波束近似为脉冲平面波，此时功率方程将式(6.37)中的脉冲波束因子近似取 1，式(6.37)写成平面波入射下的激光雷达方程：

$$P_s = \frac{P_i G_t}{4\pi} \frac{A_r}{\rho_0^2} f_r \cos\theta_i \cos\theta_s \qquad (6.38)$$

式中，P_i 为入射激光功率；G_t 为接收器增益；A_r 为接收机孔径。

6.4　旋转目标激光散射多普勒成像

6.4.1　成像建模方法

1. 纵向积分法

本节推导在全局坐标系的凸回转体的后向多普勒谱分析模型。采用在全局坐标

系下沿着激光入射的方向进行积分，称为纵向积分法。激光沿着 z 轴入射，如图 6.8 所示。

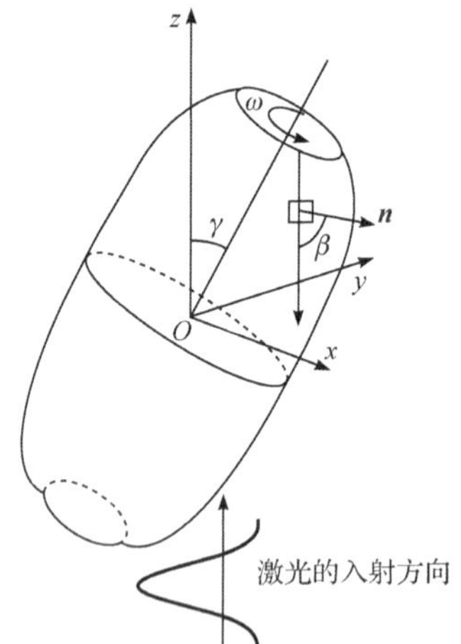

Bankman[220]提出的分析模型只是适用于圆柱和圆锥，采用的是沿着激光的入射方向进行积分，本书把其推广到凸回转体。

如果图 6.8 中目标的转动角速度反向，则 $x = -\lambda\Delta f / (2\omega\sin\gamma)$。Bankman[220]给出的关系式为 $x = \pm\lambda\Delta f / (2\omega\sin\gamma)$，这是一个不确定的关系，并且证明过程复杂。

对于一个激光雷达接收系统，在忽略各种损耗的情况下，对于一个点目标的接收功率表达式如下：

$$P = KP_t \frac{\sigma}{4\pi} \qquad (6.39)$$

图 6.8　全局坐标系下凸回转体的多普勒谱分析模型坐标系框架

式中，P_t 是传输功率；$K = G_r A_r / (4\pi r_t^2 R^2)$，其中，$A_r$ 是探测器接收孔径的面积，G_r 是增益函数，r_t、R 分别是发射器和接收器到目标的距离；σ 是目标的激光雷达截面。当发射器功率 P_t 为平面波形式的入射功率，为常数，并入常数 K 里面，从光源发出，对于扩展目标，r_t、R 分别为坐标系原点到发射天线、接收天线的

距离，目标上每一可照射微元(x, y, z)的后向散射功率如下：

$$\Delta P(\beta) = K f_{\mathrm{r}}(\beta) \Delta A \cos^2 \beta \tag{6.40}$$

式中，$f_{\mathrm{r}}(\beta)$ 为目标表面材料的后向双向反射分布函数(BRDF)，是 β 的函数，依赖于目标的表面材料，当表面材料为朗伯面时，$f_{\mathrm{r}}(\beta)$ 是一个常数，$f_{\mathrm{r}}(\beta) = \rho_{\mathrm{r}} / \pi$，其中，$\rho_{\mathrm{r}}$ 是表面材料的半球反射率，与朗伯表面的材料有关；ΔA 为微元的面积。对于一个圆柱或者圆锥来说，满足 $\cos \beta > 0$ 的点就可以被照射到。

本节研究的是回转体侧面的反射功率，当 $\gamma = 0°$ 时，凸回转体的母线方程为

$$x = f(z) \tag{6.41}$$

当 $\gamma = 0°$ 时，式(6.41)给出的母线方程绕 z 轴旋转给出凸回转体的侧面方程：

$$x^2 + y^2 = f^2(z), \quad z_0 \leqslant z \leqslant z_0 + h \tag{6.42}$$

式中，h 为目标的高度。$0° \leqslant \gamma < 360°$，$\gamma$ 是由 z 轴绕 x 轴从 x 轴负方向看顺时针旋转到凸回转体轴处所转动的角度(见图 6.8)，如果 $\gamma \neq 0°$，则凸回转体的侧面方程如下：

$$F(x, y, z) = x^2 + (y \cos \gamma - z \sin \gamma)^2 - f^2(y \sin \gamma + z \cos \gamma) = 0 \tag{6.43}$$

由式(6.40)计算功率，目标表面微元面积 ΔA 通过其在 xOz 平面投影面积 $\Delta x \Delta z$ 来计算，这里 Δx、Δz 是很小的增量，有

$$\Delta P(\beta, t) = K \Delta A f_{\mathrm{r}}(\beta) \cos^2 \beta = K \frac{\Delta x \Delta z}{|\cos \xi|} f_{\mathrm{r}}(\beta) \cos^2 \beta \tag{6.44}$$

式中，ξ 是微元处法线与 y 轴的夹角，根据式(6.43)可以获得微元处的单位法向矢量 $\boldsymbol{n}$：

$$\boldsymbol{n} = (F_x^2 + F_y^2 + F_z^2)^{-1/2}(F_x, F_y, F_z) \tag{6.45}$$

由式(6.43)可知，式(6.45)中的 y 可以表达成 x、z 的函数，式(6.45)中的变量 y 能被消掉，有

$$|\cos \xi| = |n_y| = \left| \frac{\cos \gamma(y \cos \gamma - z \sin \gamma) - \sin \gamma f(z \cos \gamma + y \sin \gamma) f'(z \cos \gamma + y \sin \gamma)}{|f(z \cos \gamma + y \sin \gamma)| \sqrt{1 + [f'(z \cos \gamma + y \sin \gamma)]^2}} \right| \tag{6.46}$$

β 由下式给出：

$$\cos \beta = n_z = \frac{\sin \gamma(y \cos \gamma - z \sin \gamma) + \cos \gamma f(y \sin \gamma + z \cos \gamma) f'(y \sin \gamma + z \cos \gamma)}{|f(z \cos \gamma + y \sin \gamma)| \sqrt{1 + [f'(z \cos \gamma + y \sin \gamma)]^2}} \tag{6.47}$$

把式(6.46)和式(6.47)代入式(6.44)，可以得到由 x 和 z 表达的功率如下：

$$\Delta P(x,z) = K f_{\mathrm{r}}(\beta) \cos^2 \beta \frac{\Delta x \Delta z}{|\cos \xi|} \tag{6.48}$$

把式(6.48)对 z 积分，有

$$P(x) = K \Delta x \int_{z \in C} \frac{f_{\mathrm{r}}(\beta) \cos^2 \beta}{|\cos \xi|} \mathrm{d}z \tag{6.49}$$

这里的积分区域 C 为

$$C: \begin{cases} \cos \beta = \dfrac{\sin \gamma (y \cos \gamma - z \sin \gamma) + \cos \gamma f(y \sin \gamma + z \cos \gamma) f'(y \sin \gamma + z \cos \gamma)}{|f(z \cos \gamma + y \sin \gamma)| \sqrt{1 + [f'(z \cos \gamma + y \sin \gamma)]^2}} > 0 \\ z_0 \leqslant y \sin \gamma + z \cos \gamma \leqslant z_0 + h \end{cases}$$

$$\tag{6.50}$$

式(6.49)和式(6.50)中的 y 可以被消掉，根据式(6.43)可以表达成 x、z 的函数。

把式(6.3)代入式(6.49)，在 ω、λ、γ、h 和 $f_{\mathrm{r}}(\beta)$ 给定的情况下，$P(x)$ 作为 Δf 的函数，由式(6.3)、式(6.46)、式(6.47)、式(6.49)式和式(6.50)给出任意各向同性粗糙面的凸回转体的多普勒谱分析模型。

2. 横向积分法

全局坐标系基于纵向积分的方法就是把 Bankman[220]的用于圆柱和圆锥的多普勒谱分析模型方法推广到凸回转体，由式(6.49)，当圆柱在视线角为 90° 时，对于任意给定的 x：

$$z = \sqrt{c^2 - x^2}, \quad \alpha = 0° \tag{6.51}$$

积分出现奇异值问题，积分时，积分函数中的分母为 0，积分区间间隔为 0，因此这种特殊情况不能采用对 z 积分的方法计算。对圆锥 $(c = 0)$，当激光入射方向和圆锥轴的夹角与半锥角互余时，中心多普勒零频移处也出现和圆锥相同的奇异值问题。如果母线方程中存在直线，用纵向积分法就会出现奇异值问题。本节采用一种新的计算方法，对 y 积分，对每一个微元积分时，把 z 表达成 x、y 的函数。这种新的积分方法是对 y 积分，y 轴与入射光线的方向垂直，在此称其为横向积分法。

根据式(6.40)，有

$$\Delta P(\beta) = K \frac{\Delta x \Delta y}{\cos \beta} f_{\mathrm{r}}(\beta) \cos^2 \beta = K f_{\mathrm{r}}(\beta) \cos \beta \Delta x \Delta y \tag{6.52}$$

由式(6.43)可知，式(6.52)中的 z 可以表达成 x、y 的函数，式(6.52)中的变量 z 被消掉，表达为 x、y 的函数如下：

$$\Delta P(x,y) = K\Delta x \Delta y f_{\mathrm{r}}(\beta)\cos\beta \tag{6.53}$$

得到后向散射功率 $P(x)$，积分如下：

$$P(x) = K\Delta x \int_{y\in C} f_{\mathrm{r}}(\beta)\cos\beta \mathrm{d}y \tag{6.54}$$

式中，C 为积分区域，由式(6.55)确定：

$$
C:\begin{cases}
\cos\beta = \dfrac{[\sin\gamma(y\cos\gamma - z\sin\gamma) + \cos\gamma f(y\sin\gamma + z\cos\gamma)f'(y\sin\gamma + z\cos\gamma)]}{|f(z\cos\gamma + y\sin\gamma)|\sqrt{1 + [f'(z\cos\gamma + y\sin\gamma)]^2}} > 0 \\[2mm]
z_0 \leqslant y\sin\gamma + z\cos\gamma \leqslant z_0 + h
\end{cases}
\tag{6.55}
$$

式(6.54)和式(6.55)中的 z 可以被消掉，根据式(6.43)可以表达成 x、y 的函数。

横向积分法是对 y 进行积分，而纵向积分法比横向积分法多出一个复杂项。横向积分法不存在奇异值问题，同纵向积分法相比少了一个复杂项，模型简单。

6.4.2　仿真算例

1. 圆柱和圆锥的横向积分法

为了讨论问题的简便，分别以旋转的圆锥、圆柱等目标为例，并假定目标表面为理想漫射面。建立如图 6.9 所示的坐标系，圆锥绕着其位于 yOz 平面内的轴线旋转，圆锥底面半径为 r_{b}，γ 是轴线与 z 轴的夹角，圆锥的顶角为 2α，激光沿着 z 轴入射，面元 ΔA_{s} 上接收到的光功率为 ΔP_{s}。圆锥和圆柱面上任意一点坐标 (x,y,z) 统一由式(6.56)给出：

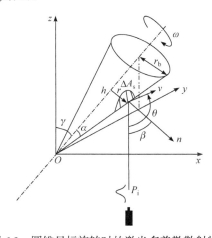

图 6.9　圆锥目标旋转时的激光多普勒散射特征

$$x^2 + y^2 = (z\tan\alpha + c)^2, \quad 0 < z \leqslant h \tag{6.56}$$

式中，$\alpha = 0$ 时为圆柱；c 为圆柱的半径；$c = 0$ 时为圆锥；α 为半锥角。由式(6.56)得

$$f(z) = z\tan\alpha + c, \quad 0 < z \leqslant h \tag{6.57}$$

$$f'(z) = \tan\alpha, \quad 0 < z \leqslant h \tag{6.58}$$

把式(6.57)和式(6.58)代入式(6.47)得

$$\cos\beta = \frac{\sin\gamma(y\cos\gamma - z\sin\gamma)\cos\alpha + \cos\gamma[(y\sin\gamma + z\cos\gamma)\tan\alpha + c]\sin\alpha}{|(y\sin\gamma + z\cos\gamma)\tan\alpha + c|} \tag{6.59}$$

把式(6.57)和式(6.58)代入式(6.55)得

$$C: \begin{cases} \cos\beta = \dfrac{\sin\gamma(y\cos\gamma - z\sin\gamma)\cos\alpha + \cos\gamma[(y\sin\gamma + z\cos\gamma)\tan\alpha + c]\sin\alpha}{|(y\sin\gamma + z\cos\gamma)\tan\alpha + c|} > 0 \\ 0 \leqslant y\sin\gamma + z\cos\gamma \leqslant h \end{cases}$$

$$\tag{6.60}$$

根据式(6.54)得

$$P(x) = K\Delta x \int_{y \in C} f_r(\beta)\cos\beta \mathrm{d}y \tag{6.61}$$

圆锥目标旋转时照射角 ξ 和照射面积的关系如图 6.10 所示。

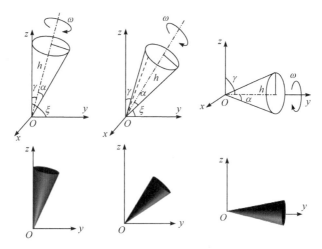

图 6.10　圆锥目标旋转时照射角 ξ 和照射面积的关系

为了建立散射功率与多普勒散射特征的关系，圆锥目标上面元 ΔA_s 处的多普勒频移为 $\Delta f = 2\omega r\cos\theta / \lambda$，其中，$\omega$ 表示圆锥旋转角速度；λ 表示入射光波长；θ 表示面元 ΔA_s 瞬时线速度与探测器方向之间的夹角；r 表示点旋转半径：

$$r = \sqrt{x^2 + (y\cos\gamma - z\sin\gamma)^2} \tag{6.62}$$

$$\cos\theta = \frac{x\sin\gamma}{\sqrt{x^2 + (y\cos\gamma - z\sin\gamma)^2}} \tag{6.63}$$

用 Δf 表示 x：

$$x = \pm\frac{\lambda\Delta f}{2\omega\sin\beta} \tag{6.64}$$

式中，β 是激光入射方向与法线的夹角，目标的法线指向目标的外面，对于一个目标不是所有的点都能照射到，只有满足 $\cos\beta < 0$，即 β 大于 90°的点才可能照射到，对于凸目标而言，当且仅当满足 $\cos\beta < 0$ 的点才可以照射到，并且对于一个固定的接收系统，K 是一个常数，这里计算进行归一化，把 K 取为 1。

由此，把式(6.59)和式(6.60)代入式(6.61)可以计算各个面元的散射功率。

圆锥目标旋转时照射角 ξ 和圆锥与旋转轴夹角 γ 的关系如图 6.11 所示。

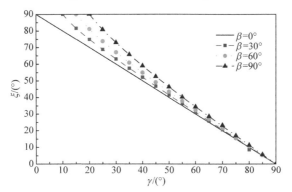

图 6.11　圆锥目标旋转时照射角 ξ 和圆锥与旋转轴夹角 γ 的关系

2. 旋转圆锥

当平面波入射在目标表面上时，在理想漫反射条件下，目标表面为朗伯面，其反射分量只有非相干散射部分，对朗伯体可以讨论其非相干多普勒成像特征。对圆锥目标散射功率可以写成如下形式：

$$
\begin{aligned}
&P(x) \\
&= K\Delta x\frac{\rho}{\pi}\int_{y=C}\frac{\sin\gamma(y\cos\gamma - z\sin\gamma)\cos\alpha + \cos\gamma[(y\sin\gamma + z\cos\gamma)\tan\alpha]\sin\alpha}{|(y\sin\gamma + z\cos\gamma)\tan\alpha|}\,\mathrm{d}y
\end{aligned}
\tag{6.65}
$$

$$\cos\beta = \frac{\sin\gamma(y\cos\gamma - z\sin\gamma)\cos\alpha + \cos\gamma[(y\sin\gamma + z\cos\gamma)\tan\alpha]\sin\alpha}{|(y\sin\gamma + z\cos\gamma)\tan\alpha|} \tag{6.66}$$

$$C: \begin{cases} \cos\beta = \dfrac{\sin\gamma(y\cos\gamma - z\sin\gamma)\cos\alpha + \cos\gamma[(y\sin\gamma + z\cos\gamma)\tan\alpha]\sin\alpha}{|(y\sin\gamma + z\cos\gamma)\tan\alpha|} > 0 \\ 0 \leqslant y\sin\gamma + z\cos\gamma \leqslant h \end{cases}$$

(6.67)

圆锥面上满足式(6.67)的点为照射点。利用式(6.65)计算 x 处功率，根据式(6.64)计算的也是对应多普勒频移的功率，就是圆锥的激光后向多普勒谱。

对于任意给定的 γ，根据式(6.67)可以确定 y 的积分范围，下面对于 γ 在 0°到90°之间进行具体分析。这里 h 是圆锥的高度。

数值计算结果如图 6.12 所示，波长 $\lambda = 1.06\mu m$，横向距离分辨 $\Delta x = 5mm$，纵向距离分辨率 $\Delta z = 10\mu m$，其目标距离采样点取 6 个，对应采样时间 $\Delta t = 0.5ns$。数值计算结果表明，圆锥类目标激光距离多普勒散射成像特征基本相同，在圆锥顶角相同，底面半径相同的条件下，旋转速度越大，激光多普勒频移越大；当旋转速度相同，圆锥顶角相同，底面半径越大，多普勒频移越大；在旋转速度相同的条件下，圆锥高度相同，顶角越大，多普勒频移越大。从图 6.12 中可以看出，当两圆锥的顶角、几何形状相同时，旋转角速度为原来的两倍，多普勒频移宽度也为原来的两倍。当两圆锥的旋转角速度相同时，在它们高度相同的条件下，顶角越大，多普勒频移越大，即多普勒频移与圆锥底面半径成正比。

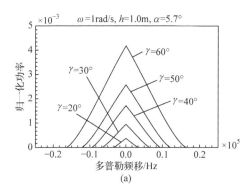 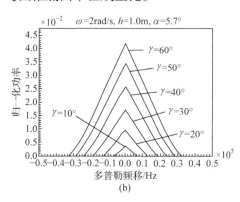

图 6.12　圆锥的多普勒谱

3. 旋转圆柱

对于转动的朗伯圆柱，把 $\sin\alpha = 0$，$\cos\alpha = 1$ 代入式(6.59)得式(6.68)：

$$\cos\beta = \frac{\sin\gamma(y\cos\gamma - z\sin\gamma)}{c}$$

(6.68)

把 $f'(z) = c$，$f(z) = c$ 代入式(6.47)也能得到式(6.68)。

把式(6.68)和 $f_r(\beta) = \rho$ 代入式(6.54)得到 x 处圆柱的激光后向散射功率：

$$P(x) = K\Delta x \int_{y \in C} f_r(\beta)\cos\beta \mathrm{d}y \tag{6.69}$$

把 $\sin\alpha = 0$，$\cos\alpha = 1$ 代入式(6.60)得到：

$$C: \begin{cases} \cos\beta = \dfrac{\sin\gamma(y\cos\gamma - z\sin\gamma)}{c} > 0 \\ 0 \leqslant y\sin\gamma + z\cos\gamma \leqslant h \end{cases} \tag{6.70}$$

利用式(6.69)和式(6.70)可以计算圆柱旋转轴在任意倾角上的功率和 x 的关系，根据式(6.64)，多普勒频移与 x 是正比例关系，这样也能得到接收功率与多普勒频移的关系。对于朗伯体，$f_r(\beta) = \rho / \pi$，得

$$P(x) = \frac{\rho}{\pi} K\Delta x \int_{y \in C} f_r(\beta)\cos\beta \mathrm{d}y \tag{6.71}$$

圆柱目标旋转时倾角 γ 和照射面积的关系如图 6.13 所示。

图 6.13　圆柱目标旋转时倾角 γ 和照射面积的关系

简单组合体多普勒散射特征数值计算结果如图 6.14～图 6.16 所示，波长 $\lambda = 1.06\mu m$，横向距离分辨率 $\Delta x = 5mm$，纵向距离分辨率 $\Delta y = 10\mu m$，在以后的仿真过程中，目标的激光波长、横向距离分辨率、纵向距离分辨率与此相同，后续各节不再重复。

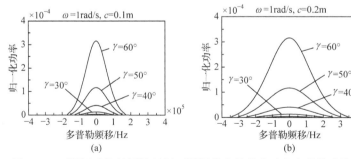

图 6.14　不同尺寸旋转圆柱目标不同视线角的激光后向多普勒成像特征

图 6.14 给出不同尺寸旋转圆柱目标不同视线角的激光后向多普勒散射特征数值计算结果，圆柱半径为 0.1m、0.2m 的激光多普勒成像特征分别如图 6.14(a)、(b)所示。从计算结果可以看出，圆柱体激光多普勒散射特征与圆柱体的半径和旋转速度有关，当旋转速度和视线角固定时，多普勒频移宽度随着圆柱半径增大而增大，当圆柱体的几何形状相同时，旋转速度与多普勒频移成正比。旋转简单组

合体几何示意图如图 6.15 所示。

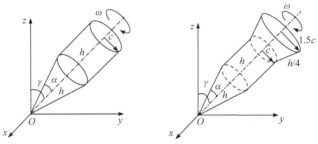

图 6.15　旋转简单组合体几何示意图

4. 锥柱复合目标

根据前面圆柱和圆锥的激光后向多普勒计算模型得到锥柱复合目标的激光后向多普勒计算模型：

$$P(x) = K\Delta x \left(\int_{y \in C_0} f_r(\beta) \cos \beta \mathrm{d}y + \int_{y \in C_y} f_r(\beta) \cos \beta \mathrm{d}y \right) \tag{6.72}$$

$$\begin{cases} C_0: & \cos \beta = \dfrac{\sin \gamma (y \cos \gamma - z \sin \gamma) \cos \alpha + \cos \gamma [(y \sin \gamma + z \cos \gamma) \tan \alpha] \sin \alpha}{|(y \sin \gamma + z \cos \gamma) \tan \alpha|} < 0 \\ & 0 \leqslant y \sin \gamma + z \cos \gamma \leqslant h \end{cases} \tag{6.73}$$

$$\begin{cases} C_y: & \cos \beta = \dfrac{\sin \gamma (y \cos \gamma - z \sin \gamma)}{c} < 0 \\ & h \leqslant y \sin \gamma + z \cos \gamma \leqslant 2h \end{cases} \tag{6.74}$$

图 6.16 给出不同底面半径旋转弹头类锥柱复合目标多普勒散射特征，其中圆锥的顶角分别对应 $\alpha = 5.7°$、$11.3°$，半径 $c = 1\mathrm{m}$、$2\mathrm{m}$，高度 $h = 1\mathrm{m}$，旋转角速度 $\omega = 1\mathrm{rad/s}$。从数值计算结果可以看出，圆锥加圆柱体激光多普勒散射特征与圆锥的顶角、圆柱的底面半径及其旋转速度有关，当圆柱体的几何形状相同，旋转

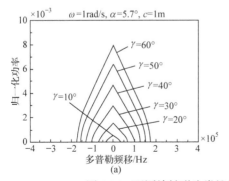

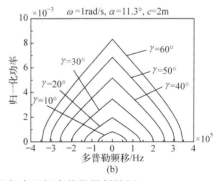

图 6.16　不同旋转弹头类锥柱复合目标多普勒散射特征

速度与多普勒散射频移成正比。

6.5　粗糙目标激光距离散射多普勒成像

对于非朗伯面粗糙目标表面对激光的散射存在着相干(镜反射分量)和非相干(漫反射分量)散射, 6.4 节讨论了朗伯体的激光后向多普勒成像特征, 本节从一般材料特征出发讨论粗糙目标激光距离散射多普勒成像特征。

获取粗糙目标表面材料光学反射特征的方法很多, 在得到目标材料的光学特征后, 利用建立的目标激光距离多普勒成像方法, 可以得到具有任意目标材料的激光距离散射多普勒成像。本节以一种五参数模型[95]材料特征为例数值计算圆球和圆锥目标相干和非相干散射激光距离多普勒成像。该模型考虑了目标表面材料的相干(镜反射)和非相干(漫反射), 同时又考虑了目标表面材料的遮蔽和掩饰现象。在建立模型过程中, 引入平面微观几何模型, 即取微观法线平面的投影, 如图 6.17 所示。

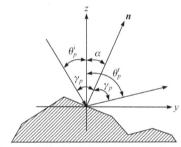

图 6.17　目标材料表面微观结构球面投影

θ_p^i、θ_p^r、γ_p 分别为 θ_i、θ_r、γ 的球面投影, γ 为面元的入射角, 遮蔽函数使用逼近公式:

$$S(\theta_i, \theta_r, \phi_r) = \frac{1 + \dfrac{\omega_p \left|\tan\theta_p^i \tan\theta_p^r\right|}{1 + \sigma_r \tan\gamma_p}}{\left(1 + \omega_p \tan^2\theta_p^i\right)\left(1 + \omega_p \tan^2\theta_p^r\right)} \tag{6.75}$$

式中, $\omega_p = \sigma_p\left(1 + \dfrac{u_p \sin\alpha}{\sin\alpha + \upsilon_p \cos\alpha}\right)$, 且 σ_r、σ_p、u_p、υ_p 为经验参数, 与表面粗糙度参数(表面高度起伏均方根、相关长度)有关。根据球面三角形公式, θ_p^i、θ_p^r、γ_p 的三角函数公式为

$$\begin{cases} \tan\theta_p^i = \tan\theta_i \dfrac{\sin\theta_i + \sin\theta_r \cos\phi_r}{2\sin\alpha\cos\gamma} \\[3mm] \tan\theta_p^r = \tan\theta_r \dfrac{\sin\theta_r + \sin\theta_i \cos\phi_r}{2\sin\alpha\cos\gamma} \\[3mm] \tan\gamma_p = \dfrac{\left|\cos\theta_i - \cos\gamma\right|}{2\sin\alpha\cos\gamma} \end{cases} \tag{6.76}$$

在式(6.75)和式(6.76)中, α 和 γ 与入射角和散射角之间的三角形关系是

$$\cos\alpha = \frac{\cos\theta_i + \cos\theta_r}{2\cos\gamma} \tag{6.77}$$

$$\cos^2\gamma = \frac{1}{2}(\cos\theta_i\cos\theta_r + \sin\theta_i\sin\theta_r\cos\varphi_r + 1) \tag{6.78}$$

材料的五参数 BRDF 模型如下[95]：

$$f_r(\theta_i,\varphi_i,\theta_r,\varphi_r) = k_b \cdot \frac{k_r^2\cos\alpha}{1+\left(k_r^2-1\right)\cos\alpha}\cdot\exp\left[b\cdot(1-\cos\gamma)^a\right]$$

$$\times \frac{S(\theta_i,\phi_i;\theta_r,\varphi_r)}{\cos\theta_i\cos\theta_r} + \frac{k_d}{\cos\theta_i} \tag{6.79}$$

式中，$k_r^2\cos\alpha\,/\,[1+(k_r^2-1)\cos\alpha]$ 表示面元的斜率分布函数；$\exp\left[b\cdot(1-\cos\gamma)^a\right]$ 表示相对菲涅耳反射函数 $F_0(\gamma)$；$S(\theta_i,\phi_i;\theta_r,\varphi_r)$ 表示遮蔽函数；k_b、k_d、k_r、a、b 表示待定参数，它们根据实际测量数据进行拟合确定，k_d 决定漫反射分量的大小，k_b 决定镜像反射分量的大小。

为了使问题具有一般性，先讨论绕 z 轴旋转的回转椭球的激光后向多普勒散射特征。绕 z 轴回转椭球的表面方程可以写成如下的形式：

$$\frac{x^2+y^2}{a^2} + \frac{4z^2}{h^2} = 1 \tag{6.80}$$

$$F(z) = a\sqrt{1 - \frac{4z^2}{h^2}} \tag{6.81}$$

$$F'(z) = \frac{-4az}{h^2}\left(1 - \frac{4z^2}{h^2}\right)^{-\frac{1}{2}} \tag{6.82}$$

式中，h 为回转椭球的高度；a 为回转椭球的半宽度。根据式(6.47)得

$$\cos\beta = \frac{\sin\gamma(y\cos\gamma - z\sin\gamma) + \cos\gamma F(y\sin\gamma + z\cos\gamma)F'(y\sin\gamma + z\cos\gamma)}{|F(z\cos\gamma + y\sin\gamma)|\sqrt{1+[F'(z\cos\gamma + y\sin\gamma)]^2}} \tag{6.83}$$

后向散射功率根据式(6.54)得

$$P(x) = K\Delta x\int_{y\in C_e} f_r(\beta)\cos\beta\mathrm{d}y \tag{6.84}$$

C_e 根据式(6.55)得

$$\begin{cases} \cos\beta = \dfrac{[\sin\gamma(y\cos\gamma - z\sin\gamma) + \cos\gamma F(y\sin\gamma + z\cos\gamma)F'(y\sin\gamma + z\cos\gamma)]}{|f(z\cos\gamma + y\sin\gamma)|\sqrt{1+[f'(z\cos\gamma + y\sin\gamma)]^2}} > 0 \\ \\ -\dfrac{h}{2} \leqslant y\sin\gamma + z\cos\gamma \leqslant \dfrac{h}{2} \end{cases} \tag{6.85}$$

把式(6.84)和式(6.85)修改如下：

$$P(x) = K\Delta x \int_{y\in C_{\mathrm{el}}} f_{\mathrm{r}}(\beta) \frac{|\cos\beta| + \cos\beta}{2} \mathrm{d}y \tag{6.86}$$

$$C_{\mathrm{el}}: \quad -\frac{h}{2} \leqslant y\sin\gamma + z\cos\gamma \leqslant \frac{h}{2} \tag{6.87}$$

利用式(6.81)～式(6.83)、式(6.86)和式(6.87)可以计算回转椭球的距离多普勒谱散射特征。

在讨论目标相干和非相干散射过程中，结合实际探测需要，仍以球形目标为例，令椭球长轴和短轴相等，$a = h/4$，并且其表面材料特征满足式(6.79)给出的五参数 BRDF 模型，结合球形目标几何尺寸，数值计算旋转球形目标激光多普勒相干和非相干散射特征，旋转球形目标旋转坐标系和照射面积如图 6.18 所示。

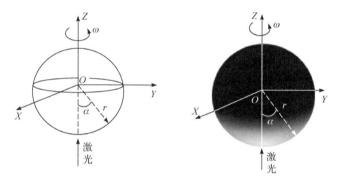

图 6.18　旋转球形目标旋转坐标系和照射面积

图 6.19(a)～(d)给出了以五参数模型为例的一种不同半径不同旋转速度球形目标激光多普勒成像相干和非相干散射特征，其中旋转球形半径分别为 150mm、250mm、400mm。不同尺寸球形目标的两种旋转速度 $\omega = 1\mathrm{rad/s}$、$2\mathrm{rad/s}$。

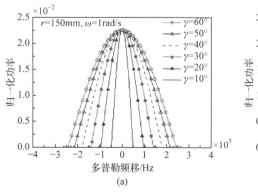

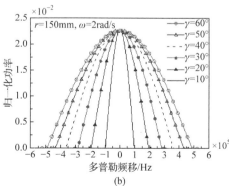

(a)　　　　　　　　　　　　　　　　　(b)

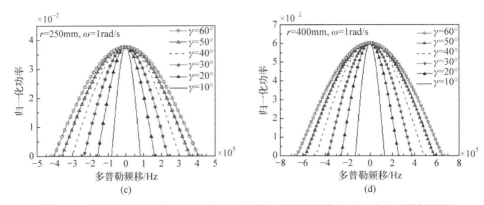

图 6.19　不同半径不同旋转速度球形目标激光多普勒成像相干和非相干散射特征

数值结果表明，当球形目标几何尺寸不变的情况下，旋转速度与多普勒散射频移成正比，多普勒散射功率不随旋转速度的变化而变化。在目标旋转速度一定的条件下，球形目标的旋转速度与多普勒散射频移成正比。当目标几何尺寸增加时，其多普勒散射功率也增加，峰值的增加和几何尺寸近似成正比，即

$$P_{250} / P_{150} = 3.769 / 2.261 = 1.66696$$
$$\approx 250 / 150 = 1.6667 \tag{6.88}$$

$$P_{400} / P_{250} = 6.0297 / 3.769 = 1.5998$$
$$\approx 400 / 250 = 1.6 \tag{6.89}$$

图 6.20(a)～(d)给出了不同锥形目标高度和旋转速度激光多普勒成像特征，其中旋转锥体高度分别为 1000mm、2000mm，半锥角 $\alpha = 5.7°$、30°。数值结果表明，在诱饵球几何尺寸不变的情况下，旋转速度与多普勒散射频移成正比，多普勒散射功率不随旋转速度的变化而变化。目标旋转速度一定条件下，圆锥半径与多普勒散射频移成正比。目标形状相似条件下，当目标几何尺寸比增加时，其距离多普勒散射功率比也增加，峰值的增加和几何尺寸比也近似成正比。

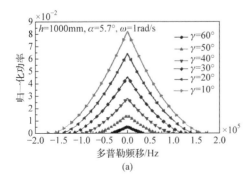

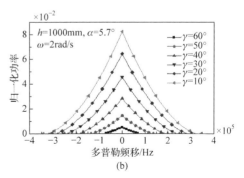

(a) (b)

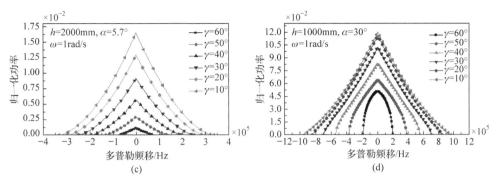

图 6.20　不同锥形目标高度和旋转速度激光多普勒成像特征

6.6　本 章 小 结

本章首先基于旋转凸二次回转体绕轴转动的激光后向散射多普勒成像分析模型，对一些特殊的如圆柱、圆锥、回转抛物面和钝头锥的分析模型进行了数值分析，结果表明，该分析模型能够分析目标的几何尺寸、形状、目标姿态和表面材料对多普勒谱的影响。在将测量和理论相结合的情况下，可以应用这个分析模型探测空间飞行目标的特征。

其次利用纵向和横向积分法推导了在全局坐标系下凸回转体的后向多普勒谱分析模型，为了讨论问题的简便，分别以旋转的圆锥、圆柱等目标为例，假设目标表面为理想漫射面，研究目标激光多普勒散射特征问题。

最后利用建立的多普勒成像方法，以一种五参数模型材料特征为例，数值计算旋转圆锥和圆柱及其组合体的激光相干和非相干散射多普勒成像。

第 7 章　旋转粗糙目标激光距离多普勒成像

7.1　引　　言

激光距离多普勒成像雷达系统利用激光散射特征进行目标测距、定向，并通过位置、径向速度及物体反射特性识别目标。美国空军和导弹防御司令部通过实施具有识别能力的先进激光雷达技术(ADLT)计划来发展这项先进技术，采用距离分辨多普勒成像(RRDI)激光雷达导引头发展激光搜索技术以增强外空间目标的识别能力[169, 171, 172]。由 Textron 公司制造的激光雷达发射接近 11μm、11.15μm 的激光脉冲，在毛伊岛空间监视站试验期间，不仅能探测距离 24km 的直升机，而且确定了直升机旋翼桨叶的个数和长度、旋翼的间距和转速。在目标距离多普勒成像的研究中，美国休斯(Hughes)实验室建立的激光雷达多普勒成像系统(RD-TRIMS)能够检测和识别圆盘、圆球等简单目标的多普勒成像[173]；美国 Lincoln 实验室和福特航空航天通信公司合作利用相干激光多普勒成像雷达获取目标的激光多普勒成像，并能够检测空间飞行平台的运行姿态[173, 179]；Yura 和 Bankman 研究目标相干和非相干散射，并对转动圆锥体成距离多普勒成像实现了目标微运动检测[188, 189]。激光多普勒测速技术也广泛用于进行气象、遥感和流体流速测量等。例如，局部流体速度的测量[188]，速度调制光谱技术通过多普勒频移能进行高分辨的光谱测量[212]。激光测速仪能快速直接定量地测量血液的绝对速度[193]。激光多普勒速度计和时变散斑常用来确定粒子速度、转动粗糙面的角速度、固体目标转动速度及扭转振动速度和表面振动速度[192-194]。例如，文献[255]给出动态分形海面后向散射信号的多普勒谱分形特征，这对目标检测有重要意义。利用多普勒谱可以研究掺硼和掺硫金刚石薄膜的缺陷状态[256]，通过多普勒频移能研究锆离子注入锆-4 合金缺陷及其退火恢复行为[257]，根据序空间神经编码理论，可构建一个生物神经回路处理多普勒信号[258]。文献[259]研究了海面回波各阶多普勒谱的频移特性，得到了多普勒谱频移所对应的理论公式。目标的运动导致的多普勒效应对目标的成像会产生干扰，研究其特性可以实现对图像的修正[200]。

7.2　旋转粗糙凸回转体的激光距离多普勒成像

图 7.1 给出一个在笛卡儿坐标系下绕轴旋转的凸回转体。目标被一个波长为

λ 的脉冲平面波激光全部照射，激光沿着 z 方向入射，光源在 xOy 平面的下面。回转体的轴在 yOz 平面内，轴与 z 轴的夹角 γ 称为视线角(aspect angle)。目标上每一点的后向散射强度依赖于激光的入射方向的反方向与目标指向外面的法线之间的夹角 β，这个夹角称为本地入射角。

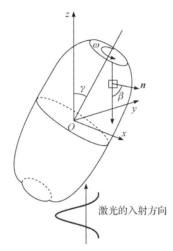

图 7.1   全局坐标系下凸回转体的多普勒谱分析模型坐标系框架

7.2.1   纵向积分法

本小节推导在全局坐标系的凸回转体的后向多普勒谱分析模型。采用在全局坐标系下沿着激光入射的方向进行积分的方法，称为纵向积分法。

Bankman[220]提出的分析模型只是适用于圆柱和圆锥，采用的是沿着激光的入射方向进行积分的方法，本书把其推广到凸回转体。

对于一个雷达接收系统，在忽略各种损耗的情况下，对于一个点目标的接收功率表达式如下：

$$P = KP_t \frac{\sigma}{4\pi} \tag{7.1}$$

式中，P_t 是传输功率；$K = G_r A_r /(4\pi r_t^2 R^2)$，其中，$A_r$ 是探测器接收孔径的面积，G_r 是增益函数，r_t 和 R 分别是发射器和接收器到目标的距离；σ 是目标的激光雷达截面。当发射器功率 P_t 为脉冲形式的入射功率 $S(t)$，从光源发出，对于扩展目标，r_t、R 分别为坐标系的原点到发射天线、接收天线的距离，目标上每一可照射微元(x, y, z)(图 7.1)的后向散射功率如下：

$$\Delta P(\beta, t) = KS(t') f_r(\beta) \Delta A \cos^2 \beta \tag{7.2}$$

式中，$t' = t - (R + r_t)/c - 2z/c$；$f_r(\beta)$ 为目标表面材料在激光入射方向反方向上的双向反射分布函数(BRDF)，是 β 的函数，依赖于目标的表面材料，当表面材料为朗伯面时，$f_r(\beta)$ 是一个常数，$f_r(\beta) = \rho_r/\pi$，其中，ρ_r 为表面材料的半球反射率，与朗伯表面的材料有关；ΔA 为微元的面积。对于一个圆柱或者圆锥来说，满足 $\cos\beta > 0$ 的点就可以被照射到。

本小节研究的是回转体侧面的反射功率，当 $\gamma = 0°$ 时，凸回转体的母线方程为

$$x = f(z) \tag{7.3}$$

当 $\gamma = 0°$ 时，式(7.3)给出的母线方程绕 z 轴旋转给出凸回转体的侧面方程：

$$x^2 + y^2 = f^2(z), \quad z_0 \leqslant z \leqslant z_0 + h \tag{7.4}$$

式中，h 为目标的高度。

当 $0° < \gamma < 360°$，γ 是由 z 轴从 x 轴负方向看按顺时针方向绕 x 轴旋转到凸回转体轴处所转动的角度(见图 7.1)，当 $\gamma \neq 0°$ 时，凸回转体的侧面方程如下：

$$F(x, y, z) = x^2 + (y\cos\gamma - z\sin\gamma)^2 - f^2(y\sin\gamma + z\cos\gamma) = 0 \tag{7.5}$$

由式(7.2)计算功率，目标表面微元面积 ΔA 通过其在 xOz 平面投影面积 $\Delta x \Delta z$ 来计算，这里的 Δx、Δz 是很小的增量，有

$$\Delta P(\beta, t) = KS(t')\Delta A f_r(\beta)\cos^2\beta = KS(t')\frac{\Delta x \Delta z}{|\cos\xi|}f_r(\beta)\cos^2\beta \tag{7.6}$$

式中，ξ 是微元处法线与 y 轴的夹角，根据式(7.5)可以获得微元处的单位法线矢量 $\boldsymbol{n}$：

$$\boldsymbol{n} = (F_x^2 + F_y^2 + F_z^2)^{-1/2}(F_x, F_y, F_z) \tag{7.7}$$

由式(7.5)可知，式(7.7)中 y 可以表达成 x、z 的函数，能被消掉，有

$$|\cos\xi| = |n_y| = \left|\frac{\cos\gamma(y\cos\gamma - z\sin\gamma) - \sin\gamma f(z\cos\gamma + y\sin\gamma)f'(z\cos\gamma + y\sin\gamma)}{|f(z\cos\gamma + y\sin\gamma)|\sqrt{1 + [f'(z\cos\gamma + y\sin\gamma)]^2}}\right|$$

$$\tag{7.8}$$

角 β 由下式给出：

$$\cos\beta = n_z = \frac{[\sin\gamma(y\cos\gamma - z\sin\gamma) + \cos\gamma f(y\sin\gamma + z\cos\gamma)f'(y\sin\gamma + z\cos\gamma)]}{|f(z\cos\gamma + y\sin\gamma)|\sqrt{1 + [f'(z\cos\gamma + y\sin\gamma)]^2}}$$

$$\tag{7.9}$$

把式(7.8)和式(7.9)代入式(7.6)，得到由 x 和 z 表达的功率：

$$\Delta P(x,z,t) = KS(t')f_{\mathrm{r}}(\beta)\cos^2\beta\frac{\Delta x\Delta z}{|\cos\xi|} \tag{7.10}$$

根据式(7.10)，目标 t 时刻在 x 窄带处的后向散射功率为 $P(x,t)$，把式(7.10)对 z 积分有

$$P(x,t) = K\Delta x\int_{z\in C}\frac{S(t')f_{\mathrm{r}}(\beta)\cos^2\beta}{|\cos\xi|}\mathrm{d}z \tag{7.11}$$

式中，积分区域 C 由下式给出：

$$C:\begin{cases}\cos\beta = \dfrac{[\sin\gamma(y\cos\gamma - z\sin\gamma) + \cos\gamma f(y\sin\gamma + z\cos\gamma)f'(y\sin\gamma + z\cos\gamma)]}{|f(z\cos\gamma + y\sin\gamma)|\sqrt{1 + [f'(z\cos\gamma + y\sin\gamma)]^2}} > 0 \\ z_0 \leqslant y\sin\gamma + z\cos\gamma \leqslant z_0 + h\end{cases}$$

$$\tag{7.12}$$

式(7.11)和式(7.12)中的 y 可以被消掉，根据式(7.5)可以表达成 x、z 的函数。

把式(6.3)代入式(7.11)，在 ω、λ、γ、h 和 $f_{\mathrm{r}}(\beta)$ 给定的情况下，得到对于任意给定时刻 t，$P(x,t)$ 作为 Δf 的函数，$P(x,t)$ 给出某时刻 t 时多普勒频移 Δf 的功率。不同的时刻代表脉冲传播到不同空间位置，由式(7.11)、式(7.12)、式(7.8)、式(7.5)和式(6.3)给出任意各向同性粗糙面的凸回转体的距离多普勒成像分析模型。

选坐标 $t = (R + r_t)/c$ 为时间原点，时刻 t 时脉冲传播到 z_t 位置，则

$$P(x,z_t) = K\Delta x\int_{z\in C}S(2z_t/c - 2z/c)\frac{f_{\mathrm{r}}(\beta)\cos^2\beta}{|\cos\xi|}\mathrm{d}z \tag{7.13}$$

式(7.13)给出脉冲波传播到 z_t 位置时目标的多普勒谱，这就是目标的距离多普勒成像。当脉冲宽度趋近无穷大时，脉冲波退化到平面波，即 $S(t)$ 为一个常数，得到是平面波照射下目标的多普勒谱。式(7.13)适用于具有任意各向同性粗糙面的凸回转体。对于不同材料构成的凸回转体，其后向双向反射分布函数 $f_{\mathrm{r}}(\beta)$ 不同，是微元处本地入射角 β 的函数。

7.2.2　横向积分法

根据式(7.6)有

$$\Delta P(\beta,t) = KS(t')\frac{\Delta x\Delta y}{\cos\beta}f_{\mathrm{r}}(\beta)\cos^2\beta = KS(t')f_{\mathrm{r}}(\beta)\cos\beta\Delta x\Delta y \tag{7.14}$$

由式(7.5)可知，式(7.14)中 z 可以表达成 x、y 的函数，能被消掉：

$$\Delta P(x,y,t) = KS(t')\Delta x\Delta y f_{\mathrm{r}}(\beta)\cos\beta \tag{7.15}$$

得到后向散射功率 $P(x,t)$，积分如下：

$$P(x,t) = K\Delta x\int_{y\in C} S(t') f_{\mathrm{r}}(\beta)\cos\beta\mathrm{d}y \tag{7.16}$$

式中，C 为积分区域，由式(7.12)确定。

选坐标 $t=(R+r_t)/c$ 为时间原点，时刻 t 时脉冲传播到 z_t 位置，则

$$P(x,z_t) = K\Delta x\int_{z\in C} S(2z_t/c-2z/c) f_{\mathrm{r}}(\beta)\cos\beta\mathrm{d}y \tag{7.17}$$

式中，积分区域 C 由式(7.12)给出。式(7.17)和式(7.12)中的 z 可以被消掉，根据式(7.5)可以表达成 x、y 的函数。

式(7.17)给出脉冲波传播到 z_t 位置时目标的多普勒谱，这就是目标的距离多普勒成像。当脉冲宽度趋近无穷大时，脉冲波退化到平面波，即 $S(t)$ 为一个常数，得到平面波照射下目标的多普勒谱。式(7.17)适用于具有任意各向同性粗糙面的凸回转体。对于不同材料构成的凸回转体，其后向双向反射分布函数 $f_{\mathrm{r}}(\beta)$ 不同，是微元处本地入射角 β 的函数。下面通过式(7.17)分析不同脉冲宽度及不同材料对目标距离多普勒成像的影响。

7.3　圆锥、圆柱以及复合目标的激光距离多普勒成像

7.3.1　圆锥和圆柱的激光距离多普勒成像模型公式

1. 圆柱的激光距离多普勒成像

对于圆柱，有

$$f(z) = c, \quad 0\leqslant z\leqslant h \tag{7.18}$$

式中，c 是一个常数，是圆柱的半径；根据式(7.16)，圆柱侧面功率谱为

$$P(x,z_t) = K\Delta x\int_{z\in C} S(2z_t/c-2z/c_0) f_{\mathrm{r}}(\beta)\cos\beta\mathrm{d}y \tag{7.19}$$

式中，c_0 为光速。

根据式(7.18)得

$$f'(z) = 0, \quad 0\leqslant z\leqslant h \tag{7.20}$$

由式(7.9)得

$$\cos\beta = \frac{[\sin\gamma(y\cos\gamma - z\sin\gamma) + \cos\gamma f(y\sin\gamma + z\cos\gamma)f'(y\sin\gamma + z\cos\gamma)]}{|f(z\cos\gamma + y\sin\gamma)|\sqrt{1 + [f'(z\cos\gamma + y\sin\gamma)]^2}}$$

$$= \frac{[\sin\gamma(y\cos\gamma - z\sin\gamma) + \cos\gamma f(y\sin\gamma + z\cos\gamma) \times 0]}{|f(z\cos\gamma + y\sin\gamma)|\sqrt{1 + 0^2}}$$

$$= \frac{\sin\gamma(y\cos\gamma - z\sin\gamma)}{c}$$

$$(7.21)$$

β 由式(7.22)给出：

$$\cos\beta = \frac{\sin\gamma(y\cos\gamma - z\sin\gamma)}{c} \tag{7.22}$$

根据式(7.12)，有

$$C:\begin{cases} \cos\beta > 0 \\ 0 \leqslant y\sin\gamma + z\cos\gamma \leqslant h \end{cases} \tag{7.23}$$

由式(7.5)得

$$\begin{cases} x^2 + (y\cos\gamma - z\sin\gamma)^2 - c^2 = 0 \\ (y\cos\gamma - z\sin\gamma)^2 = c^2 - x^2, \quad y\cos\gamma - z\sin\gamma = \pm\sqrt{c^2 - x^2} \end{cases} \tag{7.24}$$

则

$$z = (y\cos\gamma \mp \sqrt{c^2 - x^2})/\sin\gamma \tag{7.25}$$

式中，如果 $\sin\gamma = 0$，圆柱的侧面没有被照射，则 $P(x) = 0$。对任意的 γ，圆柱侧面的功率谱由式(7.19)、式(7.22)、式(7.23)和式(7.25)给出。

2. 圆锥的激光距离多普勒成像

圆锥的方程如下：

$$f(z) = z\tan\alpha, \quad 0 \leqslant z \leqslant h \tag{7.26}$$

式中，α 为圆锥的半锥角；h 为圆锥的高度。

根据式(7.17)，圆锥侧面的功率谱如下：

$$P(x, z_t) = K\Delta x \int_{z \in C_0} S(2z_t/c - 2z/c)f_r(\beta)\cos\beta \mathrm{d}y \tag{7.27}$$

由式(7.26)得

$$f'(z) = \tan\alpha, \quad 0 \leqslant z \leqslant h \tag{7.28}$$

把式(7.26)和式(7.28)代入式(7.9)，有

$$\cos\beta = \frac{\sin\gamma(y\cos\gamma - z\sin\gamma) + \cos\gamma(y\sin\gamma + z\cos\gamma)\tan\alpha\sin\alpha}{|(y\sin\gamma + z\cos\gamma)\tan\alpha|} \tag{7.29}$$

把式(7.26)和式(7.28)代入式(7.12)，有

$$C_o: \begin{cases} \cos\beta = \dfrac{\sin\gamma(y\cos\gamma - z\sin\gamma) + \cos\gamma(y\sin\gamma + z\cos\gamma)\tan\alpha\sin\alpha}{|(y\sin\gamma + z\cos\gamma)\tan\alpha|} > 0 \\ 0 \leqslant y\sin\gamma + z\cos\gamma \leqslant h \end{cases} \tag{7.30}$$

把式(7.26)代入式(7.5)得

$$x^2 + (y\cos\gamma - z\sin\gamma)^2 - (y\sin\gamma + z\cos\gamma)^2\tan^2\alpha = 0 \tag{7.31}$$

$$x^2 + [y^2\cos^2\gamma + z^2\sin^2\gamma - yz\sin(2\gamma)] - [y^2\sin^2\gamma + z^2\cos^2\gamma + yz\sin(2\gamma)]\tan^2\alpha = 0 \tag{7.32}$$

则

$$x^2 + y^2\cos(2\gamma) - z^2\cos(2\gamma) - yz\sin(2\gamma)\csc^2\alpha = 0 \tag{7.33}$$

利用式(7.27)、式(7.29)～式(7.33)能够计算圆锥的激光距离多普勒谱。

7.3.2 朗伯漫反射面

对于漫反射的朗伯表面，有

$$f_r = k_L = \frac{\rho_r}{\pi} \tag{7.34}$$

式中，ρ_r 为朗伯表面的半球反射率。

这里脉冲的输入功率为高斯形式：

$$S(t) = S_0\exp(-2t^2 / T_0^2) \tag{7.35}$$

式中，T_0 为脉冲宽度。这里选择 $\lambda = 1\mu m$，$h = 1m$，$\Delta x = 5mm$，$\Delta z = 10\mu m$，$\omega = 1rad / s$ 来模拟圆柱和圆锥的激光距离多普勒成像。

把 $K_L = KS_0k_L$ 归一化为 1，计算的功率为归一化功率。图 7.2 给出脉冲宽度为 1ns，高度为 1m 时朗伯圆柱的归一化距离多普勒成像。图 7.2(a)和(b)分别给出半径为 0.1m 圆柱在视线角 $\gamma = 10°$ 和 60° 时的归一化距离多普勒成像，图 7.2(c)和(d)分别给出半径为 0.2m 圆柱在视线角 $\gamma = 10°$ 和 60° 时的归一化距离多普勒成像。平面波入射，给定倾角时，在任何距离位置的相同多普勒频移对应的功率都是相同的。

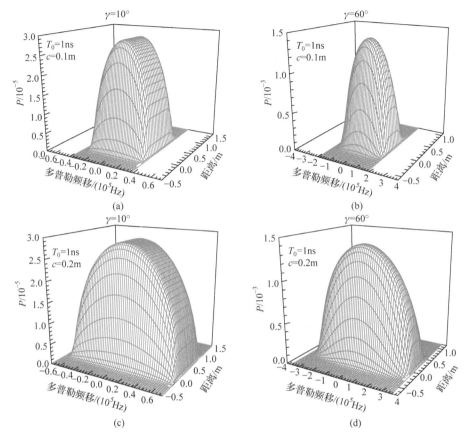

图 7.2 脉冲宽度 T_0 为 1ns，高度 h 为 1m 时朗伯圆柱的归一化距离多普勒成像

从图 7.2 可以看出，圆柱的半径加倍时，距离多普勒成像在频移轴上宽度也加倍，这由式 (6.3) 可以给出证明。视线角 60° 的像在距离轴上比 10° 的窄，这是因为 60° 时圆柱在光的入射方向的投影距离小。当 $0° \leqslant \gamma \leqslant 90°$ 时，随着视线角的增大，像在频移轴上的宽度增大，这由式 (6.3) 可以给出证明，距离轴上宽度减小，正如图 7.2 所示。当 $0° \leqslant \gamma \leqslant 90°$，随着视线角的增加，像的高度增加，这是因为随着视线角的增加，本地入射角减小，同时在激光入射方向的投影面积增加。高度一定的圆柱，对于给定的视线角，在中心零频移处本地入射角固定且最小，在激光入射方向的投影面积相同，因此高度一定的圆柱，对于给定的视线角，多普勒距离像的高度一定，正如图 7.2 所示。本书的分析模型能够给出目标的几何形状和姿态的信息。这里给出了与文献 [220] 一致的结果。

图 7.3 给出脉冲宽度分别为 2ns、5ns、20ns 和 50ns 时，视线角为 10° 时，半径为 0.1m，高度为 1m 的朗伯圆柱的距离多普勒成像。平面波入射，给定倾角时，在任何距离位置的相同多普勒频移对应的功率都是相同的。

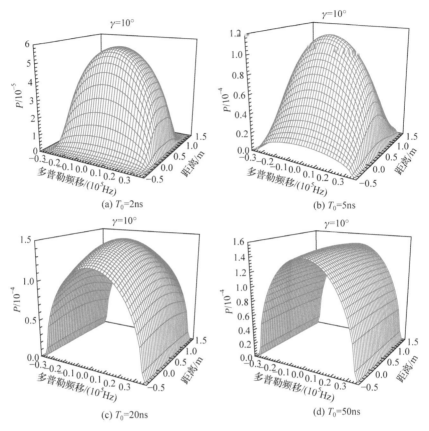

图 7.3　视线角为 10°，半径为 0.1m，高度 h 为 1m 的朗伯圆柱不同脉冲宽度的距离多普勒成像

从图 7.3 可以看出，本小节的距离多普勒成像分析模型能够给出脉冲平面波退化到平面波的结果，随着脉冲宽度的增加，距离多普勒成像趋近平面波入射的情况。图 7.4 给出了视线角为 10°，高度为 1m，半锥角为 5.7° 的朗伯圆锥不同脉冲宽度的距离多普勒成像，脉冲宽度分别为 1ns、5ns、20ns 和 50ns。

从图 7.4 可以看出，随着脉冲宽度的增加，圆锥的距离多普勒成像趋近平面波入射的情况。文献[172]和[217]中给出圆锥的距离多普勒成像的实验结果和本书模拟的圆锥距离多普勒成像很相似，这两个文献中没有给出圆锥的具体参数，说明这个分析模型能给出圆柱和圆锥的距离多普勒成像。

7.3.3　粗糙面后向 BRDF 对入射角具有指数分布的情况

对于一些材料，后向 BRDF 对入射角满足指数分布[252]：

$$f_\mathrm{r}(\beta) = \frac{3\sec^6\beta}{4\pi s^2}\exp\left(-\frac{\sqrt{6}\tan\beta}{s}\right)|R(0)|^2 \tag{7.36}$$

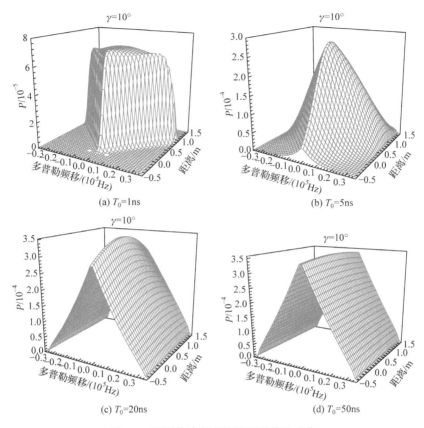

图 7.4 不同脉冲宽度的距离多普勒成像

式中，s 是粗糙面的均方根斜率；$R(0)$ 是垂直入射时的菲涅耳反射系数。把式(7.36)代入(7.19)和式(7.27)，$K_E = 3K|R(0)|^2 S_0 / (4\pi s^2)$ 归一化为 1，图 7.5 给出 $s = \tan 30°$，视线角为 $10°$，脉冲宽度为 1ns 具有指数分布表面的半径为 0.1m 的圆柱和半锥角为 $5.7°$ 的圆锥的距离多普勒成像。

从图 7.5 可以看出，同朗伯情况相比，BRDF 具有指数分布表面，圆柱和圆锥的距离多普勒成像在多普勒轴上从中心零频移处下降更快，这是由于 BRDF 具有指数分布表面要比朗伯情况光滑。这种性质可以用来对表面材料进行区分。

7.3.4 脉冲平面波退化到平面波

当 $T_0 = \infty$ 时，有

$$S(t) = S_0 \tag{7.37}$$

脉冲平面波退化成平面波。

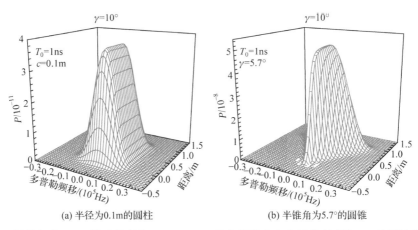

图 7.5　视线角为 10°，脉冲宽度为 1ns，BRDF 具有指数分布表面的高度为 1m 的圆柱和圆锥的距离多普勒成像

半径 $c=0.1$m 圆柱的 9 个不同视线角 γ 的朗伯表面功率谱曲线如图 7.6(a)所示。把 $K_L = Kk_L$ 归一化为 1，$\lambda = 1\mu$m，$h = 1$m，$\Delta x = 5$mm，$\Delta y = 10\mu$m，$\omega = 1$rad/s 被选择来计算功率谱。视线角 γ 的变化由 10° 到 90°，角度间隔为 10°。圆柱的 10° 到 60° 的功率谱与文献[220]中给出的相应圆柱的功率谱完全相同(文献[220]中只给出 10° 到 60° 的多普勒成像)。这说明该模型能给出圆柱的多普勒功率谱。文献[220]对 z 进行积分，当 $\gamma = 90$° 时，对于圆柱侧面上每一个给定的 x 处所在窄带上，z 是相同的，对 z 进行积分时积分函数为无穷大而积分限区间间隔为 0，出现奇异值问题。本书的多普勒功率谱模型不存在奇异值问题且简单。

为了同圆柱进行比较，圆锥的高度 h 为 1m。图 7.6(b)给出半锥角 $\alpha = 5.7$° 的朗伯圆锥的功率谱，其底半径为 0.1m。把 $K_L = Kk_L$ 归一化为 1，$\lambda = 1\mu$m，$h = 1$m，$\Delta x = 5$mm，$\Delta y = 10\mu$m，$\omega = 1$rad/s 被选择来计算功率谱。图 7.6(b)视

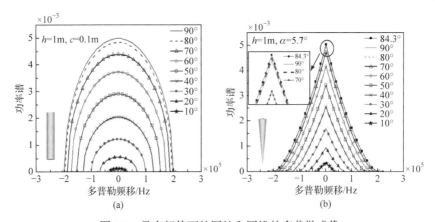

图 7.6　具有朗伯面的圆柱和圆锥的多普勒成像

线角比图 7.6(a)中多了 84.3°。文献[220]对 z 进行积分，$\gamma = 84.3°$ 在多普勒零频移处出现同圆柱一样的奇异值问题。圆锥的 10°到 60°的功率谱同文献[220]中给出的相应圆锥的结果相同(文献[220]中只给出 10°到 60°的功率谱)，说明该分析模型是正确的，同时不存在奇异值问题，且模型简单。

7.3.5　复合目标激光距离多普勒成像

下面给出球冠和圆台组成的复合目标钝头锥的距离多普勒成像，图 7.7 给出朗伯钝头锥的激光距离多普勒成像。

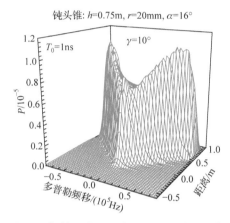

图 7.7　朗伯钝头锥的激光距离多普勒成像

从图 7.7 可以看出，随着距离的增加，目标的激光距离多普勒成像变宽，这是因为随着距离的增加，目标的横向宽度增加，根据式(6.3)，目标的多普勒频移增加。图中在 0m 的峰值是由球的表面引起的，在球的表面存在一个镜像反射点。

7.4　本 章 小 结

在激光照射下绕轴转动的回转体具有多普勒频移。本章推导了转动目标的多普勒频移的表达式，改进了原来文献的推导方法。原来文献给出的推导方法对于同一个点的多普勒频移具有两个不确定的值，两者相差正负号，本章从多普勒的公式出发利用矢量点乘，推导了绕轴转动目标的多普勒频移的表达式。由于凸二次曲面可以代表圆柱、圆锥、回转抛物面和钝头锥等一类目标，建立了全局坐标系下的凸二次曲面回转体的激光后向多普勒谱分析模型。数值计算圆柱、圆锥、回转抛物面和钝头锥的激光后向多普勒谱。圆柱和圆锥的多普勒谱同参考文献吻合得很好,说明这分析模型可以退化到圆柱和圆锥的激光后向多普勒谱分析模型。数值分析了目标形状、姿态和表面材料对多普勒谱的影响,不同姿态之间存在差异,表面材料对其也有很大的影响,对于同一类目标,表面越光滑,其姿态的影响越大。结合激光脉冲雷达方程,研究了粗糙目标的脉冲波散射的多普勒谱,即目标的激光距离多普勒成像。建立了基于全局坐标系的纵向积分法、横向积分法的凸回转体的激光距离多普勒成像计算模型,数值计算了圆柱、圆锥和钝头锥的激光距离多普勒成像,分析了目标的形状、姿态、脉冲宽度和表面材料对成像的影响。脉冲宽度逐渐增加时距离多普勒成像趋近目标多普勒谱,可以退化到平面波下的多普勒谱。本章的激光后向多普勒分析模型和距离多普勒成像的分析模型对于多普勒测速仪和目标识别具有一定的建模仿真技术贡献。

第8章 在轨目标激光距离多普勒成像

8.1 引 言

随着军用航天技术的发展，天战已逐渐走进军事领域中，它包括在外层空间的、外层空间同地面或空中所进行的对抗行动。来袭目标采用多目标、诱饵、隐身和低空飞行等先进突防技术的改进和多样化，这对防御系统目标识别提出了更高的要求。

激光雷达距离分辨多普勒成像(RRDI)是一种最新的激光雷达探测技术，它可以进行目标探测、目标识别和目标状态分析。这对空间复杂环境目标光学特性的理论预估、实验数据获取建模建库、特征提取与识别具有重要的意义。该问题的研究已成为空间攻防对抗、目标的侦察、监视、跟踪、特征提取和识别的关键技术，为大气层外杀伤飞行体(EKV)等国防武器装备研制、试验、仿真训练提供重要的技术支撑。

由于雷达波长较长，因此对微运动目标的识别存在一定的困难。激光距离多普勒成像仪是一项正在迅速发展的高新技术，备受航天和军用应用领域的关注。激光距离多普勒成像雷达系统利用激光散射特征用于目标测距、定向，并通过位置、径向速度和物体反射特性识别目标。在空间目标的探测与特征识别问题中，随着激光器与空间探测技术的不断发展与完善，使采用激光距离多普勒成像探测与识别微运动目标成为可能。

美国弹道导弹防御局(BMDO)近年来对利用激光雷达提高针对目标的探测与识别精度方面进行了大量的研究工作。在 BMDO 支撑下的拦截机识别探测计划项目(DITP)旨在发展新一代的雷达成像系统。在此计划的支持下开发的模拟仿真系统旨在提高导弹防御系统中激光雷达的设计与应用开发。

美国空军和导弹防御司令部正在通过实施具有识别能力的先进激光雷达技术(ADLT)计划来发展这项先进技术，采用距离分辨多普勒成像(RRDI)激光雷达导引头来发展激光搜索技术，进行目标探测、目标鉴别和目标状态分析，以增强外空间动能导引头的目标识别能力。

本章主要研究在轨目标激光距离多普勒成像特征,并利用地球-大气辐射统计模型、目标旋转和平动四阶统计特征，分析环境和粗糙目标表面高度起伏对成像探测的影响。本章的研究方法为开展空间目标激光特征识别和微运动探测提供预先理论仿真基础。

8.2 空间在轨运动目标激光距离多普勒成像

8.2.1 空间在轨运动目标姿态

在空间目标遥测时，空间运动目标的位置和速度是在发射坐标系给出，最一般性的姿态参数是本体坐标轴之间的方向余弦。这种方法不直观，缺乏明显的几何图像概念，常用刚体转动的欧拉角表示空间运动目标姿态。由于空间运动目标姿态可唯一确定，各种姿态参数之间可以相互转换，同时，相对各种参考坐标的姿态也可相互转换[260-263]。

空间在轨运动目标的本体坐标系(简称"目标坐标系")$O_B X_B Y_B Z_B$，发射坐标系 $O_G X_G Y_G Z_G$，地心坐标系 $O_E X_E Y_E Z_E$ 的关系如图 8.1 所示。

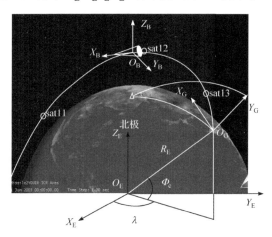

图 8.1　空间在轨运动目标各种坐标系的关系

图 8.1 中目标坐标系 $O_B X_B Y_B Z_B$ 固连于目标本身，目标坐标系原点 O_B 在空间目标的质心上；$O_B Z_B$ 轴指向空间目标纵轴；$O_B Y_B$ 轴指向空间目标竖轴；$O_B X_B$ 轴指向空间目标横轴。发射坐标系 $O_G X_G Y_G Z_G$ 固连于地球表面，发射坐标系随地球一起旋转，是描述空间目标相对地面运动的坐标系，为一动坐标系。发射坐标系原点 O_G 在地球表面某点上；$O_G Y_G$ 轴与地球切平面垂直,指向重力反方向；$O_G X_G$ 轴在水平面内，其方向指向某一确定方向；$O_G Y_G$ 轴方向按右手坐标系确定。地心坐标系 $O_E X_E Y_E Z_E$ 这种固连地球的地心坐标系又称为地心地固坐标系，它随地球旋转，为一动坐标系。其原点 O_E 在地心处；$O_E X_E$ 轴在赤道面内，指向格林尼治子午线方向；$O_E Z_E$ 轴垂直于赤道面，沿地球自旋轴指向北极方向；$O_E Y_E$ 轴在赤

道面内, 方向按右手坐标系确定。假设发射坐标系原点的经度为 λ, 地心纬度为 Φ_c, $O_G X_G$ 轴指向方位角 α 的方向, 方位角是 $O_G X_G$ 轴与正北方向的夹角。地心坐标系与发射坐标系之间的关系由经度 λ、地心纬度 Φ_c 和方位角 α 联系, 地球平均半径为 R_e。

在描述空间运动目标的姿态角时用欧拉角表示, 欧拉角是目标坐标系相对发射坐标系的欧拉角。因此, 需要把空间运动目标的位置和速度从发射坐标系转换到地心坐标系, 在地心坐标系定义目标坐标系相对地心坐标系的欧拉角。

当空间在轨目标做运动时, 首先须对空间运动目标位置和速度在目标、发射和地心坐标系之间进行变换, 并且在描述目标运动姿态进动特征, 需根据目标进动的偏航角、俯仰角和滚动角, 利用欧拉角变换矩阵关系, 将目标在轨运动姿态变换到发射坐标系下。

图 8.2 为假定在轨目标不同高度、不同时刻、不同速度运动轨道航迹模型。图 8.2(a)表示的是空间运动目标在发射坐标系下值的情况, 随着时间的逐步推移, X 轴的数值逐步变大, 同时 Y 轴的坐标是先增大后减小的, 因为选定的空间运动目标初始时刻的 Y 轴坐标为 0, 但是实际当中因为测量的是一个空间运动目标的发射中段直至坠落的过程, 所以在初始时刻之后, 空间运动目标开始由上升逐步转为坠落过程, 这个过程当中 Y 轴的数值是逐步减小的。图 8.2(b)是空间运动目标的飞行高度、速度和时间航迹图, 从速度看, 空间运动目标在经过一段时间后, Y 轴速度降到最低, 之后空间运动目标开始坠落, 速度方向也朝向反方向, 而 X 轴的速度也同样如此, 再朝着规定的正方向飞了一段时间, 然后向相反的方向飞, 而向反方向开始飞和它坠落不是同一个时间。图 8.2(c)是空间运动目标的速度航迹图, 从速度上来看, 空间运动目标在上升段速度有所减小, 但是在载入段速度又开始增加, 这一点在图 8.2(b)中也可以看出。

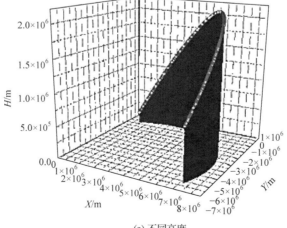

(a) 不同高度

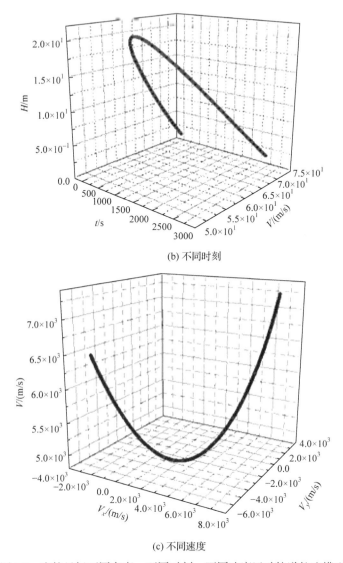

(b) 不同时刻

(c) 不同速度

图 8.2　在轨目标不同高度、不同时刻、不同速度运动轨道航迹模型

8.2.2　空间在轨运动目标多普勒成像特征

1. 视线角的计算

空间运动目标的多普勒谱和一维距离像随着时间的变化，需要计算运动目标在任意时刻的姿态，这里研究的空间运动目标简化为回转体，这样多普勒谱和一维距离像只是同激光与回转体的轴之间的夹角有关，这个角称为视线角。激光的入射方向在发射坐标系下设定，计算的具体思路：获得由发射坐标系到目标坐标

系的变换矩阵，把激光入射光线的入射方向转化到目标坐标系，在目标坐标系下计算运动目标的多普勒谱和一维距离像。下面介绍目标坐标系和发射坐标系的变换矩阵。

1) 目标坐标系

目标坐标系($O_B X_B Y_B Z_B$)固连于武器，坐标系原点 O_B 在目标的质心上；$O_B X_B$ 轴指向目标纵轴；$O_B Y_B$ 轴指向目标竖轴，即 $O_B Y_B$ 轴在目标主对称平面内与 $O_B X_B$ 轴垂直，指向上；$O_B Z_B$ 轴指向目标横轴，与 $O_B X_B$ 轴垂直，按右手坐标系方向确定，如图 8.3 所示。

2) 发射坐标系

发射坐标系($O_G X_G Y_G Z_G$)固连于地球表面，随地球一起旋转。发射坐标系原点 O_G 在地球表面某点上；$O_G Y_G$ 轴与地球切平面垂直，指向重力反方向；$O_G X_G$ 轴在水平面内，其方向指向某一确定方向；$O_G Z_G$ 轴方向按右手坐标系确定，如图 8.4 所示。

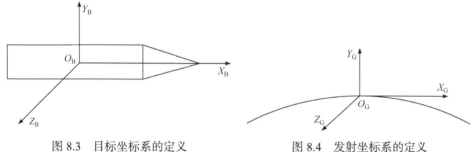

图 8.3　目标坐标系的定义　　　　　　　图 8.4　发射坐标系的定义

3) 发射坐标系到目标坐标系的变换矩阵

按先偏航后俯仰再滚动的次序逆时针转动正欧拉角。偏航角 ψ 是目标纵轴 $O_B X_B$ 在发射坐标系 $X_G O_G Z_G$ 平面内的投影与发射坐标系 $O_G X_G$ 轴的夹角；俯仰角 θ 是目标纵轴 $O_B X_B$ 与发射坐标系 $X_G O_G Z_G$ 平面的夹角；滚动角 ϕ 是目标横轴 $O_B Y_B$ 与目标偏航平面 $X_B O_B Z_G$ 的夹角，则转换矩阵为

$$L_{BG} = \begin{bmatrix} \cos\theta\cos\psi & \sin\theta & -\cos\theta\sin\psi \\ -\cos\phi\sin\theta\cos\psi + \sin\phi\sin\psi & \cos\phi\cos\theta & \cos\phi\sin\theta\sin\psi + \sin\phi\cos\psi \\ \sin\phi\sin\theta\cos\psi + \cos\phi\sin\psi & -\sin\phi\cos\theta & -\sin\phi\sin\theta\sin\psi + \cos\phi\cos\psi \end{bmatrix}$$

$$(8.1)$$

2. 空间在轨运动目标激光一维距离像

激光入射方向在发射坐标系的天顶角为 90°、方位角为 30°的方向，激光入射

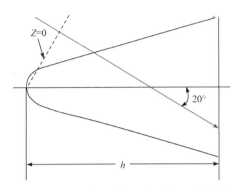

图 8.5　激光在钝头锥模型坐标系下入射示意图

方向与空间目标运动平面平行。运动目标为由图 8.5 所示的钝头锥，表面假设为朗伯表面。根据图 8.5 所示的在轨运动目标俯仰角、偏航角和滚动角，由式(8.1)计算空间运动目标的视线角随时间变化曲线，利用式(4.36)～式(4.39)给出的凸回转体一维距离像分析模型得到这个钝头锥的激光一维距离像随时间变化的动态一维距离像。

计算的视线角从时间 175s 到 178s 变化，间隔为 1s 的视线角(有效数字保留到个位)分别为 160°、142°、121° 和 90°，之后视线角稳定在 20° 左右，这里的视线角相当于如图 8.5 所示的目标坐标系的天顶角，距离 0 点选在目标坐标系的尖端处，沿着激光的入射方向为正，从而可以得出 175s 到 178s 时的一维距离像在 −1000 到 −500 之间有一个很高的峰，这是因为在 175s 到 178s 激光相当于从目标的后面入射(目标尖端为前面)，这个峰值是钝头锥的底面的脉冲散射值，而在 178s 之后视线角稳定在 20° 左右，激光从目标尖端处向后入射，见图 8.5，因此在 178s 之后一维距离像比较稳定，但也有微小的差异。图 8.7 为空间运动目标随时间变化的一维距离像。

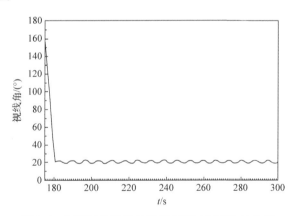

图 8.6　空间运动目标的视线角随时间变化的曲线

3. 多普勒谱

由图 8.2 可以看出，目标在运动过程中沿着弹道飞行，同时绕自身的轴转动，从给出的滚动角变化速度可以计算其绕轴转动角速度，数值计算旋转角速度为 $\omega = 12\text{rad/s}$，目标俯仰角、导航角摆动导致其在不同时刻处于不同姿态，不考虑

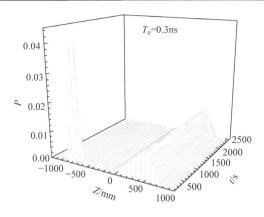

图 8.7 空间运动目标随时间变化的一维距离像

目标俯仰角和导航角变化引起的多普勒频移，只是考虑其平动和绕轴转动多普勒谱随时间变化的情况。激光的入射方向在发射坐标系天顶角为 90°，方位角为 30°的方向。其转动后向多普勒谱也只是与激光入射方向和目标转动轴之间的夹角有关，这个夹角与计算一维距离像的视线角相同，其随时间变化的曲线见图 8.6。目标整体的平动导致的后向多普勒频谱由图 8.8 给出，由图 8.8 可以看出，随着时间的增加，其平动导致的多普勒频谱线性地增加。空间目标转动的后向多普勒谱由图 8.9 给出。

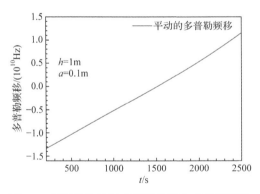

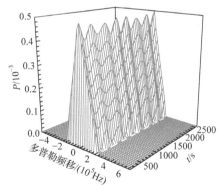

图 8.8 目标整体的平动导致的后向多普勒频谱　　图 8.9 空间目标转动的后向多普勒谱

从图 8.9 可以看出，其后向散射多普勒谱的峰值随时间变化，这是因为视线角在一定范围摆动变化，具有一定的平稳性。从在轨仿真结果也可以看出弹头在轨进动过程中，其多普勒谱的峰值随着进动角，即目标的俯仰角、导航角摆动时，其距离多普勒谱散射特征信号峰值功率也在周期性波动，这是因为其视线角周期性的波动(见图 8.6)。在 175s 到 178s 多普勒谱没有像图 8.7 所示的一维距离像那样明显地变化，因为这里的激光后向多普勒谱只是考虑了转动目标的侧面，而没有考虑底面，虽然在 175s 到 178s 时间段内激光照射到了目标的底面，侧面的影响没有底面的影响大，而这时视线角大于 90°，侧面的后向多普勒谱的峰值和其他情况差别不大。

目标在每一个时刻的多普勒频移忽略摆动和进动的影响，只考虑平动和转动多普勒谱，是在转动的多普勒频移上增加一个平动的多普勒频移，这样每一个时刻的多普勒谱的中心点不在零频移处，而是在各个时刻的平动多普勒频移上，选择 205s、206s、207s 和 208s 四个时刻的平动加转动的整体的多普勒谱，见图 8.10。

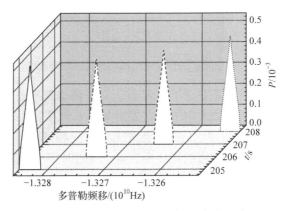

图 8.10　平动加转动的整体的多普勒谱

从图 8.10 可以看出，平动加转动的多普勒谱的峰值所在中心频移不同，而是近似线性的变化，这是因为这个在轨运动目标由平动引起的多普勒频移是近似线性变化的，这可从图 8.8 看出。

图 8.11 给出了考虑不同进动和纯滚动条件下目标激光距离多普勒散射特征之间的比较。从仿真结果可以看出，当目标有进动时，其多普勒散射特征频移量和信号功率都在随着进动角，即目标的俯仰角、导航角摆动而增大和减小。

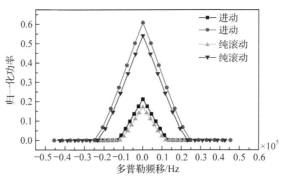

图 8.11　考虑不同进动和纯滚动条件下目标激光距离多普勒散射特征之间的比较

　　图 8.12 为在轨目标考虑进动条件下助推段激光距离多普勒散射特征,图 8.13
为在轨目标考虑进动条件下载入段激光距离多普勒散射特征,从在轨仿真结果也
可以看出弹头在轨进动过程中,其距离多普勒谱散射特征频移量和信号功率都在
随着进动角,即目标的俯仰角、导航角摆动而增大和减小,而且当俯仰角、导航
角在目标前进方向摆动时,其距离多普勒散射特征信号峰值功率也在周期性波动,
比较结果见图 8.14,其中图 8.14(a)和(b)分别为目标在轨助推段和载入段距离多普
勒谱散射特征信号峰值功率,图 8.14(c)和(d)分别为地面不同发射点和接收点接收
的多普勒谱特征信号。

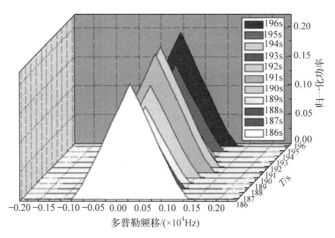

图 8.12　在轨目标考虑进动条件下助推段激光距离多普勒散射特征

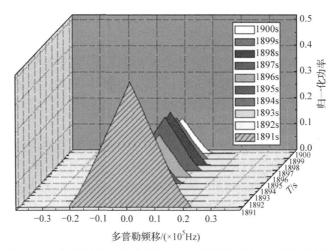

图 8.13　在轨目标考虑进动条件下载入段激光距离多普勒散射特征

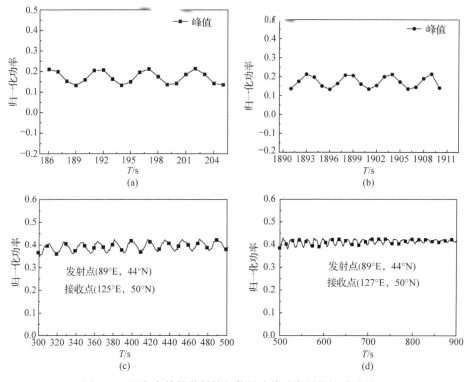

图 8.14　距离多普勒散射特征信号峰值功率周期性波动情况

8.3　空间在轨目标飞行地基观测的实时激光多普勒成像

　　多普勒雷达技术能够发现、识别和探测空间目标，在航空航天、国防军事领域有着广泛的应用，运动目标的多普勒特征作为目标探测的一个重要信息能有效提高雷达成像质量和识别空间复杂目标的形状、姿态等[264,265]，开展动目标的多普勒技术研究显得非常重要。

　　多普勒技术出现在电磁应用中，Barrick、Pont 及其他众多国内外学者通过研究目标的粗糙面、地基雷达探测和目标的多普勒特征等将这一技术逐步完善，并最终应用到空间目标探测任务中[181,188,192,195,214,252,266-270]。随着激光器的发明，人们将多普勒效应由电磁和微波段延伸到激光光波段。Youmans[183]研究了雷达波形，用于远距离成像旋转圆柱体，并对多普勒质心和多普勒宽度进行了简单估计，还提出了一个简单的"反射"圆柱体的初步模型[191,218]。Bankman[220]研究了目标坐标系下旋转圆柱和圆锥目标的多普勒特征，Gong 等[271]提出了绕轴旋转的凸二次回转体后向散射多普勒功率谱的模型。王明军等[272]研究了地基观测空间在轨运行圆锥目标的激光归一化功率随时间和多普勒频移之间的关系。

本节的工作是在前期工作的基础上，构建不同经、纬度地基观测站实时观测在轨飞行空间复杂目标的模型，通过卫星工具包(STK)给出模拟假想的空间目标轨道数据，考虑地基观测点发出的探测激光在大气气溶胶衰减特性，在已知精确发射点和观测点坐标时，数值计算激光照射不同粗糙面、不同模型尺寸和观测点在不同位置时目标的归一化功率随时间和多普勒频移的变化。

8.3.1　目标坐标系下空间在轨复杂目标飞行模型

结合工程应用实际情况，给出的空间复杂目标是一个圆锥和圆柱的组合体。在目标的整个探测过程中，已知地基发射点和观测点的经、纬度，当一束激光由观测点发射，穿过大气，经过目标发射后，再由观测点接收，通过接收器接收到激光信号，对目标状态进行分析。激光在到达目标表面和被雷达接收之前都要经过大气介质，在大气介质中的传播分解为严格沿传播方向的直射光分量 I_{direct} 和偏离传播方向的漫射分量 I_{diffuse}，对于直射光分量有[273]

$$I_{\text{direct}} = I_0 \exp(-\tau) \tag{8.2}$$

式中，I_0 为激光功率；τ 为大气气溶胶的光学厚度。

确定目标的位置和姿态，需要建立好三个坐标系，分别是目标坐标系 $O_B X_B Y_B Z_B$、发射坐标系 $O_G X_G Y_G Z_G$ 和地心坐标系 $O_E X_E Y_E Z_E$ [261,274]，如图 8.15 所示。目标的位置和姿态可以通过转换矩阵在三个坐标系中变换。目标坐标系固连于目标本身，并且坐标原点在质心处，坐标轴 $O_B X_B$ 指向目标顶端，平面 $Y_B O_B Z_B$ 平行于目标底面。发射坐标系的原点是地球表面上的一点，坐标轴 $O_G X_G$ 垂直于这一点的切面，$O_G Y_G$ 平行于赤道面，$O_G Z_G$ 由右手坐标系决定。地心坐标系的原点在地心位置，坐标轴 $O_E X_E$ 在赤道面内，且指向格林尼治子午线，$O_E Z_E$ 指向北极点。

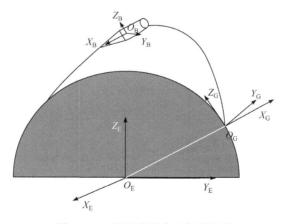

图 8.15　空间目标及各坐标系关系

8.3.2 空间在轨复杂目标的激光多普勒成像仿真模型

如图 8.16 所示，首先建立坐标系 $Oxyz$，组合体目标由圆锥和圆柱组成，圆锥的半锥角为 α，且顶点在原点处，转轴在 yOz 平面内，与 z 轴之间的夹角为 γ。

当激光由 P 点发射照射到目标表面时，目标的高速旋转导致产生了多普勒频移。被照亮区域中的一个面元为 ΔA，激光入射反方向与面元的法向方向的夹角为 β，与面元的线速度方向的夹角为 θ。激光被面元散射之后被激光雷达接收，接收功率是入射角 β 的函数：

$$\Delta P(\beta) = K\rho(\beta)\Delta A\cos\beta\exp(-2\tau) \tag{8.3}$$

式中，K 包含所有的修正系数；ΔA 是面元的面积；τ 是大气气溶胶的光学厚度。假设在观测时间段内天气良好，无冰云等阻挡，取 $\tau = 0.1$，整个过程激光穿过大气两次，那么总的光学厚度为 2τ[275]。

地球是椭球形的，经度和纬度都是在这种情况下给出的，而地理纬度大于地心纬度，如图 8.17 所示。

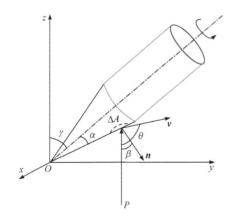

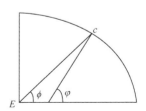

图 8.16　目标坐标系中的目标模型　　　　图 8.17　地理纬度和地心纬度

地心纬度可以通过地理纬度表示出来[261]：

$$\sigma = \delta - f\sin(2\delta) \tag{8.4}$$

式中，$f = 1/298.257$，是地球的扁平率。地球表面上点与地心之间的距离为

$$R = R_{\mathrm{E}}\frac{1-f}{\sqrt{1-f(2-f)\cos^2\sigma}} \tag{8.5}$$

式中，$R_{\mathrm{E}} = 6371.004\mathrm{km}$，为地球的平均半径。若某点的纬度和经度分别为 φ 和 θ，则这点在地心坐标系中的坐标为

$$\begin{cases} x_{E} = R\cos(\sigma)\cos(\eta) \\ y_{E} = R\cos(\sigma)\sin(\eta) \\ z_{E} = R\sin(\eta) \end{cases} \tag{8.6}$$

坐标系首先绕 x 轴旋转 ϕ，再绕 y 轴旋转 φ，最后绕 z 轴旋转 ψ 之后得到另一个坐标系，那么两个坐标系之间的转换矩阵为

$$\boldsymbol{L} = \begin{bmatrix} \cos\varphi\cos\psi & \sin\psi & -\cos\varphi\sin\psi \\ -\cos\phi\sin\psi\cos\psi + \sin\phi\sin\psi & \cos\phi\cos\varphi & \cos\phi\sin\varphi\sin\psi + \sin\phi\cos\phi \\ \sin\phi\sin\varphi\cos\psi + \cos\phi\sin\psi & -\sin\phi\cos\varphi & -\sin\phi\sin\varphi\sin\psi + \cos\phi\cos\psi \end{bmatrix}$$

$$\tag{8.7}$$

若发射点的纬度和经度分别为 δ_1 和 η_1，这点在地球坐标系中的坐标 (x_{E1}, y_{E1}, z_{E1}) 可以由式(8.6)求出。观测点在地球坐标系中的坐标为 (x_{E2}, y_{E2}, z_{E2})。从地球坐标系到地面坐标系中的转换矩阵为 $\boldsymbol{L}_1$，这个矩阵可以由发射点的经纬度求出，那么观测点在地面坐标系中的坐标为

$$(x_{G3}, y_{G3}, z_{G3})^{\mathrm{T}} = \boldsymbol{L}_1^*((x_{E2}, y_{E2}, z_{E2}) - (x_{E1}, y_{E1}, z_{E1}))^{\mathrm{T}} \tag{8.8}$$

STK 软件可以模拟目标的飞行轨迹，并产生姿态数据俯仰角、偏航角和滚动角，这些数据都是在地面坐标系中的。若目标的坐标为 (x_{G0}, y_{G0}, z_{G0})，显然激光的发射方向为

$$(x_{G4}, y_{G4}, z_{G4}) = (x_{G0}, y_{G0}, z_{G0}) - (x_{G3}, y_{G3}, z_{G3}) \tag{8.9}$$

从地面坐标到目标坐标系的转换矩阵 $\boldsymbol{L}_2$ 可以用飞行姿态来确定，因此在目标坐标系中激光的发射方向为

$$(x_{B5}, y_{B5}, z_{B5})^{\mathrm{T}} = \boldsymbol{L}_2^*(x_{G4}, y_{G4}, z_{G4})^{\mathrm{T}} \tag{8.10}$$

显然偏转角 γ 为

$$\cos\gamma = \frac{(-1, 0, 0) \cdot (x_{B5}, y_{B5}, z_{B5})}{\sqrt{x_{B5}^2 + y_{B5}^2 + z_{B5}^2}} \tag{8.11}$$

坐标系中目标表面方程为

$$\begin{cases} x^2 + y^2(\cos^2\gamma - \tan^2\alpha\sin^2\gamma) + z^2(\sin^2\gamma - \tan^2\alpha\cos^2\gamma) = 2yz(\sin\gamma\cos\gamma)(1 + \tan^2\alpha) \\ \qquad\qquad 0 < z < -y\tan\gamma + \dfrac{h_1}{\cos\gamma} \\ x^2 + y^2\cos^2\gamma + z^2\sin^2\gamma = 2yz\sin\gamma\cos\gamma + c^2, \quad -y\tan\gamma + \dfrac{h_1}{\cos\gamma} < z < -y\tan\gamma + \dfrac{h_2}{\cos\gamma} \end{cases}$$

$$\tag{8.12}$$

式中，α 是圆锥的半锥角；c 是目标的底面半径；h_1 是圆锥的高度；h_2 是圆柱的高度。经过数学推导，入射角为

$$\begin{cases} -\dfrac{\sin\alpha\cos\alpha \pm \sin\gamma\cos\gamma}{\cos\alpha\cos\gamma \pm \sin\gamma\sin\alpha}, & 0 < z < -y\tan\gamma + \dfrac{h_1}{\cos\gamma} \\[3mm] \pm\dfrac{\sin\gamma\sqrt{c^2 - x^2}}{c}, & -y\tan\gamma + \dfrac{h_1}{\cos\gamma} < z < -y\tan\gamma + \dfrac{h_2}{\cos\gamma} \end{cases} \tag{8.13}$$

当 $\cos\beta$ 为正值时，表示激光能被照射到的区域；当 $\cos\beta$ 为零时，表示能被照射与否的分界线。

目标绕着轴线快速旋转，则其表面面元的多普勒频移为

$$\Delta f = \frac{2r\omega\cos\theta}{\lambda} \tag{8.14}$$

式中，θ 是激光的入射方向和面元线速度的夹角；λ 是入射激光的波长；ω 是目标物的旋转角速度；r 是面元与转轴的距离。从式(8.12)可以推导出 θ 和 γ 之间的关系为

$$r\cos\theta = \pm x\sin\gamma \tag{8.15}$$

多普勒频移就可以表示为

$$x = \pm\frac{\lambda\Delta f}{2\omega\sin\gamma} \tag{8.16}$$

面元 ΔA 的面积可以用无穷小量表示为

$$\Delta A = \frac{\Delta x\Delta z}{|\cos\vartheta|} \tag{8.17}$$

式中，ϑ 是 y 轴正方向和面元法向量之间的夹角。由式(8.12)和式(8.13)可得

$$\frac{1}{|\cos\vartheta|} = \begin{cases} \left|\dfrac{z\sin\alpha\cos\alpha\cos\gamma \pm (\sin\alpha\sin\gamma)\sqrt{x^2(\sin^2 - \cos^2) + (z\sin)^2}}{\cos\alpha(\sin^2\alpha - \cos^2\gamma)\sqrt{x^2(\sin^2 - \cos^2) + (z\sin)^2}}\right|, & 0 < z < -y\tan\gamma + \dfrac{h_1}{\cos\gamma} \\[4mm] \left|\dfrac{c}{\cos\gamma\sqrt{c^2 - x^2}}\right|, & -y\tan\gamma + \dfrac{h_1}{\cos\gamma} < z < -y\tan\gamma + \dfrac{h_2}{\cos\gamma} \end{cases} \tag{8.18}$$

若目标是一个朗伯体，则散射方程为

$$\rho(\beta) = k_L\cos\beta \tag{8.19}$$

式中，k_L 是一个常量。然而，不同材料的散射方程是不同的，指数散射方程为

$$\rho(\beta) = k_E\exp(-\eta\beta) \tag{8.20}$$

本小节中 k_L 和 k_E 为归一化的值。因此，在每一个时刻，朗伯体的后向散射功

率和多普勒之间的关系为

$$P(x) = \pm K_L \exp(-2\tau) \frac{\lambda \Delta f}{2\omega \sin \gamma} \int \frac{\cos^2 \beta}{|\cos \vartheta|} dz \tag{8.21}$$

式中，$K_L = K \cdot k_L$。同理，指数材料的后向散射功率和多普勒之间的关系为

$$P(x) = \pm K_E \frac{\lambda \Delta f}{2\omega \sin \gamma} \exp(-2\tau) \int \frac{\cos \beta}{|\cos \vartheta|} \exp(-\eta \beta) dz \tag{8.22}$$

式中，$K_E = K \cdot k_E$。

8.3.3　空间在轨目标飞行地基观测激光多普勒成像仿真

目标在 STK 软件产生的轨道中运行，姿态在每个时刻都是不同的。当发射地点不变，给出了不同观测点，不同表面散射材料，不同尺寸圆锥、圆柱目标的多普勒特征、时间和功率之间的关系。

1. 算例一

目标底面半径 $c = 0.2\text{m}$，圆锥和圆柱的高度为 $(h_1 = 0.75\text{m}, h_2 = 1.5\text{m})$，$(h_1 = 0.75\text{m}, h_2 = 1.5\text{m})$，$(h_1 = 0.75\text{m}, h_2 = 2.25\text{m})$，则圆锥的半锥角为

$$\alpha = \arctan \frac{c}{h_1} \tag{8.23}$$

目标的旋转速度为 18rad/s，并且 $\lambda = 1\mu\text{m}$。当目标的表面材料是指数反射率时，η 值为 5。发射点和观测点位置的经度、纬度都是 0°。式(8.21)和式(8.22)积分时的步长分别取 $\Delta x = 3\text{mm}$ 和 $\Delta z = 5\text{mm}$。圆锥和圆柱不同尺寸比时激光雷达接收到的后向散射归一化功率随多普勒特征和时间的关系如图 8.18 所示，图 8.18(a)～(c)和图 8.18(d)～(f)分别是不同尺寸比时朗伯粗糙面和指数粗糙面目标的后向散射归一化功率随多普勒特征和时间的变化关系。结果表明，两种粗糙面对应的归一化功率随时间波动。整体呈上升趋势。每个时刻归一化功率在多普勒频移为零时都有极大值，多普勒频移小于零时朗伯粗糙面的归一化功率为凸型增加，指数粗糙面为凹型增加。相同时刻，且圆锥和圆柱有相同的尺寸比时，指数材料的归一化功率的最大值比朗伯材料的归一化功率最大值大一个数量级。尺寸比分别为 1:1、1:2 和 1:3 时，相同时刻朗伯粗糙面归一化功率增加幅度较大，而指数粗糙面归一化功率增加不明显，这说明底面半径和高度相同时圆锥指数粗糙面比圆柱指数粗糙面的归一化功率大数倍。

图 8.19 给出了圆锥和圆柱不同尺寸比时后向散射归一化功率峰值随时间的变化关系。从图中可以看出，不同尺寸比对朗伯粗糙面归一化功率峰值影响较大，对指数粗糙面归一化功率峰值影响较小。圆柱高度 h_2 增大时，归一化功率峰值逐

渐增大，说明相同高度和底面半径的圆柱的归一化功率峰值比圆锥的大。

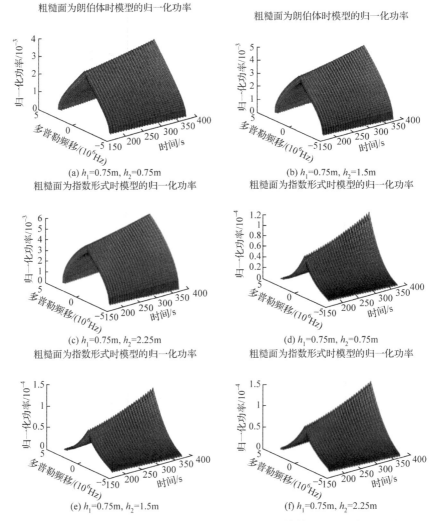

图 8.18　圆锥和圆柱不同尺寸比时激光雷达接收到的后向散射归一化功率随多普勒频移和时间的关系

2. 算例二

发射点坐标不变，观测点的位置分别为 (1.5°E,1°N) 和 (6°E,1°S)，目标的尺寸为 $h_1 = 0.75\text{m}$，$h_2 = 0.75\text{m}$，其他参数与算例一相同。目标的后向散射归一化功率随多普勒特征和时间的变化关系如图 8.20 所示，图 8.20(a)～(b) 和图 8.20(c)～(d) 分别为观测点位置在 (1.5°E,1°N) 和 (6°E,1°S) 时朗伯粗糙面和指数粗糙面的后向散射归一化功率随多普勒特征和时间的变化关系。结果表明，观测点在 (1.5°E,1°N)

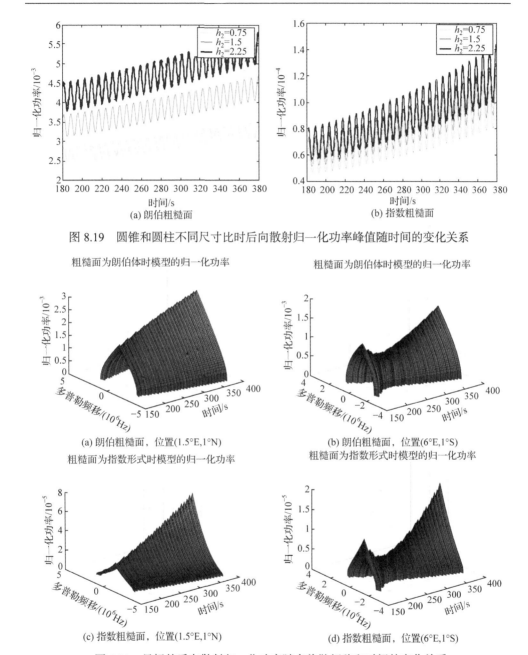

(a) 朗伯粗糙面

(b) 指数粗糙面

图 8.19　圆锥和圆柱不同尺寸比时后向散射归一化功率峰值随时间的变化关系

粗糙面为朗伯体时模型的归一化功率　　　　　　粗糙面为朗伯体时模型的归一化功率

(a) 朗伯粗糙面，位置(1.5°E,1°N)　　　　　　(b) 朗伯粗糙面，位置(6°E,1°S)

粗糙面为指数形式时模型的归一化功率　　　　　粗糙面为指数形式时模型的归一化功率

(c) 指数粗糙面，位置(1.5°E,1°N)　　　　　　(d) 指数粗糙面，位置(6°E,1°S)

图 8.20　目标的后向散射归一化功率随多普勒频移和时间的变化关系

位置的归一化功率峰值增速比在 (0°E,0°N) 位置快很多，但在整个时间段内都是增加的。观测点在 (6°E,1°S) 时朗伯粗糙面和指数粗糙面的三维视图与在前面两个位置的有较大差异，归一化功率先减小后增大，最小值未达到零。目标在赤道面内飞行，观测点在开始时刻激光入射对应的 γ 较大，随着时间延长 γ 先减小再增加，对应的归一化功率也随着时间延长先减小后增加，而观测点 (6°E,1°S) 不在赤道面内，偏转角不会降低到零，故归一化功率也不会变为零。

图 8.21 给出了观测点在不同位置时后向散射归一化功率峰值随时间的变化关系。观测点在 (6°E,1°S) 时朗伯粗糙面和指数粗糙面的归一化功率峰值相比其他两个位置都很小，在最低点附近的波动很小且不规律。观测点在 (1.5°E,1°N) 时归一化功率的峰值逐渐增大，表明 γ 的值波动更加剧烈，在 180s 时接近归一化功率峰值的最小值。

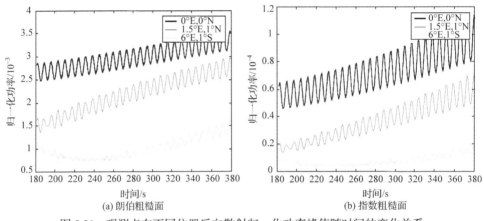

(a) 朗伯粗糙面　　　　　　　　(b) 指数粗糙面

图 8.21　观测点在不同位置后向散射归一化功率峰值随时间的变化关系

8.4　本　章　小　结

本章结合空间目标在轨飞行弹道航迹，依据其飞行姿态，数值仿真了具有进动运动特征目标距离多普勒成像。当目标在轨飞行时，其多普勒散射特征频移量和信号功率都在随着进动角，即目标的俯仰角、导航角摆动而增大或者减小，增大和减小的幅度与俯仰角、导航角摆动大小有关，摆动越大，多普勒频移增加，反之减小，但不论是增加还是减小，其距离多普勒散射特征信号峰值功率也在周期性波动。

利用地球-大气辐射统计平均模型，分析了地球-大气辐射系统对在轨运行距离多普勒散射特征的影响。给出了两种同纬度，不同经度全球各个地区地球-大气辐射统计平均对在轨目标多普勒散射特征的影响。

本章主要针对空间在轨目标具有进动运动特征，数值仿真其不同时刻激光距离多普勒成像特征，分析成像影响因素，该方法能够应用于空间在轨目标激光雷达特征识别领域中，对开展空间在轨目标真实场景下激光目标探测和空间目标微运动检测等领域的研究有着重要的意义。

参 考 文 献

[1] KERR D E. Propagation of Short Waves[M]. New York: McGraw Hill, 1951.

[2] WYMAN P W. Definition of laser radar cross section[J]. Applied Optics, 1968, 7(1): 207.

[3] RUCK G T. Radar Cross-Section Handbook[M]. New York: Plenum, 1970.

[4] MAFFETT A L. Topic for a Statistical Description of Radar Cross-Section[M]. New York: John Wiley &Sons, 1989.

[5] 吴振森. 任意形状粗糙物体的激光后向散射[J]. 电子科学学刊, 1993(4): 359-366.

[6] WU Z, CUI S. Bistatic scattering by arbitrarily shaped objects with rough surface at optical and infrared frequencies[J]. International Journal of Infrared and Millimeter Waves, 1992, 13(4): 537-549.

[7] KNEPP D, GOLDHIRSH J. Numerical analysis of electromagnetic radiation properties of smooth conducting bodies of arbitrary shape[J]. IEEE Transactions on Antennas and Propagation, 1972, 20(3): 383-388.

[8] RAO S M, WILTON D R, GLISSON A W. Electromagnetic scattering by surfaces of arbitrary shape[J]. IEEE Transactions on Antennas and Propagation, 1982, 30(3): 409-418.

[9] WOHLERS M R. IR sea surface clutter model based on rough surface scattering theory[C]. Characterization, Propagation, and Simulation of Sources and Backgrounds Ⅱ. SPIE, 1992, 1687: 480-489.

[10] ESTEP J A, GU Z H. Ladar signature simulation[C]. Automatic Object Recognition Ⅱ. SPIE, 1992, 1700: 119-130.

[11] JAFOLLA J, THOMAS D, HILGERS J. Comparison of BRDF representations and their effect on signatures[J]. Surface Optics Corporation, 1998: 1-17.

[12] STEINVALL O K, CARLSSON T. Three-dimensional laser radar modeling[C]. Laser Radar Technology and Applications Ⅵ. SPIE, 2001, 4377: 23-34.

[13] 杨春平, 吴健, 何毅, 等. 随机粗糙柱面的激光散射特性研究[J]. 强激光与粒子束, 2001, 13(5): 521-524.

[14] 刘科祥, 许荣国, 吴振森, 等. 外场目标激光散射特性测量及分析[J]. 中国激光, 2006(2): 206-212.

[15] 张恒伟, 薛建国, 郑永军, 等. 大目标激光散射特性测量研究[J]. 光电技术应用, 2007(3): 49-51.

[16] 王明军, 吴振森, 李应乐, 等. 平动和旋转目标激光散射强度协方差统计特性[J]. 红外与激光工程, 2008(5): 810-813.

[17] 张涵璐, 吴振森, 曹运华. 目标激光散射特性测量及分析[J]. 电波科学学报, 2008, 23(5): 973-976.

[18] 黄成功, 吴军辉, 赵琳锋, 等. 一种表面激光散射特性数据三维测量方法[J]. 中国激光, 2012, 39(7): 197-203.

[19] HAN Y, SUN H, GUO H. Research on rocket laser scattering characteristic simulation software[J]. Laser Physics, 2013, 23(5): 056007.

[20] 叶秋. 空中复杂目标散射计算方法研究[D]. 合肥: 合肥工业大学, 2015.

[21] 杨旭, 吕健, 胡磊力, 等. 复杂大目标激光散射特性测量与评估技术研究[J]. 电光与控制, 2015, 22(11): 104-108.

[22] 陈剑彪, 孙华燕, 陈瑶瑶, 等. 基于 BRDF 模型的空中目标激光散射特性分析[J]. 兵器装备工程学报, 2016, 37(2): 115-118.

[23] 高宇辰, 周冰, 刘贺雄, 等. 军事目标激光散射特性研究进展[J]. 激光与红外, 2017, 47(9): 1063-1070.

[24] 孙华燕, 陈剑彪, 周哲帅, 等. 目标散射特性对激光雷达回波特性的影响分析[J]. 激光与红外, 2018, 48(5): 555-559.

[25] 张向东, 吴振森, 吴成柯. 复杂目标后向 LRCS 的计算[J]. 电子科学学刊, 1997, 19(5): 709-712.

[26] 李良超, 吴振森, 薛谦忠. 一种计算复杂目标激光雷达散射特性的快速算法[J]. 西安电子科技大学学报(自然科学版), 2000, 27(5): 577-580.

[27] CHUN C S L, SADJADI F A. Polarimetric laser radar target classification[J]. Optics Letters, 2005, 30(14):1806-1808.

[28] 王柯, 牛伟忠, 刘其龙. 基于激光后向散射的运动目标定点跟踪系统[J]. 激光杂志, 2021, 42(4): 164-168.

[29] 齐若伊, 李坤, 杨苏辉, 等. 基于独立元分析的水下激光雷达后向散射噪声去除方法[J]. 光学学报, 2021, 41(4): 31-38.

[30] LI Q, YANG G, YAN S, et al. Achieve accurate recognition of 3D point cloud images by studying the scattering characteristics of typical targets[J]. Infrared Physics & Technology, 2021, 117: 103852.

[31] TOMIYASU K. Relationship between and measurement of differential scattering coefficient (σ^0) and bidirectional reflectance distribution function (BRDF)[J]. IEEE Transactions on Geoscience and Remote Sensing, 1988, 26(5): 660-665.

[32] NICODEMUS F E. Directional reflectance and emissivity of an opaque surface[J]. Applied Optics, 1965, 4(7):767-775.

[33] NICODEMUS F E. Reflectance nomenclature and directional reflectance and emissivity[J]. Applied Optics, 1970, 9(6): 1474-1475.

[34] TERRIER P, DEVLAMINCK V, CHARBOIS J M. Segmentation of rough surfaces using a polarization imaging system[J]. Journal of the Optical Society of America A-Optics, Image Science, and Vision, 2008, 25(2): 423-430.

[35] WHITEHOUSE D J. Surface metrology[J]. Measurement Science and Technology, 1997, 8(9): 955.

[36] LIU J C, YMAZAKI K, ZHOU Y, et al. A reflective fiber optic sensor for surface roughness in-process measurement[J]. Journal of Manufacturing Science and Engineering, 2002, 124(3):515-522.

[37] WANG S, TIAN Y, TAY C J, et al. Development of a laser-scattering-based probe for on-line measurement of surface roughness[J]. Applied Optics, 2003, 42(7): 1318-1324.

[38] ZHU Q Z, ZHANG Z M. Correlation of angle-resolved light scattering with the microfacet orientation of rough silicon surfaces[J]. Optical Engineering, 2005, 44(7): 073601-1-073601-12.

[39] GUREGIAN J J, PEPI J, SCHWALM M, et al. Material trades for reflective optics from a systems engineering perspective[J]. Proceedings of the SPIE - The International Society for Optical Engineering, 2003: 87-98.

[40] BREAULT R P. Problems and techniques in stray radiation suppression[J]. Proc SPIE, 1977: 2-23.

[41] BENNETT H E. Reduction of stray light from optical components[J]. Proc SPIE, 1977: 24-39.

[42] LEE W W, SCHERR L M, BARSH M K. Stray light analysis and suppression in small angle BRDF/BTDF measurement[J]. Proceedings of the SPIE-The International Society for Optical Engineering, 1987: 207-216.

[43] MILSON D. Inputting off-axis optical systems into APART for stray light analysis[J]. Proc SPIE, 1994: 93-99.

[44] 韩新志, 刘永. 光学系统杂散辐射分析[J]. 红外与毫米波学报, 1994, 13(6): 455-460.

[45] 夏新林, 谈和平, 唐明, 等. 空间光学系统中杂散辐射计算的蒙特卡洛方法验证[J]. 哈尔滨工业大学学报, 1996, 28(1): 17-22.

[46] CAMP D W, KOZLOWSKI M R, SHEEHAN L M, et al. Subsurface damage and polishing compound affect the 355-nm laser damage threshold of fused silica surfaces[C]. Laser-Induced Damage in Optical Materials, Boulder, 1998: 356-364.

[47] FEIT M D, RUBENCHIK A M. Influence of subsurface cracks on laser-induced surface damage[C]. Laser-Induced Damage in Optical Materials. SPIE, 2004, 5273: 264-272.

[48] RUGAR D, HANSMA P. Atomic force microscopy[J]. Physics Today, 1990, 43(10): 23-30.

[49] ROTHE H, DUPARRE A, TRUCKENBRODT H, et al. Real-time detection of surface damage by direct assessment of the BRDF[C]. Proceedings of SPIE Optical Scattering: Applications, Measurement, and Theory II. San Diego,

1993: 168-180.

[50] GERMER T A. Angular dependence and polarization of out-of-plane optical scattering from particulate contamination, subsurface defects, and surface microroughness[J]. Applied Optics, 1997, 36(33): 8798-8805.

[51] GERMER T A, ASMAIL C C. Polarization of light scattered by microrough surfaces and subsurface defects[J]. Journal of the Optical Society of America A, 1999, 16(6), 1326-1332.

[52] GERMER T A, ASMAIL C C, SCHEER B W. Polarization of out-of-plane scattering from microrough silicon[J]. Optics Letters, 1997, 22(17): 1284-1286.

[53] GERMER T A. Polarized light scattering by microroughness and small defects in dielectric layers[J]. Journal of the Optical Society of America A, 2001, 18(6): 1279-1288.

[54] GERMER T A. Polarized light diffusely scattered under smooth and rough interfaces[C]. Polarization Science and Remote Sensing. SPIE, 2003: 193-204.

[55] SHEN J, DENG D G, KONG W J, et al. Extended bidirectional reflectance distribution function for polarized light scattering from subsurface defects under a smooth surface[J]. Journal of the Optical Society of America A-Optics Image Science and Vision, 2006, 23(11): 2810-2816.

[56] SHEN J, LIU S, KONG W, et al. Calculation of extended bidirectional reflectance distribution function for subsurface defect scattering[C]. 2nd International Symposium on Advanced Optical Manufacturing and Testing Technologies: Optical Test and Measurement Technology and Equipment. SPIE, 2006, 6150: 637-641.

[57] 贾辉, 李福田. 硫酸钡漫反射板在 250~400nm 光谱辐射亮度标定中的应用研究[J]. 光谱学与光谱分析, 2004, 24(1): 4-8.

[58] 齐超, 李文娟, 戴景民. 红外双向反射率测量应用及研究进展[J]. 激光与红外, 2005, 35(6): 391-394.

[59] GEIGER B, DEMIRCAN A, VON SCHÖNERMARK M. Exploiting multiangular observations for vegetation monitoring[C]. Remote Sensing for Agriculture, Ecosystems, and Hydrology Ⅱ. SPIE, 2001, 4171: 58-68.

[60] 申广荣, 王人潮. 水稻多组分双向反射模型的研究[J]. 应用生态学报, 2003, 14(3): 394-398.

[61] 申广荣, 王人潮. 植被高光谱感的应用研究综述[J]. 上海交通大学学报(农业科学版), 2001, 19(4): 315-321.

[62] 徐兴奎, 林朝晖. 青藏高原地表月平均反照率的遥感反演[J]. 高原气象, 2002, 21(3): 233-237.

[63] CHANG A T C, HALL D K, FOSTER J L. Multi-angle observations of directional reflectance of snow field[J]. Journal of Remote Sensing, 1997, 1(5): 11-17.

[64] GERMER T A, MARX E. Ray model of light scattering by flake pigments or rough surfaces with smooth transparent coatings[J]. Applied Optics, 2004, 43(6): 1266-1274.

[65] BOUCHER Y, COSNEFROY H, PETIT D, et al. Comparison of measured and modeled BRDF of natural targets[J]. Proc. of SPIE Targets and Backgrounds: Characterization and Representation V, 1999: 16-26.

[66] PHONG B T. Illumination for Computer Generated Images[D]. Salt Lake City: The University of Utah, 1973.

[67] LAFORTUNE E P F, FOO S-C, TORRANCE K E, et al. Non-linear approximation of reflectance functions[J]. ACM Press/Addison-Wesley Publishing Co., 1997: 117-126.

[68] TORRANCE K E, SPARROW E M. Theory for off-specular reflection from roughened surfaces[J]. Journal of the Optical Society of America, 1967, 57(9): 1105-1114.

[69] MAXWELL J R, BEARD J, WEINER S, et al. Bidirectional reflectance model validation and utilization[R]. Environmental Research Institute of Michigan, 1973.

[70] TORRANCE K E, SPARROW E M. Theory for off-specular reflection from roughened surfaces[J]. Journal of the Optical Society of America,1967, 57: 1104-1114.

[71] COOK R, TORRANCE K. A reflectance model for computer graphics[J]. ACM Transactions on Graphics, 1982, 1(1): 7-24.

[72] OREN M, NAAR S K. Generalization of Lambert's Reflectance Model[M]. New York:Computer Graphics, 1994.

[73] OREN M, NAAR S K. Generalization of the Lambertian model and implications for machine vision[J]. International Journal of Computer Vision, 1995, 14(3): 227-251.

[74] MEISTER G, ROTHKIRCH A, SPITZER H, et al. Width of the specular peak perpendicular to the principal plane for rough surfaces[J]. Applied Optics, 2001, 40(33): 6072-6080.

[75] WARD G J. Measuring and modeling anisotropic reflection[J]. Computer Graphics, 1992, 26(4): 265-272.

[76] ICART I, ARQUES D. Simulation of the optical behaviour of rough identical multilayers[J]. Proceedings of SPIE, 2000: 84-95.

[77] THOMAS M E, DUNCAN D D. BRDF and BSDF models for diffuse surface and bulk scatter from transparent windows[C]. Window and Dome Technologies and Materials X. SPIE, 2007, 6545: 130-139.

[78] CHURCH E L. The optimal estimation of finish parameters[J]. Proceedings of SPIE, 1991: 71-85.

[79] CHURCH E L, TAKACS P Z, LEONARD T A. The prediction of BRDFs from surface profile measurements[J]. Proceedings of SPIE, 1989: 136-150.

[80] DITTMAN M G. K-correlation power spectral density and surface scatter model[C]. Optical Systems Degradation, Contamination, and Stray Light: Effects, Measurements, and Control II . SPIE, 2006, 6291: 226-237.

[81] ZHU Q Z, ZHANG Z M. Anisotropic slope distribution and bidirectional reflectance of a rough silicon surface[J]. Journal of Heat Transfer, 2004, 126(6): 985-993.

[82] 曹运华, 吴振森, 张涵璐, 等. 粗糙目标样片光谱双向反射分布函数的实验测量及其建模[J]. 光学学报, 2008, 28(4): 792-798.

[83] SANDFORD B, ROBERTSON D. Infrared reflectance properties of aircraft paints[J]. IRIS Targets, Backgrounds and Discrimination, 1985,8(4):807-812.

[84] SUNDBERG R L. Simulation of curved surface reflectance in the quick image display model[J]. Proceedings of SPIE ,1999: 322-331.

[85] KIMMEL B, BARANOSKI G V G. A novel approach for simulating light interaction with particulate materials: Application to the modeling of sand spectral properties[J]. Optics Express, 2007, 15(15):9755-9777.

[86] CLAUSTRES L, BOUCHER Y, PAULIN M. Spectral BRDF modeling using wavelets[C]. Wavelet and Independent Component Analysis Applications IX. SPIE, 2002, 4738: 33-43.

[87] ROSS V, DION D, POTVIN G. Detailed analytical approach to the Gaussian surface bidirectional reflectance distribution function specular component applied to the sea surface[J]. Journal of the Optical Society of America A-Optics Image Science and Vision, 2005, 22(11): 2442-2453.

[88] ACQUISTA C, ROSENWALD R. Multiple reflections in synthetic scenes[C]. Proceedings of the Fifth Annual Ground Target Modelling & Validation Conference, Houghton, 1994.

[89] RENHORN I G E, BOREMAN G D. Analytical fitting model for rough-surface BRDF[J]. Optics Express, 2008, 16(17): 12892-12898.

[90] OTREMBA Z, PISKOZUB J. Modelling of the optical contrast of an oil film on a sea surface[J]. Optics Express, 2001, 9(8): 411-416.

[91] OTREMBA Z, PISKOZUB J. Modelling the bidirectional reflectance distribution function of seawater polluted by an oil film[J]. Optics Express, 2004, 12(8): 1671-1676.

[92] BADANO A. Modeling the bidirectional reflectance of emissive displays[J]. Applied Optics, 2002, 41(19): 3847-

3852.

[93] 曹运华, 吴振森, 齐利华, 等. 粒子群算法在 BRDF 模型参数优化中的应用[J]. 电波科学学报, 2008, 23(4): 765-768,802.

[94] 闫炜, 曲秀杰, 田梦君. 涂层目标光散射参数的遗传算法[J]. 测控与探测学报, 2001, 23(3): 28-32.

[95] 吴振森, 谢东辉, 谢品华, 等. 粗糙面激光散射统计建模的遗传算法[J]. 光学学报, 2002, 22(8): 897-901.

[96] 李铁, 阎炜, 吴振森. 双向反射分布函数模型变量的优化及计算[J]. 光学学报, 2002, 22(7): 769-773.

[97] 高志山, 王青, 陈进榜. 非成像表面的散射分布模型[J]. 南京理工大学学报, 1996, 20(5): 457-460.

[98] PRIEST R G, GERMER T A. Polarimetric BRDF in the microfacet model: Theory and measurements[J]. In Proceeding of the 2000 Meeting of the Military Sensing Symposia Group on Passive Sensors, 2000, 169-181.

[99] 周冰, 高宇辰, 刘贺雄, 等. 迷彩涂层 1064nm 激光散射特性测量及建模[J]. 激光与红外, 2019, 49(9): 1041-1046.

[100] SMITH C, GOGGANS P, COMMAND U, et al. Radar target identification[J]. IEEE Antennas and Propagation Magazine, 1993, 35(2): 27-38.

[101] 何松华. 高距离分辨率毫米波雷达目标识别的理论与应用[D]. 长沙: 国防科技大学, 1993.

[102] 赵群. 基于高分辨一维距离像的雷达目标识别与检测[D]. 西安: 西安电子科技大学, 1995.

[103] BAUM C. On the singularity expansion method for the solution of electromagnetic interaction problems[R]. AFWL Interaction Note, 1971.

[104] MAINS R, MOFFATT D. Detection and discrimination of radar targets[J]. IEEE Transactions on Antennas and Propagation, 1974, 23(3):358-367.

[105] KENNAUGH E. The K-pulse concept[J]. IEEE Transactions on Antennas and Propagation, 1981, 29(2): 327-331.

[106] ROTHWELL E, NYQUIST D, CHEN K M, et al. Radar target discrimination using the extinction-pulse technique[J]. IEEE Transactions on Antennas and Propagation, 1985, 33(9): 929-937.

[107] VAN BLARICUM M L, MITTRA R. Problems and solutions associated with Prony's method for processing transient data[J]. IEEE Transactions on Electromagnetic Compatibility, 1978(1): 174-182.

[108] SNYDER D L, THOMAS L J, TER-POGOSSIAN M M. A matheematical model for positron-emission tomography systems having time-of-flight measurements[J]. IEEE Transactions on Nuclear Science, 1981, 28(3): 3575-3583.

[109] HURST M, MITTRA R. Scattering center analysis via Prony's method[J]. IEEE Transactions on Antennas and Propagation, 1987, 35(8): 986-988.

[110] 何松华, 郭桂蓉. 目标距离域结构成像技术及其计算机仿真研究[J]. 系统工程与电子技术, 1993(1): 15-23.

[111] 何松华, 郭桂蓉. FMCW 毫米波体制的目标高分辨结构图像恢复方法探讨[J]. 电子学报, 1993, 21(9): 8-14.

[112] 何松华, 郭桂蓉, 郭修煌. 基于目标距离像的地面目标检测和跟踪[J]. 国防科技大学学报, 1992, 14(1): 42-45.

[113] 何松华, 郭桂蓉. FMCW 毫米波雷达高分辨率目标距离像及其处理[J]. 系统工程与电子技术, 1991, 13(10): 33-38.

[114] ZWICKE P E, KISS I. A new implementation of the Mellin transform and its application to radar classification of ships[J]. IEEE Transactions on Pattern Analysis and Machine Intelligence, 1983(2): 191-199.

[115] BEASTALL W D. Recognition of radar signals by neural network[C]. 1989 First IEE International Conference on Artificial Neural Networks(Conf. Publ. No. 313). IET, 1989: 139-142.

[116] VRCKOVNIK G, CARTER C R, HAYKIN S. Radial basis function classification of impulse radar waveforms[C]. 1990 IJCNN International Joint Conference on Neural Networks. IEEE, 1990: 45-50.

[117] VRCKOVNIK G, CHUNG T, CARTER C R. Classifying impulse radar waveforms using principle components analysis and neural networks[C]. 1990 IJCNN International Joint Conference on Neural Networks. IEEE, 1990: 69-74.

[118] KIM K T, SEO D K, KIM H T. Radar target identification using one-dimensional scattering centres[J]. IEE

Proceedings-Radar, Sonar and Navigation, 2001, 148(5): 283-296.

[119] KIM K T, SEO D K, KIM H T. One-dimensional scattering centre extraction for efficient radar target classification[J]. IEE Proceedings-Radar, Sonar and Navigation, 1999, 146(3): 147-158.

[120] ANDREWS A K. Computer and Optical Simulations of Radar Imaging Systems[D]. Pullman: Washington State University, 1994.

[121] DUAN J, HE Z, QIN L. A new approach for simultaneous range measurement and doppler estimation[J]. IEEE Geoscience and Remote Sensing Letters, 2008, 5(3): 492-496.

[122] RICHARDS M A, TROTT K D. A physical optics approximation to the range profile signature of a dihedral corner reflector[J]. IEEE Transactions on Electromagnetic Compatibility, 1995, 37(3): 478-481.

[123] 韩明华, 袁乃昌. 基于物理光学方法二面角反射器一维距离像特征信号计算[J]. 现代雷达, 1999, 21(5): 39-43.

[124] WILLIAMS R, WESTERKAMP J, GROSS D, et al. Automatic target recognition of time critical moving targets using 1D high range resolution (HRR) radar[J]. IEEE Aerospace and Electronic Systems Magazine, 2000, 15(4): 37-43.

[125] ADACHI S, UNO T. One-dimensional target profiling by electromagnetic backscattering[J]. Journal of Electromagnetic Waves and Applications, 1993, 7(3): 403-421.

[126] UMASHANKAR K, CHAUDHURI S, TAFLOVE A. Finite-difference time-domain formulation of an inverse scattering scheme for remote sensing of inhomogeneous lossy layered media: Part I -one dimensional case[J]. Journal of Electromagnetic Waves and Applications, 1994, 8(4): 489-508.

[127] STRICKEL M, TAFLOVE A, UMASHANKAR K. Finite-difference time-domain formulation of an inverse scattering scheme for remote sensing of conducting and dielectric targets:Part II -two dimensional case[J]. Journal of Electromagnetic Waves and Applications, 1994, 8(4): 509-529.

[128] DAS Y, BOERNER W. On radar target shape estimation using algorithms for reconstruction from projections[J]. IEEE Transactions on Antennas and Propagation, 1978, 26(2): 274-279.

[129] UNO T, MIKI Y, ADACHI S. One-dimensional radar target imaging of lossy dielectric bodies of revolution[J]. IEICE Transactions on Electronics, 1991, 74(9): 2915-2921.

[130] TIJHUIS A. Iterative determination of permittivity and conductivity profiles of a dielectric slab in the time domain[J]. IEEE Transactions on Antennas and Propagation, 1981, 29(2): 239-245.

[131] GALDI V, CASTANON D A, FELSEN L B. Multifrequency reconstruction of moderately rough interfaces via quasi-ray Gaussian beams[J]. IEEE Transactions on Geoscience and Remote Sensing, 2002, 40(2): 453-460.

[132] YING C, NOGUCHI A. Rough surface inverse scattering problem with Gaussian bean illumination[J]. IEICE Transactions on Electronics, 1994, 77(11): 1781-1785.

[133] HARADA K, NOGUCHI A. Reconstruction of two dimensional rough surface with Gaussian beam illumination[J]. IEICE Transactions on Electronics, 1996, 79(10): 1345-1349.

[134] PARKER J K, CRAIG E B, KLICK D I, et al. Reflective tomography: Images from range-resolved laser radar measurements[J]. Applied Optics, 1988, 27(13): 2642-2643.

[135] KNIGHT F K, KLICK D, RYAN-HOWARD D P, et al. Laser radar reflective tomography utilizing a streak camera for precise range resolution[J]. Applied Optics, 1989, 28(12): 2196-2198.

[136] MATSON C L, MAGEE E P, STONE D L. Reflective tomography for space object imaging using a short-pulselength laser[C]. Image Reconstruction and Restoration. SPIE, 1994, 2302: 73-82.

[137] SHIRLEY L G, HALLERMAN G R. Applications of tunable lasers to laser radar and 3D imaging[R]. MIT Lincoln Laboratory, 1996.

[138] REDMAN B C, GRIFFIS A J, SCHIBLEY E B. Streak tube imaging lidar (STIL) for 3-D imaging of terrestrial targets[R]. Arete Associates, 2000.

[139] JACQUES G V, RICHARD L D. Model-based automatic target recognition(ATR) system for forwardlooking groundbased and airborne imaging laser radars(LADAR)[J]. Proceedings of the IEEE, 1996, 84(2): 126-163.

[140] HANCOCK J, LANGER D, HEBERT M, et al. Active laser radar for high-performance measurements[J]. IEEE International Conference on Robotics &Automation, 1998: 1465-1470.

[141] 杨福民, 陈婉珍. 白天卫星激光测距系统的设计和实测结果[J]. 中国科学: A 辑, 1998, 28(11): 1048-1056.

[142] YOUMANS D G, HART G A. Three-dimensional template correlations for direct-detection laser-radar target recognition[R]. Schafer Corp, 1999.

[143] MURRAY J T, MORAN S E, RODDIER N, et al. Advanced 3D polarimetric flash ladar imaging through foliage[C]. Laser Radar Technology and Applications Ⅷ. SPIE, 2003, 5086: 84-95.

[144] YANO T, TSUJIMURA T, YOSHIDA K. Vehicle identification technique using active laser radar system[C]. Proceedings of IEEE International Conference on Multisensor Fusion and Integration for Intelligent Systems. MFI2003. IEEE, 2003: 275-280.

[145] JUTZI B, EBERLE B, STILLA U. Estimation and measurement of backscattered signals from pulsed laser radar[J]. Proceedings of SPIE, 2003, 4885:256-267.

[146] BUSCK J, HEISELBERG H. Gated viewing and high-accuracy three-dimensional laser radar[J]. Applied Optics, 2004, 43(24): 4705-4710.

[147] 付林, 贺安之, 李振华. 激光雷达一维距离像的目标识别算法研究[J]. 激光杂志, 2005, 26(4): 46-47.

[148] 郭琨毅, 唐波, 盛新庆. 复杂目标 F-117A 电磁散射特性及一维距离像的仿真[J]. 红外与激光工程, 2007, 36(S2): 407-410.

[149] 唐禹, 郭亮, 邢孟道, 等. 合成孔径成像激光雷达高分辨的一维距离像[J]. 红外与激光工程, 2010, 39(2): 227-231.

[150] MOU Y, WU Z, LI Z, et al. Geometric detection based on one-dimensional laser range profiles of dynamic conical target[J]. Applied Optics, 2014, 53(35): 8335-8341.

[151] 陈剑彪, 孙华燕, 赵延仲. 空中目标激光雷达一维距离像仿真及实验研究[J]. 激光与光电子学进展, 2017, 54(7): 072802-1-072802-8.

[152] 周文真, 吕翔, 胡紫英, 等. 运动圆锥的激光一维距离像[J]. 湖南科技学院学报, 2017, 38(10): 23-25.

[153] 张廷华, 倪国强, 高昆, 等. 基于双谱的猫眼目标激光一维距离像特征提取[J]. 激光与红外, 2017, 47(3): 341-346.

[154] 杨红梅, 李玉江. 基于密母算法的雷达一维距离像 C-SVM 识别方法[J]. 海军工程大学学报, 2018, 30(2): 24-28.

[155] 陈剑彪, 孙华燕, 赵延仲, 等.基于相干探测的目标激光一维距离像特性分析[J].光子学报, 2019, 48(12): 210-218.

[156] 蒋罕寒, 郭锐, 武军安, 等. 高旋掠飞弹载激光雷达对地面装甲目标的分割与识别[J]. 激光与红外, 2021, 51(2): 166-170.

[157] ALLEGRE G, CLERGEOT H. A two dimensional laser rangefinder for robot vision and autonomy[C]. Proceedings IROS′91: IEEE/RSJ International Workshop on Intelligent Robots & Systems′91. IEEE, 1991: 371-376.

[158] BLANQUER E .Ladar proximity fuze - system study -[J]. Automatic Control, 2007.

[159] MORITA S, HATTORI E, KITAGAWA K. Two-dimensional imaging of water vapor by near-infrared laser absorption spectroscopy[J]. Applied Spectroscopy, 2008, 62(11): 1216-1220.

[160] 李萍, 石松涛, 魏凤梅, 等. 激光雷达图像采集系统研究[J]. 微计算机信息, 2010, 26(1): 28-29.

[161] HU Y W, LI X, GONG J W. Multi-feature extraction for drivable road region detection with a two-dimensional laser range finder[J]. Advanced Materials Research, 2011, 304: 381-386.

[162] 宫彦军. 朗伯圆锥激光二维距离像仿真[J]. 湖南科技学院学报, 2014(10): 10-12.

[163] GONG Y, WANG M, GONG L. Laser one-dimensional range profile and the laser two-dimensional range profile of cylinders[J]. Proceedings of SPIE, 2015, 9675: 454-459.

[164] WANG Q, GAO C, ZHOU J, et al. Two-dimensional laser Doppler velocimeter and its integrated navigation with a strapdown inertial navigation system[J]. Applied Optics, 2018, 57(13): 3334-3339.

[165] BRUNZELL H. Extraction of features for classification of impulse radar measurements[J]. SPIE, 1997, 3069:321-330.

[166] 戴永江. 激光雷达原理[M]. 北京: 国防工业出版社, 2002.

[167] PATEL C K N. Continuous-wave laser action on vibrational-rotational transitions of CO_2[J]. Physical Review, 1964, 136(5A): A1187.

[168] GSCHWENDTNER A B, KEICHER W E. Development of coherent laser radar at Lincoln Laboratory[J]. Lincoln Lab J, 2000, 12(2): 383-396.

[169] GESELL L H, FEINLEIB R E, TURPIN T M. Acousto-optic processor to generate laser radar range-Doppler images[C]. Advances in Optical Information Processing IV. SPIE, 1990, 1296: 189-200.

[170] MASTER L T, MARK M B, DUNCAN B D. Range resolution enhancements for laser radar by phase modulation[C]. Proceedings of the IEEE 1995 National Aerospace and Electronics Conference, Dayton, 1995: 129-133.

[171] YOUMANS D G, ROBERTSON R. Modelocked-laser laser radar performance in the detection of TMD and NMD targets[R]. Schafer(W.J.) Associates, Inc., 1997.

[172] JENKINS R M, FOORD R B, DEVEREUX R W J, et al. Hollow waveguide integrated optic subsystem for a 10.6-μm range-Doppler imaging lidar[C]. Laser Weapons Technology. SPIE, 2000, 4034: 108-113.

[173] MINDEN M L, O'MEARA T R. Range-Doppler, target-referencing imaging systems(RD-TRIMS)[R]. Hughes Research Laboratories, 1990.

[174] FREED C. Design and short-term stability of single-frequency CO_2 lasers[J]. IEEE Journal of Quantum Electronics, 1968, 4(6): 404-408.

[175] FREED C, ROSS A H M, O'DONNELL R G. Determination of laser line frequencies and vibrational-rotational constants of the $^{12}C^{18}O_2$, $^{13}C^{16}O_2$, and $^{13}C^{18}O_2$ isotopes from measurements of CW beat frequencies with fast hgcdte photodiodes and microwave frequency counters[J]. Journal of Molecular Spectroscopy, 1974, 49(3):439-453.

[176] SPEARS D L. Planar HgCdTe quadrantal heterodyne arrays with GHz response at 10.6μm[J]. Infrared Physics, 1977, 17(1):5-8.

[177] SULLIVAN L J. Infrared coherent radar[C]. CO_2 Laser Devices and applications. SPIE, 1980, 227: 148-161.

[178] KACHELMYER A L, NORDQUIST D P. Centroid tracking of range-Doppler images[C]. Laser Radar VI. SPIE, 1991, 1416: 184-198.

[179] KACHELMYER A L, NORDQUIST D P. Centroid tracking of range-Doppler images[R]. Lincoln Lab., 1991, 1412: 284-291.

[180] KACHELMYER A L. Range-Doppler imaging with laser radar[J]. The Lincoln Laboratory Journal, 1990, 3(1): 87-118.

[181] FISHER S, SCHULTZ K. Preliminary analysis of LACE vibrations as observed with Doppler laser radar[J]. AIAA Journal, 1992: 1365.

[182] MINDEN M L, KOST A, BRUESSELBACH H W, et al. A range-resolved doppler imaging sensor based on fiber lasers[J]. IEEE Journal of Selected Topics in Quantum Electronics, 1997, 3(4): 1080-1086.

[183] YOUMANS D G. Cylindrical target Doppler and Doppler-spread feature estimation using coherent mode-locked pulse laser radars with long observation times[C]//KAMERMAN G W. Laser Radar Technology and Applications VI.

SPIE, 2001: 272-283.

[184] YOUMANS D. Spectral estimation of Doppler spread vibrating targets using coherent ladar[J]. Proceedings of SPIE, 2004, 5412:229-240.

[185] CAI X P, LI J Q, LI B L. State of the art of CO_2 imaging laser radar.Laser and infrared[J]. Laser and Infrared, 1999, 29(6): 327-329.

[186] LU Z K, ZANG K, LI P Y. Study of 3D imaging laser radar[J]. Journal of Zhejiang University (Engineering Science), 1999, 33(4): 418-421.

[187] WEI G H, YANG P G. The Application of Laser Technique in Ordnance[M]. Beijing: Ordnance Publishing Company, 1995.

[188] YURA H T, HANSON S G, LADING L. Laser Doppler velocimetry: Analytical solution to the optical system including the effects of partial coherence of the target[J]. Journal of the Optical Society of America A, 1995, 12(9): 2040-2047.

[189] BANKMAN I N. Model of laser radar signatures of ballistic missile warheads[C]. Targets and Backgrounds: Characterization and Representation Ⅴ. SPIE, 1999, 3699: 133-137.

[190] 杨晓华, 陈扬, 蔡佩佩, 等. 差分速度调制分子离子激光光谱技术[J]. 物理学报, 1999, 48(5): 834-839.

[191] MENDEL M J, VAN TOI V, RIVA C E, et al. Eye-tracking laser Doppler velocimeter stabilized in two dimensions: Principle, design, and construction[J]. JOSA A, 1993, 10(7): 1663-1669.

[192] HANSON S G, LADING L. Generics of systems for measuring linear and angular velocities of solid objects[J]. Proceedings of SPIE, 1996: 81-90.

[193] ARIK E G. Recent developments in fiber optic and laser sensors for flow, surface vibration, rotation, and velocity measurements[J]. SPIE, 1991, 1584:202-221.

[194] BRIERS J D. Laser Doppler and time-varying speckle: A reconciliation[J]. Journal of the Optical Society of America A, 1996, 13(2): 345-350.

[195] 郭立新, 王运华, 吴振森. 双尺度动态分形粗糙海面的电磁散射及多普勒谱研究[J]. 物理学报, 2005, 54(1): 96-101.

[196] 郭立新, 王蕊, 王运华, 等. 二维粗糙海面散射回波多普勒谱频移及展宽特征[J]. 物理学报, 2008, 57(6): 3464-3472.

[197] 胡晓君, 李荣斌, 沈荷生, 等. 掺杂金刚石薄膜的缺陷研究[J]. 物理学报, 2004, 53(6): 2014-2018.

[198] ZHANG Q, YEO T, TAN H, et al. Imaging of a moving target with rotating parts based on the hough transform[J]. Geoscience and Remote Sensing, 2008, 46(1): 291-299.

[199] PFISTER T, GÜNTHER P, BÜTTNER L, et al. Shape and vibration measurement of fast rotating objects employing novel laser Doppler techniques[C]. Optical Measurement Systems for Industrial Inspection Ⅴ. SPIE, 2007, 6616: 1113-1124.

[200] SHARMA U, CHEN G, KANG J U, et al. Fiber optic confocal laser Doppler velocimeter using an all-fiber laser source for high resolution measurements[J]. Optics Express, 2005, 13(16): 6250-6258.

[201] ROSS M. Combined differential and reference beam LDV for 3D velocity measurement[J]. Optics and Lasers in Engineering, 1997, 27(6): 587-620.

[202] STREAN R, MITCHELL L, BARKER A. Global noise characteristics of a laser Doppler vibrometer-Ⅰ. theory[J]. Optics and Lasers in Engineering, 1998, 30(2): 127-139.

[203] VANHERZEELE J, BROUNS M, CASTELLINI P, et al. Flow characterization using a laser Doppler vibrometer[J]. Optics and Lasers in Engineering, 2007, 45(1): 19-26.

[204] VANHERZEELE J, VANLANDUIT S, GUILLAUME P. Acoustic source identification using a scanning laser Doppler vibrometer[J]. Optics and Lasers in Engineering, 2007, 45(6): 742-749.

[205] CASTELLINI P, REVEL G, SCALISE L, et al. Experimental and numerical investigation on structural effects of laser pulses for modal parameter measurement[J]. Optics and Lasers in Engineering, 2000, 32(6): 565-581.

[206] VANLANDUIT S, CAUBERGHE B, GUILLAUME P, et al. Automatic vibration mode tracking using a scanning laser Doppler vibrometer[J]. Optics and Lasers in Engineering, 2004, 42(3): 315-326.

[207] VANHERZEELE J, VANLANDUIT S, GUILLAUME P. Reducing measurement time for a laser Doppler vibrometer using regressive techniques[J]. Optics and Lasers in Engineering, 2007, 45(1): 49-56.

[208] ELAZAR J, STESHENKO O. Doppler effect's contribution to ultrasonic modulation of multiply scattered coherent light: Monte Carlo modeling[J]. Optics Letters, 2008, 33(2): 131-133.

[209] CONNELLY M J, SZEC WKA P M, JALLAPURAM R, et al. Multipoint laser Doppler vibrometry using holographic optical elements and a CMOS digital camera[J]. Optics Letters, 2008, 33(4): 330-332.

[210] ZHONG Y, ZHANG G, LENG C, et al. A differential laser Doppler system for one-dimensional in-plane motion measurement of MEMS[J]. Measurement, 2007, 40(6): 623-627.

[211] XUECHENG W, GREHAN G, CEN K, et al. Sizing of irregular particles using a near backscattered laser Doppler system[J]. Applied Optics, 2007, 46(36): 8600-8608.

[212] DORRINGTON A, KUNNEMEYER R, DANEHY P. Reference-beam storage for long-range low-coherence pulsed Doppler lidar[J]. Applied Optics, 2001, 40(18): 3076-3081.

[213] YANG X H, CHEN Y Q, CAI P P, et al. Differential velocity modulation laser spectroscopy of molecular ions[J]. Acta Physica Sinica, 1999, 48(5): 834-839.

[214] CHEN V C, LI F, HO S-S, et al. Micro-Doppler effect in radar: Phenomenon, model, and simulation study[J]. Aerospace and Electronic Systems, 2006, 42(1): 21-22.

[215] HUANG W, GUI H, LU L, et al. Effect of angle of incidence on self-mixing laser Doppler velocimeter and optimization of the system[J]. Optics Communications, 2008, 281(6): 1662-1667.

[216] TAKAI N, IWAI T, ASAKURA T. An effect of curvature of rotating diffuse objects on the dynamics of speckles produced in the diffraction field[J]. Applied Physics B, 1981, 26(3): 185-192.

[217] MCMILLAN R C, DAVIDSON R B, ROBERTSON R L, et al. Light weight, low-volume, CO_2 ladar technology[C]. SPIE'S 1995 Symposium on OE, Orlando, 1995, 2472:132-141.

[218] ATLAN M, GROSS M, VITALIS T, et al. High-speed wave-mixing laser Doppler imaging in vivo[J]. Optics Letters, 2008, 33(8): 842-844.

[219] CHEN V C. Doppler signatures of radar backscattering from objects with micro-motions[J]. IET Signal Processing, 2008, 2(3): 291-300.

[220] BANKMAN I. Analytical model of Doppler spectra of coherent light backscattered from rotating cones and cylinders[J]. Journal of the Optical Society of America A, 2000, 17(3): 465-476.

[221] 宫彦军, 吴振森. 转动圆柱和圆锥的激光距离多普勒像分析模型[J]. 物理学报, 2009, 58(9): 6227-6235.

[222] GONG Y J, WU Z S, WU J J. Analytical model of Doppler spectra of light backscattered from rotating convex bodies of revolution in the global Cartesian coordinate system[J]. Chinese Physics Letters, 2009, 26(2): 024213.

[223] HE J, ZHANG Q, LUO Y, et al. Micro-Doppler effect analysis based on inverse synthetic aperture imaging ladar[C]. IEEE 10th International Conference on Signal Processing Proceedings. IEEE, 2010: 2071-2074.

[224] LIU C B, LU F, ZHAO Y, et al. Range-Doppler imaging of moving target with chirped AM ladar[J]. Proceedings of

SPIE, 2011, 8192:938-944.

[225] 郭亮, 邢孟道, 曾晓东, 等. 室内实测数据的逆合成孔径激光雷达成像[J]. 红外与激光工程, 2011, 40(4): 637-642.

[226] 吴振森, 李艳辉. 目标激光距离多普勒成像研究[C]. 第十届全国光电技术学术交流会论文集. 中国宇航学会, 2012: 223-224.

[227] FENG D, WU S, WEI G. Multi-targets miss distance measurement using sequential range-Doppler image[C]. 2012 IEEE 11th International Conference on Signal Processing. IEEE, 2012, 3: 1839-1842.

[228] 于文英, 安里千. 锥柱复合目标激光距离多普勒像分析模型[J]. 物理学报, 2012, 61(21): 218703-1-218703-12.

[229] 罗龙刚. 目标窄脉冲激光散射与距离多普勒成像研究[D]. 西安: 西安电子科技大学, 2014.

[230] 何坤娜, 黄坚. 杨氏双缝干涉条纹的空间分布及理论模拟[J]. 物理与工程, 2016, 26(5): 12-15.

[231] GENG Z, DENG H, BRAHAM H. Radar clutter suppression with beam-Doppler image feature recognition (BDIFR) method[C]. 2017 IEEE Radar Conference (RadarConf). IEEE, 2017: 1109-1114.

[232] 邢博, 余祖俊, 许西宁, 等. 基于激光多普勒频移的钢轨缺陷监测[J]. 中国光学, 2018, 11(6): 991-1000.

[233] 韩呈麟. 激光距离多普勒像及 ISAL 成像[D]. 西安: 西安电子科技大学, 2019.

[234] 程俣. 基于连续扫描方式激光多普勒超远距离测振技术研究[D]. 哈尔滨: 哈尔滨工业大学, 2020.

[235] 陈鸿凯. 激光多普勒微振动信号处理技术研究及硬件实现[D]. 长春: 中国科学院长春光学精密机械与物理研究所, 2020.

[236] 谈渊, 甘学辉, 张东剑, 等. 基于小波去噪的激光多普勒振动信号处理[J]. 激光技术, 2022, 46(1): 129-133.

[237] 汪润生, 黄晓兵, 刘志栋, 等. 基于相参积累的距离多普勒二维航迹关联方法研究[J]. 测控技术, 2021, 40(1): 118-122.

[238] 吴振森, 韩香娥, 张向东, 等. 不同表面激光双向分布函数的实验测量[J]. 光学学报, 1996, 16(3): 8-14.

[239] DANIELSON B L. Proposed standards for ladar signatures[R]. Final Report National Bureau of Standards, 1977.

[240] SNYDER W C. Structured surface bidirectional reflectance distribution function reciprocity: Theory and counterexamples[J]. Applied Optics, 2002, 41(21): 4307-4313.

[241] 张艳群. 空间运动目标可见光谱散射特征研究[D]. 西安: 西安电子科技大学, 2005.

[242] 李良超, 吴振森, 邓荣. 复杂目标后向激光雷达散射截面计算与缩比模型测量比较[J]. 中国激光, 2006, 32(6): 770-774.

[243] 保铮, 刑孟道, 王彤. 雷达成像技术[M]. 北京: 电子工业出版社, 2004.

[244] ANDREWS A K. Computer and Optical Simulation of Radar Imaging Systems[D]. Pullman: Washington State University, 1994.

[245] SHIRLEY L G, LO P A. Bispectral analysis of the wavelength dependence of speckle: Remote sensing of object shape[J]. JOSA A, 1994, 11(3): 1025-1046.

[246] SHIRLEY L G, HALLERMAN G R. Nonconventional 3D imaging using wavelength-dependent speckle[J]. The Lincoln Laboratory Journal, 1996, 9(2): 153-186.

[247] LEADER J C. Laser pulse speckle effects[R]. Storming Media, 1977.

[248] LI H J, YANG S H. Using range profiles as feature vectors to identify aerospace objects[J]. IEEE Transactions on Antennas and propagation, 1993, 41(3): 261-268.

[249] 陈辉. 粗糙物体高斯波束散射及在激光一维距离成像中的应用[D]. 西安: 西安电子科技大学, 2004.

[250] OVERFELT P L. Supusing noneroids: A new family of radome shapes[J]. IEEE Transactions on Antennas and Propagation, 1995, 43(2): 215-220.

[251] SHIRLEY L G, ARIEL E D, HALLERMAN G R, et al. Advanced techniques for target discrimination using laser

speckle[J]. The Lincoln Laboratory Journal, 1992, 5(3): 367-440.

[252] BARRICK D E. Rough surface scattering based on the specular point theory[J]. IEEE Transactions on Antennas and Propagation, 1968, 16(4): 449-454.

[253] 于文英, 安里千, 张志, 等. 朗伯圆锥激光后向二维散射成像仿真[J]. 湖南科技学院学报, 2012, 33(12): 16-19.

[254] 刘安安. 目标与环境光散射辐射特性与应用研究[D]. 西安: 西安电子科技大学, 2002.

[255] GUO L X, YUN H W, WU Z S. Study on the electromagnetic scattering and Doppler spectra from two-scale time-varying fractal rough sea surface[J]. Acta Physica Sinica, 2005, 54(1): 96-101.

[256] HU X J, BIN L R, SHENG S H, et al. Investigation of defect properties in doped diamond films[J]. Acta Physica Sinica, 2004, 53(6): 2014-2018.

[257] HAO X P, WANG B Y, YU R S, et al. Zirconium-ion implantation of zircaloy-4 invested by slow positron beam[J]. Acta Physica Sinica, 2007, 56(11): 6543-6546.

[258] ZHANG H, FANG L P, TONG Q Y. A possible way for dolphin and other animals to handle Doppler signals[J]. Acta Physica Sinica, 2007, 56(12): 7339-7345.

[259] GUO L X, WANG R, WANG Y H, et al. Study on the Doppler shift and the spectrum widening of the scattered echoes from the 2-D rough sea surface[J]. Acta Physica Sinica, 2008, 57(6): 3465-3472.

[260] ETKIN B, REID L D. Dynamics of Flight: Stability and Control[M]. 3rd ed. NewYork: John Wiley & Sons, 1996.

[261] 肖业伦. 航空航天器运动的建模: 飞行动力学的理论基础[M]. 北京: 北京航空航天大学出版社, 2003.

[262] 贾沛然, 沈为异. 弹道导弹弹道学[M]. 长沙: 国防科技大学出版社, 1987.

[263] WERTZ J R, LARSON W J. Space Mission Analysis and Design[M]. 3rd ed. EI Segundo: Microcosm Press, 1991.

[264] BACHMAN C G. Laser Radar Systems and Techniques[M]. Dedham Mass: Artech House, 1979.

[265] 毛土艺, 张瑞生.脉冲多普勒雷达[M]. 北京: 国防工业出版社, 1990.

[266] PONT S C, KOENDERINK J J. Bidirectional reflectance distribution function of specular surfaces with hemispherical pits[J]. Journal of the Optical Society of America A, 2002, 19(12): 2456-2466.

[267] SCHULTZ K I, FISHER S. Ground-based laser radar measurements of satellite vibrations[J]. Applied Optics, 1992, 31(36): 7690-7695.

[268] DUNMEYER D R. Laser Speckle Modeling for Three-Dimensional Metrology and Ladar[D]. Cambridge: Massachusetts Institute of Technology, 2001.

[269] ZHANG Q, YEO T S, TAN H S, et al. Imaging of a moving target with rotating parts based on the Hough transform[J]. IEEE Transactions on Geoscience and Remote Sensing, 2007, 46(1): 291-299.

[270] GRAY J E, ADDISON S R. The effect of nonuniform motion on the Doppler spectrum of scattered continuous-wave waveforms[C]. Independent Component Analyses, Wavelets, and Neural Networks. SPIE, 2003, 5102: 226-239.

[271] GONG Y J, WU Z S, WANG M J, et al. Laser backscattering analytical model of Doppler power spectra about rotating convex quadric bodies of revolution[J]. Optics and Lasers in Engineering, 2010, 48(1): 107-113.

[272] 王明军, 宫彦军, 柯熙政, 等. 地基观测空间在轨运行圆锥目标的激光多普勒频谱[J]. 中国科学: 技术科学, 2018, 48(4): 424-432.

[273] 饶瑞中. 现代大气光学[M]. 北京: 科学出版社, 2012.

[274] 钱杏芳, 林瑞雄, 赵亚男. 导弹飞行力学[M]. 北京: 北京理工大学出版社, 2008.

[275] 李晓静, 高玲, 张兴赢, 等. 卫星遥感监测全球大气气溶胶光学厚度变化[J]. 科技导报, 2015, 33(17): 30-40.